浙江省普通高校"十三五"新形态教材

浙江省普通高校新形态教材项目

灌溉与排水工程技术

主　编　徐瑛丽　陈　瑾
主　审　薛长青　吕名礼

中国水利水电出版社
www.waterpub.com.cn
·北京·

内 容 提 要

本书是浙江省普通高校新形态教材，是针对灌排工程建设与管理岗位任职要求、校企合作编写而成的。本书以灌溉与排水工程建设与管理为主线，着重阐述和介绍了灌溉排水工程规划设计、施工及管理的基本知识和方法。主要内容包括灌溉与排水基础、灌溉与排水工程布置、灌溉与排水工程设计、渠道灌溉工程施工、喷微灌工程选型、喷微灌工程设计、喷微灌工程施工与运行管理、低压管道灌溉工程设计与施工。

本书可作为高职高专水利工程专业、设施农业与装备专业及相近专业灌溉与排水课程的教材，也可供地、市（县）水利部门从事农业水利工作的技术人员参考。

图书在版编目（CIP）数据

灌溉与排水工程技术 / 徐瑛丽，陈瑾主编. -- 北京：中国水利水电出版社，2021.10
浙江省普通高校新形态教材项目
ISBN 978-7-5226-0283-7

Ⅰ. ①灌… Ⅱ. ①徐… ②陈… Ⅲ. ①灌溉－高等职业教育－教材②排水工程－高等职业教育－教材 Ⅳ. ①S274②TU992

中国版本图书馆CIP数据核字(2021)第251447号

	浙江省普通高校新形态教材项目
书　　名	**灌溉与排水工程技术** GUANGAI YU PAISHUI GONGCHENG JISHU
作　　者	主编　徐瑛丽　陈　瑾 主审　薛长青　吕名礼
出版发行	中国水利水电出版社 （北京市海淀区玉渊潭南路1号D座　100038） 网址：www.waterpub.com.cn E-mail：sales@mwr.gov.cn 电话：(010) 68545888（营销中心）
经　　售	北京科水图书销售有限公司 电话：(010) 68545874、63202643 全国各地新华书店和相关出版物销售网点
排　　版	中国水利水电出版社微机排版中心
印　　刷	清淞永业（天津）印刷有限公司
规　　格	184mm×260mm　16开本　16.75印张　408千字
版　　次	2021年10月第1版　2021年10月第1次印刷
印　　数	0001—3000册
定　　价	**59.00**元

前言

本书是浙江省普通高校新形态教材。

针对水利高等职业教育的发展趋势，本书编写以高素质技术技能型人才能力培养为核心，以服务新时期水利发展需求的灌溉排水工程项目为载体，以灌溉排水工程规划设计、施工与维护管理为主线，内容突出实用性、实践性、创新性，体现灌排领域新技术、新知识、新设备，并积极采纳行业企业及工程技术人员的意见，引入工程实际案例，充分体现工学结合的人才培养理念。

本书编写人员及编写分工如下：浙江同济科技职业学院徐瑛丽编写绪论、项目一，浙江同济科技职业学院程静、滨州市环境保护科学技术研究所徐秀丽编写项目二，徐瑛丽、中国水务投资有限公司韩乐编写项目三，浙江同济科技职业学院杨玉泉、江山市水利水电工程质量与安全监督站吉陈丽编写项目四，华维节水科技集团股份有限公司张中华编写项目五，浙江同济科技职业学院陈瑾编写项目六、项目七，杨凌职业技术学院韩红亮编写项目八。本书的部分动画资源，由杭州阵列科技股份有限公司、华维节水科技集团股份有限公司与浙江同济科技职业学院共同合作开发建设。本书由徐瑛丽、陈瑾担任主编，徐瑛丽负责全书统稿；韩红亮、程静、杨玉泉、张中华担任副主编；吉陈丽、徐秀丽、韩乐担任参编；酒泉职业技术学院薛长青、华维节水科技集团股份有限公司吕名礼担任主审。

感谢奕永庆教授为本书编写做了指导并提出了宝贵意见，感谢浙江省水利河口研究院为教材编写提供了设计实例。

在本书编写过程中，参考引用了相关教材、专著中的内容和资料。编写尽量在参考文献中列出，但仍不全面，对所有参考资料的作者，在此深表感谢，并欢迎联系和交流。

由于编写水平有限，对于本书中存在的缺点和疏漏，恳请广大读者批评指正。

编者

2021年8月

“行水云课”数字教材使用说明

“行水云课”水利职业教育服务平台是中国水利水电出版社立足水电、整合行业优质资源全力打造的“内容”＋“平台”的一体化数字教学产品。平台包含高等教育、职业教育、职工教育、专题培训、行水讲堂五大版块，旨在提供一套与传统教学紧密衔接、可扩展、智能化的学习教育解决方案。

本套教材是整合传统纸质教材内容和富媒体数字资源的新型教材，将大量图片、音频、视频、3D动画等教学素材与纸质教材内容相结合，用以辅助教学。读者登录“行水云课”平台，进入教材页面后输入激活码激活，即可获得该数字教材的使用权限。可通过扫描纸质教材二维码查看与纸质内容相对应的知识点多媒体资源，也可通过移动终端APP、“行水云课”微信公众号或“行水云课”网页版查看完整数字教材。

线上教学与配套数字资源获取途径如下：

·手机端。关注“行水云课”公众号→搜索“图书名”→封底激活码激活→学习或下载。

·PC端。登录“xingshuiyun.com”→搜索“图书名”→封底激活码激活→学习或下载。

内页二维码具体标识如下：

·Ⓣ为试题。

·◎为课件。

·▶为视频。

·ⓕ为动画。

·Ⓦ为文档。

数字资源索引

续表

续表

续表

目录

绪 论

【知识目标】

1. 理解灌溉与排水对农业生产的作用。

2. 了解我国灌溉与排水事业的发展和成就。

3. 了解本课程的学习任务。

一、灌溉与排水对农业生产及生态的作用

1. 灌溉的作用

根据各地自然条件和农作物对灌溉的需要，除无农业生产的青藏高寒区外，可以把我国分为三个不同的灌溉区：年平均降水量大于1000mm的Ⅰ区，包括长江中下游，珠江、闽江流域及西南部分地区，以生产水稻、小麦和棉花为主，正常年份只有水稻需要灌溉，旱作基本不需要灌溉，称为水稻灌溉带；年平均降水量为400～1000mm的Ⅱ区，包括黄河下游，淮河、海河、松花江及辽河流域，以生产小麦、玉米、水稻和棉花为主，正常年份灌溉是农作物高产稳产的保证，称为不稳定灌溉带；年平均降水量小于400mm的Ⅲ区，包括西北内陆河流域、黄河中上游地区，以生产小麦、玉米和棉花为主，该区没有灌溉就没有农业，称为常年灌溉带。

灌溉的发展，使农业抗御自然灾害的能力大大提高，同时为良种、施肥、改进耕作栽培等先进农业技术的推广应用创造了条件，使土地生产率显著提高。许多原来只能种一季作物的地方改种二季或三季，有灌溉设施的农田单位面积产量比靠天然降水的农田提高很多。灌溉基础设施建设不仅为保障国家粮食安全作出了贡献，还促进了农业结构调整，提高了棉花、油料、糖料等经济作物和蔬菜、瓜果、花卉等高附加值作物的种植比例，使农民收入不断增加。

2. 排水的作用

虽然干旱缺水是影响中国农业发展的主要矛盾，但在部分地区仍然存在洪涝、渍害、盐碱问题。易受洪涝威胁的耕地主要分布在较大江河两岸、大江大河中下游冲积平原、湖泊周围低洼地区和一些天然洼地。山区、丘陵区农田也常遭受暴雨产生的山洪和泥石流危害。沿海地区还常受风暴潮威胁。这些地方的农田都需要有健全的排水系统和排水出路。渍害农田分布在低洼易涝地区。盐碱耕地主要分布在北方部分地势平缓、排水不畅的冲积平原、滨海地区和西北内陆土壤含盐量高的地区。

据统计，我国有易涝耕地2447万hm^2，渍害田766.7万hm^2，盐碱耕地760万hm^2。这些耕地农作物产量低而不稳，严重制约着农业生产的发展和农民生活水平的提高。我国政府在大力发展灌溉的同时，也重视涝渍、盐碱灾害的治理，对骨干排水河道进行清淤疏浚拓宽，开挖了大量田间排水沟系，建设排水闸和排涝泵站，采用灌溉洗盐、暗管排水、

引洪放淤、井灌井排、适应种植等方法进行治理。

治理涝渍灾害的环境效益和社会效益十分显著。农田生态环境有所改善，促使其向良性循环方向发展，为农业稳产、高产创造了有利条件；农田林网建设，防风固沙，改善田间小气候；结合开沟挖河，畅通水流，改善水质，使农村居民生活条件得到改善。

3. 对生态环境建设的作用

随着社会经济的快速发展，生态环境建设愈发受到关注，灌溉与排水领域不仅仅局限于传统的大田作物，也应用到了城市园林绿化、设施农业及养殖业等领域，灌溉排水在生态环境领域起到了重要的作用，尤其是排水对生态环境的影响，是近年来关注的焦点。排水沟渠不仅作为水利基础设施的重要组成部分，通过及时降渍排涝有力地为农业高产起到保驾护航的作用，且作为农业生态系统重要组成部分，对于维持农业生态系统平衡和流域生态系统健康有着重要作用。农田排水沟渠作为农田景观中的“廊道”，同样具有物质传输通道、过滤或阻隔、物质能力的源或汇、生物栖息等方面水生态功能。随着社会经济的发展，农业面源污染加剧、水体富营养化和农田生态系统生物多样性减少等生态环境问题日益突出，农田排水沟渠对于改善环境效应和生态功能的作用愈发受到研究者的关注。

二、我国灌溉与排水的发展

中华人民共和国成立 70 年来，灌溉排水事业取得了举世瞩目的巨大成就，建成了较为完善的农业灌排工程体系和管理体制与机制，为农业可持续发展和保障国家粮食安全作出了重大贡献。在灌排设施、灌排管理体制和投资政策等方面的综合措施，使农田水利工程等基础设施得到了快速巩固和发展，粮食产量连续 5 年达到 6000 亿 kg 以上，粮食安全保障上了一个大台阶。

1. 古代的灌溉与排水

我国自古以农立国。由于水旱灾害频繁，所以，我国的农业发展史，也是与水旱灾害作斗争的历史。

传说中的大禹治水迄今已有 4000 多年，当时就有“尽力乎沟洫”“陂障九泽、丰殖九薮”等农田水利的内容；2300 多年前的西门豹在河北临漳修引漳十二渠灌溉农田和改良盐碱地；2200 多年前秦国蜀郡太守李冰主持修建都江堰，使成都平原成为“沃野千里，水旱从人”的天府之国。

秦汉时期是我国农田水利第一个大发展时期。郑国渠建于公元前 246 年，是秦始皇统一六国前新建的灌溉工程，灌溉面积约 4 万顷，使关中地区成为我国最早的经济区，为秦始皇统一中国打下基础；汉武帝时，在泾水和渭水建了很多的灌溉引水渠，当时关中耕地只有全国的 1/3，人口不过全国的 3/10，而财富则为全国的 6/10。

隋唐和北宋时期是我国农田水利第二个大发展时期。安史之乱后，人口大量南迁，浙江一带沿江滨湖修建了大量圩垸，种植水稻，到晚唐时期，太湖地区的赋税收入已超过黄河流域，成为新的基本经济区；北宋时，宋神宗支持王安石变法，颁布了《农田利害条约》，进一步促进了农田水利的发展；南宋王朝偏安江南后，不仅江浙一带水利得到发展，而且东南沿海及珠江三角洲地区的水利建设也开始有所发展。

明清两代是我国历史上第三个农田水利大发展时期。全国人口从元朝的 5000 万，到明朝的 9000 万，到清朝康熙年间的 1 亿，到清末的 4 亿，在 500 年间增长了 7 倍。人口的增多，促进了水利的大发展。明清时期长江中下游的水利已得到广泛开发，仅在洞庭湖的筑堤围垦，明代就有200处，清代达四五百处，所谓“湖广熟而天下足”，可见两湖地区已成为全国又一个基本经济区。与此同时，珠江流域、津京冀地区、西北西南边疆地区灌溉事业都有了很大的发展，东北的松辽平原在清朝中叶开禁移民以后，农田水利也有所发展。

2. 近代的灌溉与排水

19世纪中期以后，由于帝国主义的入侵，我国沦为半封建半殖民地社会，这一时期水利在局部地区虽有所发展，但是总的来说是日趋衰落。19世纪后期，由于西方近代科学技术传入中国，一批水利学者从国外学习归来，开办水利学校，传播先进科学技术。1915年我国第一所水利专门学校——河海工科专门学校在南京成立。1917年以后，长江、黄河等流域相继设立水利机构，进行流域内水利发展的规划和工程设计工作。1930年由李仪祉先生主持，开始用现代技术修建泾惠渠，以后又相继兴建了渭惠渠、洛惠渠等灌区。到1949年全国灌溉面积约2.4亿亩。

3. 现代的灌溉与排水

中华人民共和国成立后，党和政府非常重视水利，将其作为农业的命脉和国民经济发展的基础，使水利事业得到了迅速发展，取得了巨大成就。《2018年全国水利发展统计公报》，全国已建成设计灌溉面积大于2000亩及以上的灌区共22873处，耕地灌溉面积3775.2万hm^2。其中，50万亩以上灌区175处，耕地灌溉面积1239.9万hm^2；30万～50万亩大型灌区286处，耕地灌溉面积540万hm^2。截至2018年年底，全国灌溉面积7454.2万hm^2，其中耕地灌溉面积6827.2万hm^2，占全国耕地面积的50.7%。全国节水灌溉工程面积3613.5万hm^2，其中，喷灌、微港面积1133.8万hm^2，低压管灌面积1056.6万hm^2。图0-1是2007—2018年我国耕地面积统计图。

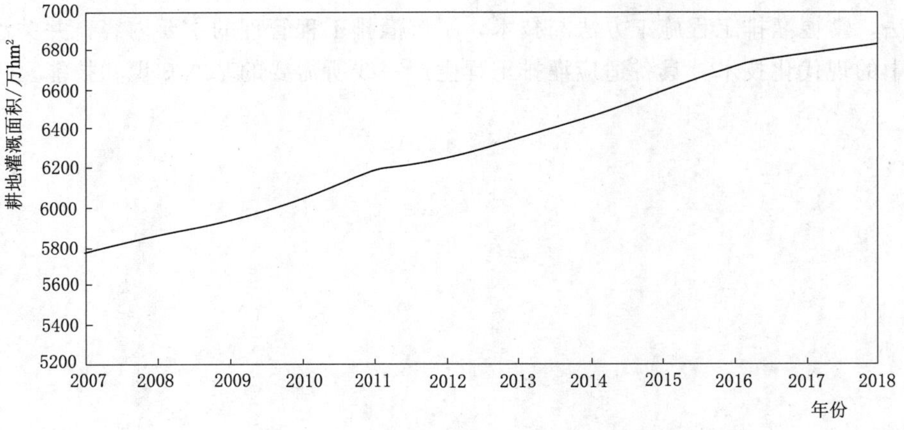

图0-1　2007—2018年我国耕地面积统计图

不同历史时期，灌溉的发展重点不同。20世纪50年代以兴修水库、塘坝等蓄水工程和河道引水工程为主；60—70年代，随着国家工业化进程的加快，电网和柴油供应在农村逐步普及，泵站提水灌溉发展迅速；70年代，由于各方面用水量增加，北方地表水源日益紧张，打井开发地下水成为灌溉发展的重点；80 年代，灌溉面积增长一度出现停滞，工作重点转向“加强经营管理，提高经济效益”；90 年代以后，国家强调把节水灌溉作为革命性措施来抓，明确了新时期灌溉发展的方向和工作重点，并增加投入，使灌溉面积和效益重新走上稳步发展的轨道；进入 21 世纪，国家实施可持续发展战略，要求采取多种措施努力提高用水效率，使农田灌溉从粗放的外延扩张为主，转到集约、内涵挖潜为主的轨道上来。

随着经济的快速发展，中国灌溉排水事业进入一个新的发展阶段，灌排技术、设备发展潜力巨大。进一步推广以小水源开发利用、风光互补提水设备、高效蓄水和引水为主的农牧区节水灌溉技术，大、中型灌区全渠道控制技术，实现精准控制灌溉；发展高效的喷灌、微灌技术。信息化、智能化，将是实现农业现代化生产建设的发展趋势。

0.1 世界灌溉工程遗产

4. 我国入选世界灌溉工程遗产项目

世界灌溉工程遗产是国际灌溉排水委员会（ICID）主持评选的文化遗产保护项目，其评选始于 2014 年。与联合国教科文组织主持评选的世界遗产不同，世界灌溉工程遗产旨在更好地保护和利用古代灌溉工程，挖掘和宣传灌溉工程发展史及其对世界文明进程的影响，学习古人可持续性灌溉的智慧，保护珍贵的历史文化遗产。世界灌溉工程遗产都是古代水利工程可持续利用的典范。到 2019 年，我国已有 19 处世界灌溉工程遗产项目：四川乐山东风堰、浙江丽水通济堰、福建莆田木兰陂、湖南新化紫鹊界梯田、诸暨桔槔井灌工程、寿县芍陂、宁波它山堰、陕西泾阳郑国渠、江西吉安槎滩陂、浙江湖州楼港、宁夏引黄古灌区、陕西汉中三堰、福建黄鞠灌溉工程、都江堰、灵渠、姜席堰、长渠、内蒙古河套灌区、江西抚州千金陂。

三、本课程的任务

本课程的主要任务是使学生掌握灌溉与排水的基本理论与原理，掌握灌排工程规划设计的方法，掌握灌排工程施工方法与技术，了解灌排工程管理的主要内容，并关注灌排工程管理中的现代化技术，具备适应灌排工程生产一线所需要的基本知识和技能。

项目一　灌溉与排水基础

【知识目标】

1. 掌握灌溉排水相关设计标准的选取方法。
2. 掌握作物需水量的定义及计算方法。
3. 掌握灌溉制度的定义及制定方法。
4. 理解非充分灌溉制度的概念。
5. 掌握灌水率及灌溉用水量的计算方法。

1.0　课程导学

【技能目标】

1. 能合理选取灌溉排水相关设计标准。
2. 能进行作物需水量的计算。
3. 能制定主要作物的灌溉制度。
4. 能确定作物的灌溉用水量和灌溉用水过程。

任务一　设　计　标　准

【任务目标】

1. 会选取灌溉设计标准。
2. 会选取排水设计标准。

一、灌溉设计标准

灌溉设计标准是反映灌区的效益达到某一水平的重要技术指标。

灌溉设计保证率是指灌区灌溉用水量在多年期间能够得到保证的概率，以正常供水的年数占总年数的百分数表示，通常用符号 P 表示。例如 $P=75\%$，表示平均每 100 年可保证 75 年满足设计灌溉用水要求，它综合反映水源供水和灌区用水两方面的情况。大、中型灌区，可采用时历法计算灌溉设计保证率，计算系列年数不应少于 30 年。灌溉设计保证率用式（1-1）计算：

$$P=\frac{m}{n+1}\times 100\% \tag{1-1}$$

式中　P——灌溉设计保证率，%；

m——按设计灌溉用水量供水的年数；

n——计算总年数。

1.1　灌溉设计保证率的选取

灌溉设计保证率的选定，将影响工程建筑物的规模和灌溉面积的大小，因此应根据水源条件，按不同的灌溉面积和工程技术方案进行比选，确定经济合理的灌溉设计保证率。可参照《灌溉与排水工程设计标准》（GB 50288—2018）来选定灌溉设计标准。

二、排水设计标准

在复杂的自然因素作用及不当的人为因素影响下，农田水分过多的现象会经常出现，若农田水分过多而又不能及时排除，将会产生涝、渍和盐危害，影响作物的生长。

涝灾：由于降雨过多或地势低洼等方面的原因，造成田面积水过多，超过了农作物的耐淹能力而造成农作物减产的灾害叫涝灾。

渍害：由于地下水位持续过高或因土壤土质黏重，土壤根系活动层含水量过大，造成作物根系活动层中的水、肥、气、热失调，而导致农作物减产的灾害叫渍害。渍害与涝灾的区别为前者无地表积水，后者有地表积水。

盐害：土壤中含可溶性盐分过多，土壤溶液浓度过高，将使作物根系吸水困难，造成作物生理缺水。有些盐分则对作物直接有害，影响作物生长发育而造成作物减产，这种灾害称为盐害。

根据排水的目的和任务，排水标准一般包括除涝、防渍和控制土壤盐碱化几种形式，下面分别介绍排涝、防渍和控制盐碱化的设计标准。

1. 排涝设计标准

以排水区发生一定重现期的暴雨，农作物不受涝作为排涝设计标准。一般用某一设计频率（或重现期）的几日暴雨在几日内排除，使作物不受淹来表示，它包括重现期、暴雨历时和排除时间三方面的内容。设计排涝标准是确定排涝设计流量和排水工程规模的重要依据。应根据自然条件、涝渍灾害、治理难易和工程效益等，综合分析确定。

1.2　排涝设计标准的选取

1.3　农作物的耐淹能力

1.4　农作物的排渍标准

根据《农田排水工程技术规范》（SL/T 4—2013），设计暴雨重现期一般采用5～10年一遇；暴雨历时和排除时间，对于旱作物通常采用1～3d暴雨1～3d排除，设施农业种植区可采用1d排除，对于水稻一般采用1～3d暴雨3～5d排至耐淹水深。

我国各地采用的现行排涝设计标准可参照规范来选定。

任何作物都具有一定的耐淹水深和耐淹历时，当超出作物允许的耐淹水深和耐淹历时，作物的正常生长会受到影响。作物耐淹水深和耐淹历时随作物品种、生育阶段而有差异，一般应根据当地或邻近地区有关试验或调查资料分析确定。

2. 防渍排水设计标准

防渍排水工程应以满足农作物全生育期要求的最大耐渍深度为工程控制标准，并应满足渍害敏感期或作物生长关键期的最小耐渍深度指标。一般旱作物的渍害敏感期多为苗期，生长关键期则视渍害对产量影响较大而定，稻田宜采用控制无效分蘖的晒田期。无试验资料或调查资料时，旱田设计排渍深度可取0.8～1.3m，水稻田设计排渍深度可取0.4～0.6m；旱作物耐渍深度可取0.3～0.6m，耐渍时间可取3～4d。水稻田的适宜渗漏率可选用2～8mm/d，黏性土取较小值，沙性土取较大值。

农业机械作业对排水要求的排渍深度，一般应控制在0.6～0.8m，排渍时间可根据各地的耕作要求确定。

3. 控制盐碱化排水设计标准

我国通常应以地下水临界深度作为盐碱地区排水工程设计标准，地下水位应控制在临界深度以下。

地下水临界深度：在一定的自然条件和农业技术措施条件下，为了保证土壤不产生盐碱化和作物不受盐害所要求保持的地下水最小埋藏深度，称为地下水临界深度。

对不同的地下水含盐量、不同的土质，地下水临界深度不同。轻质土（沙壤、轻壤土）的毛管输水能力强，当其他条件相同时，在同一地下水埋深的情况下，较黏质土的蒸发量大，因而也容易积盐。在同一蒸发强度的情况下，地下水矿化度高的地区，积盐速度快，因而也应有较大的地下水临界深度。反之，精耕细作，松土施肥，可以减少土壤蒸发，防止返盐，适时灌水可以起到冲洗压盐的作用，在这些地区地下水临界深度可以适当减小。

地下水临界深度应根据各地区试验或调查资料确定。无试验资料或调查资料时，可按表 1-1 所列数值选用。

表 1-1　　地下水临界深度

地下水矿化度/(g/L)	土壤质地		
	沙壤、轻壤	中壤	中壤、黏土
<2	1.8～2.1	1.5～1.7	1.0～1.2
2～5	2.1～2.3	1.7～1.9	1.1～1.3
5～10	2.3～2.6	1.8～2.0	1.2～1.4
>10	2.6～2.8	2.0～2.2	1.3～1.5

控制盐碱化的排水时间一般可采用 8～15d 内将地下水位降到临界深度，并达到以下要求：①在预防盐碱化地区，应保证农作物各生育期的根层土壤含盐量不超过其耐盐能力；②在冲洗改良盐碱土地区，应满足设计土层深度内达到脱盐要求。

【知识训练】

1.5　项目一
任务一
知识训练

任务二　分析作物需水量

【任务目标】

1. 会分析农田水分状况。
2. 会分析计算作物的需水量。

一、农田水分状况

农田水分状况是指农田地面水、土壤水和地下水的多少及其在时间上的变化。一切农田水利措施，都是为了调节和控制农田水分状况，改善土壤中的气、热和养分状况，调节农田小气候，促进农业增产。因此，研究农田水分状况对农田水利规划、设计及管理都有十分重要的意义。

（一）农田水分存在的形式

农田水分是指农田中的地面水、土壤水和地下水。土壤水是与作物生长关系最密切的水分存在形式。

土壤水按其形态不同可分为固态水、气态水、液态水三种。固态水是土壤水冻结时形成的冰晶；气态水是存在于土壤孔隙中的水汽，有利于微生物的活动，故对植物根系有利，由于数量很少，在计算时常略而不计；液态水是储存在土壤中的液态水分，是土壤水分存在的主要形态，对农业生产意义最大。

在一定条件下，土壤水可由一种形态转化为另一种形态。液态水按其受力和运动特性可分为三种类型。

1. 吸着水

（1）吸湿水。吸湿水是土壤孔隙中的水汽在土粒分子吸力作用下，紧紧束缚在土粒表面，不能移动，不能被植物吸收利用的部分水。吸湿水量达到最大时的土壤含水率称为吸湿系数。

（2）膜状水。膜状水吸附于吸湿水外部，只能沿土粒表面进行速度极小的移动，但不能脱离土粒表面，只有少部分能被植物吸收利用。膜状水量达到最大时的土壤含水率称为最大分子持水率。

通常在膜状水没有完全被消耗之前，植物已呈凋萎状态。作物下部叶子开始萎蔫时的土壤含水率称作初期凋萎系数，若补水充分作物的叶子又会舒展开来。植物产生永久性凋萎时的土壤含水率，称为凋萎系数。凋萎系数包括全部吸湿水和部分膜状水，是可利用水的下限。

2. 毛管水

土壤借毛管力作用而保持在土壤孔隙中的水称为毛管水。毛管水能溶解养分和各种溶质，较易移动，是植物吸收利用的主要水源。依其补给条件不同，可分为悬着毛管水和上升毛管水。

（1）悬着毛管水。灌溉或降雨后，在毛管力作用下保持在上部土层中的水分。当悬着毛管水量达到最大时的土壤含水率称为田间持水率。它代表在良好排水条件下，灌溉后土壤所能保持的最高含水率。

灌水或降雨超过田间持水率时，多余的水便向下渗漏掉，因此田间持水率是有效水分的上限。生产实践中，常将灌水两天后土壤所能保持的含水率作为田间持水率。

（2）上升毛管水。在地下水位以上附近土层中，由于毛细管作用所保持的水分。上升毛管水达到根系，则可被作物吸收利用，但地下水位不允许上升到根系，以防渍害。盐碱地区应严格控制地下水位，以防发生次生盐碱化。

土壤黏重，毛管水上升高度较高，但速度慢；质地轻的土壤，毛管水上升高度较低，但速度快。不同土壤的毛管水最大上升高度见表1-2。

表1-2　毛管水最大上升高度表

土壤种类	毛管水最大上升高度/m	土壤种类	毛管水最大上升高度/m
黏土	2～4	沙土	0.5～1
黏壤土	1.5～3	泥炭土	1.2～1.5
沙壤土	1～1.5	碱土或盐土	1.2

3. 重力水（无效水或称过剩水）

土壤中超过田间持水率的那部分水为重力水。重力水以深层渗漏的形式进入更下的土层，或汇入地下水。重力水在土壤中通过时能被植物吸收利用，只是不能为土壤所保持。当土壤全部孔隙为水分所充满时土壤便处于水分饱和状态，这时土壤的含水率称为饱和含水率或全持水率。旱地应避免深层渗漏，以防止水的浪费和肥料的流失。水田保持适宜的深层渗漏是有益的，会增加根部养分，有利于根系发育。

（二）水对作物生理及环境的影响

（1）水分是细胞原生质的重要成分。在正常情况下，原生质的含水量为90%左右，这样有利于进行各种生理活动。如果水分含量减少，原生质胶体会由溶胶状态逐渐变成凝胶状态，生理活动逐渐减弱，甚至引起代谢紊乱而造成死亡。

（2）水是光合作用的重要原料。在光合作用中，水是形成有机物质不可缺少的重要原料。如果作物水分不足就会抑制光合作用的进行，从而严重影响产量。

（3）水是一切生化反应的介质。光合作用所需的CO_2进入叶片后，只有溶于细胞液转成液相，才能参与光合作用。各种有机物质的合成与分解也必须以水为介质，在水的参与下才能进行。

（4）溶解和输送养分。作物所需的矿质养分必须溶解在水中才能被根系吸收并输送至地上部分。由光合作用形成和转化的各种有机物质，也只有溶于水才能输送至植物体的各个部位。

（5）保持作物体的紧张度。作物体内水分充足时，细胞得以膨胀而使各种器官保持应有的紧张度。这样，可使叶片展开和气孔开放，便于接受阳光和交换气体，使根尖具有刚性，便于伸入土壤扩大吸收范围，保证花朵开放，叶片伸张。

（三）土壤含水率的表示方法

土壤含水率常用的表示方法有以下几种：

（1）以土壤水分重量占干土重的百分数表示。

$$\beta_{重}=\frac{G_{水}}{G_{干土}}\times100\% \tag{1-2}$$

式中　$\beta_{重}$——土壤含水率（占干土重的百分数），%；

$G_{水}$——土壤中含有的水重，kg；

$G_{干土}$——烘干土重，kg。

（2）以土壤水分体积占土壤体积的百分数表示。

$$\beta_{体}=\frac{V_{水}}{V_{土}}\times100\%=\beta_{重}\frac{\rho_{干土}}{\rho_{水}} \tag{1-3}$$

式中　$\beta_{体}$——土壤含水率（占土壤体积的百分数），%；

$V_{水}$——土壤水分体积，m^3；

$V_{土}$——土壤体积，m^3；

$\rho_{干土}$——土壤干密度，kg/m^3；

$\rho_{水}$——水的密度，kg/m^3。

这种表示方法便于根据土壤体积直接计算土壤中所含水分的体积，或根据预定的含水率指标直接计算出需要向土壤中灌溉的水量。由于土壤水分体积在田间难以测定，生产实践中常用含水率的重量百分数换算为体积百分数。

(3) 以土壤水分体积占土壤孔隙体积的百分数表示。

$$\beta_{孔}=\frac{V_{水}}{V_{孔}}\times100\%=\beta_{重}\cdot\frac{\rho_{干土}}{\rho_{水}\cdot n} \tag{1-4}$$

式中　$\beta_{孔}$——土壤含水率（占土壤孔隙体积的百分数），%；

$V_{水}$——土壤中水分体积，m^3；

$V_{孔}$——土壤中孔隙体积，m^3；

n——土壤孔隙率（指一定体积的土壤中，孔隙的体积占整个土壤体积的百分数），%；

其余符号意义同前。

这种方法能清楚地表明土壤水分占据土壤孔隙的程度，便于直接了解土壤中水、气之间的关系。

(4) 以土壤实际含水率占田间持水率的百分数表示。这是以相对概念表示土壤含水率的方法，即

$$\beta_{相对}=\frac{\beta_{实}}{\beta_{田}}\times100\% \tag{1-5}$$

式中　$\beta_{相对}$、$\beta_{实}$、$\beta_{田}$——土壤的相对含水率、实际含水率和田间持水率，均以百分数表示，%。

这种表示方法便于直接判断土壤水分状况是否适宜，以制定相应的灌溉排水措施。

(5) 以水层厚度表示。它是将某一土层所含的水量折算成水层厚度来表示土壤的含水率，以 mm 为单位。这种方法便于将土壤含水量与降雨量、灌水量和排水量进行比较。

（四）旱作地区的农田水分状况

旱作地区不允许地表积水，以免造成涝灾，危害作物。地下水位不允许上升至作物根系吸水层以内，以免造成渍害。

旱作物土壤适宜含水率为凋萎系数至田间持水率。

当植物根部从土壤中吸收的水分来不及补给叶面蒸腾时，便会使植物体的含水量不断减小，特别是叶片的含水量迅速降低。这种由于根系吸水不足以致破坏了植物体水分平衡和协调的现象，即谓之干旱。

干旱分大气干旱、作物生理干旱、土壤干旱。

大气干旱是由于大气的温度过高和相对湿度过低，阳光过强，或遇到干热风造成植物蒸腾耗水过大，使根系吸水速度不能满足蒸腾需要，而引起的干旱。我国西北、华北地区

均有大气干旱。

作物生理干旱是当植物根部从土壤中吸收的水分来不及补给叶面蒸腾时，植物体内水分不断减少，从而影响植物水分平衡和协调，而引起的干旱。

土壤干旱是由于土壤含水率过低，植物根系从土壤中所能吸取的水分难于满足叶面蒸腾的消耗而影响作物的生长，此现象称土壤干旱。为了防止土壤干旱，最低的要求就是使土壤水的渗透压力不小于根毛细胞液的渗透压力，凋萎系数便是这样的土壤含水率的临界值。

综上所述，旱作物根系吸水层的允许平均最大含水率不应超过田间持水率，最小含水率不应小于凋萎系数。因此，对于旱作物来说，土壤水分的有效范围是从凋萎系数到田间持水率。其土壤水分关系如图 1-1 所示。不同土壤的田间持水率、凋萎系数、有效水量见表 1-3。

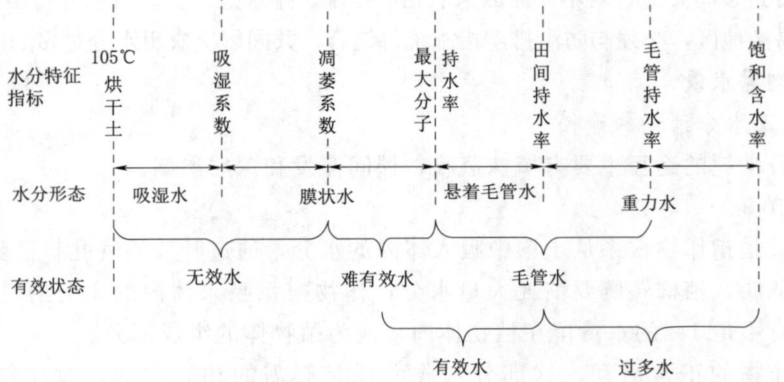

图 1-1　土壤水分关系示意图

表 1-3　　不同土壤的田间持水率、凋萎系数及有效水量（占干土重的百分比）　　%

土壤质地	田间持水率	凋萎系数	有效水量
沙土	8～16	3～5	5～11
沙壤土、轻壤土	12～22	5～7	7～15
中壤土	20～28	8～9	12～19
重壤土	22～28	9～12	13～15
黏土	23～30	12～17	11～13

（五）水田的农田水分状况

水稻是喜水喜湿性作物，除适时晒田外，保持适宜的淹灌水层，不仅能满足水稻的水分需要，而且能影响土壤的一系列理化过程，并能起到调节和改善湿、热及农田小气候等作用。但长期的淹灌及过深的水层（不合理的灌溉或降雨过多造成的），会使根系缺氧，影响根系生长发育，引起水稻减产，甚至死亡。目前多用浅水勤灌，适时晒田。

地下水位不宜过高，应保证一定的深层渗漏。适量的深层渗漏对水稻生长有利，可增加根部养分。深层渗漏也不宜过大，会浪费水，流失肥料。

（六）农田水分状况的调节

农田水分状况并不总是处于适宜的状况，农田水分过多或过少的现象会经常出现，水分过多和过少都对作物生长不利，必须采取措施加以调节，以便为作物生长发育创造良好的条件。

农田水分不足的原因，主要有降水量不足、地表径流大量流失、土壤保水能力差、蒸发量过大等。

农田水分不足时，一般应采取灌溉措施来增加农田水分。水稻田中，一般可采取浅灌深蓄的办法以充分利用降水。旱地上可尽量利用田间工程进行蓄水或实行深翻改土、免耕、塑膜和秸秆覆盖等措施，减少棵间蒸发，增加土壤蓄水能力。无论水田或旱地，都应注意改进灌水技术和方法，以减少农田水分蒸发和渗漏损失。

农田水分过多的原因，主要有降水量大、洪水泛滥、地下水位过高、出流不畅等。

农田水分过多时，应针对不同原因采取相应措施。排水是解决农田水分过多的主要措施之一。在低洼易涝地区，必须与防洪排涝措施统筹结合，共同解决农田水分过多的问题。

二、作物需水量

（一）农田水分消耗的途径

农田水分消耗的途径主要有植株蒸腾、棵间蒸发和深层渗漏。

1. 植株蒸腾

植株蒸腾是指作物根系从土壤中吸入体内的水分，通过叶片的气孔扩散到大气中去的现象。试验证明，植株蒸腾要消耗大量水分，作物根系吸入体内的水分有99%以上消耗于蒸腾，只有不足1%的水量留在植物体内，成为植物体的组成部分。

蒸腾是作物的正常活动，这部分水分消耗是必需的和有益的，对作物生长有重要意义。

2. 棵间蒸发

棵间蒸发是指植株间土壤或水面的水分蒸发。棵间蒸发和植株蒸腾都受气象因素的影响，但蒸腾因植株的繁茂而增加，棵间蒸发因植株造成的地面覆盖率加大而减少，所以蒸腾与棵间蒸发二者互为消长。棵间蒸发虽然能增加近地面的空气湿度，调节农田小气候，对作物的生长环境产生有利影响，但大部分水分消耗和作物的生长发育没有直接关系。因此，应采取措施，减少棵间蒸发，如农田覆盖、中耕松土、改进灌水技术等。

3. 深层渗漏

深层渗漏是指旱田中由于降水量或灌溉水量太多，使土壤水分超过了田间持水率，向根系活动层以下的土层产生渗漏的现象。深层渗漏对旱作物来说是无益的，且会造成水分和养分的流失，合理的灌溉应尽可能地避免深层渗漏。而由于水稻田经常保持一定的水层，所以深层渗漏是不可避免的，适当的渗漏，可以促进土壤通气，增加根部养分，消除有毒物质，有利于作物生长。但是渗漏量过大，会造成水量和肥料的流失，与开展节水灌溉有一定矛盾。

在上述几项水量消耗中，植株蒸腾和棵间蒸发合称为腾发，两者消耗的水量合称为腾发量（evapotranspiration），通常又把腾发量称为作物需水量（water requirement of crops)。旱作物在正常灌溉情况下，不允许发生深层渗漏，因此，旱作物需水量即为腾发量。对稻田来说适宜的渗漏是有益的，通常把水稻腾发量与稻田渗漏量之和称为水稻的“田间耗水量”。

（二）作物需水量的计算

确定作物需水量的可靠方法是通过试验来确定，当实测资料不足时，可用计算方法。常用的计算方法可分两类，即直接计算法和间接计算法。

1. 直接计算法

即根据分析试验观测资料与影响作物需水量的主要因素之间存在的数量关系，用统计分析建立计算公式的方法。常用的有水面蒸发量法和作物产量法。

（1）水面蒸发量法。大量灌溉试验资料表明，各种气象因素都与当地的水面蒸发量之间有较为密切的关系，而水面蒸发量又与作物需水量之间存在一定程度的相关关系。因此，可以用水面蒸发量这一参数来衡量作物需水量的大小。水面蒸发量法多用于淹灌的水稻田。这种方法的计算公式一般为

$$ET=\alpha E_0$$

$$ET=\alpha E_0+b \tag{1-6}$$

式中　ET——某时段内的作物需水量，以水层深度计，mm；

E_0——与 ET 同时段的水面蒸发量，以水层深度计，mm；E_0 一般采用 80cm 口径蒸发皿的蒸发值，若用 20cm 口径蒸发皿，则 $E_0=0.8E_{20}$；

α——为各时段的需水系数，即同时期需水量与水面蒸发量之比值，一般由试验确定，水稻 $\alpha=0.9\sim1.3$，旱作物 $\alpha=0.3\sim0.7$；

b——经验常数。

由于水面蒸发量法只需要水面蒸发量资料，所以该法在我国水稻地区曾被广泛采用。在水稻地区，气象条件对 ET 及 E_0 的影响相同，故应用该法较为接近实际，也较为稳定。对水稻及土壤水分充足的旱作物，用此式计算，其误差一般小于 20%～30%；对土壤含水率较低的旱作物和实施湿润灌溉的水稻，因其腾发量还与土壤水分有密切关系，所以此法不太适宜。

（2）作物产量法。作物产量是太阳能的累积与水、土、肥、热、气诸因素的协调及农业技术措施综合作用的结果。因此，在一定的气象条件和农业技术措施条件下，作物需水量将随产量的提高而增加，如图 1-2 所示，但是需水量的增加并不与产量成比例。由图 1-2 还可看出，单位产量的需水量随产量的增加而逐渐减小，说明当作物产量达到一定水平后，要进一步提高产量就不能仅靠增加水量，而必须同时改善作物生长所必需的其他条件，如农业技术措施、增加土壤肥力等。作物总需水量与产量之间的关系可用式（1-7）表示，即

$$ET=KY \text{ 或 } ET=KY^n+c \tag{1-7}$$

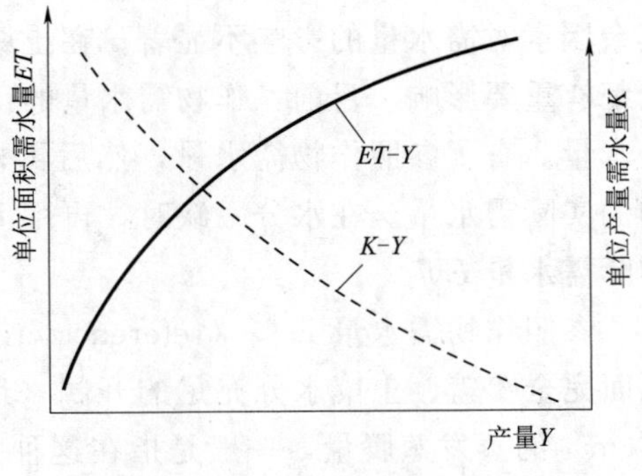

图 1-2　作物需水量与产量关系示意图

式中　ET——作物全生育期内总需水量，

m^3/hm^2；

Y——作物单位面积产量，kg/hm^2；

K——以产量为指标的需水系数，即单位产量的需水量，m^3/kg；

n、c——经验指数和常数。

式（1-7）中的K、n、c值可通过试验确定。此法简便，只要确定计划产量后，便可算出需水量；同时，此法把需水量与产量相联系，便于进行灌溉经济分析。对于旱作物，在土壤水分不足而影响高产的情况下，需水量随产量的提高而增大，用此法推算较可靠，误差多在30%以下，宜采用。但对于土壤水分充足的旱田以及水稻田，需水量主要受气象条件控制，产量与需水量关系不明确，用此法推算的误差较大。

上述公式可估算全生育期作物需水量。在生产实践中，过去常习惯采用需水模比系数估算作物各生育阶段的需水量，即根据已确定的全生育期作物需水量，然后按照各生育阶段需水规律，以一定比例进行分配，即

$$ET_i=\frac{1}{100}K_iET \tag{1-8}$$

式中　ET_i——某一生育阶段作物需水量；

K_i——需水模比系数，即某一生育阶段作物需水量占全生育期作物需水量的百分数，可以从试验资料中取得。

然而，这种按需水模比系数法估算作物各生育阶段需水量的方法存在较大的缺点。例如水稻整个生育期的需水系数α值和总需水量的时程分配即模比系数K_i均非常量，而是各年不同的。所以按一个平均的α值和K_i值计算水稻各生育阶段的需水量，计算结果不仅失真，而且导致需水时程分配均匀化而偏于不安全。因此，近年来，在计算水稻各生育阶段的需水量时，一般根据试验求得的水稻阶段需水系数α_i直接加以推求。

必须指出，上述直接计算需水量的方法，虽然缺乏充分的理论依据，但我国在估算水稻需水量时尚有采用，因为该方法比较简便，水面蒸发量资料容易取得。

2. 间接计算法

近代需水量的理论研究表明，作物腾发耗水是土壤—植物—大气系统的连续传输过程，大气、土壤、作物三个组成部分中的任何一部分的有关因素都影响需水量的大小。根据理论分析和试验结果，在土壤水分充足的条件下，大气因素是影响需水量的主要因素，其余因素对需水量的影响不显著；在土壤水分不足的条件下，大气因素和其余因素对需水量都有重要影响。目前，作物需水量的计算方法是通过计算参照作物的需水量来计算实际需水量。有了参照作物需水量，然后再根据作物系数K_c对ET_0进行修正，得到某种作物的实际需水量。在水分亏缺时，再用K_w进行修正，即可求出某种作物在水分亏缺时的实际需水量ET_{ai}。

参照作物需水量ET_0（reference crop evapotranspiration）是指高度一致、生长旺盛、地面完全覆盖、土壤水分充足的开阔（地块的长度和宽度都大于200m）矮草地（高8～15cm）的蒸发蒸腾量，一般是指在这种条件下的苜蓿草的需水量。因为这种参照作物需水量主要受气象条件的影响，所以都是根据当地的气象条件分月和旬计算的。

（1）参照作物需水量的计算。计算参照作物需水量的方法很多，大致可归纳为经验公式法、水汽扩散法、能量平衡法等。其中以能量平衡原理比较成熟、完整。其基本思想是：将作物腾发看作能量消耗的过程，通过平衡计算求出腾发所消耗的能量，然后再将能量折算为水量，即作物需水量。

根据能量平衡原理以及水汽扩散等理论，英国的彭曼（Penman）提出了可以利用普通的气象资料计算参考作物蒸发蒸腾量的公式。后经联合国粮农组织（FAO）修正，正式向各国推荐。其基本形式如下：

$$ET_0=\frac{\frac{p_0}{p}\cdot\frac{\Delta}{\gamma}R_n+E_a}{\frac{p_0}{p}\cdot\frac{\Delta}{\gamma}+1} \tag{1-9}$$

式中　ET_0——参照作物需水量，mm/d；

$\frac{\Delta}{\gamma}$——标准大气压下的温度函数，Δ 为平均气温时饱和水汽压随温度之变率，即 $\frac{de_a}{dt}$（其中 e_a 为饱和水汽压，t 为平均气温）；γ 为湿度计常数，$\gamma=0.66$hPa/℃；

$\frac{p_0}{p}$——海拔高度影响温度函数的改正系数，p_0 为海平面的平均气压，$p_0=1013.25$hPa；p 为计算地点的平均气压，hPa；

R_n——太阳净辐射，以蒸发的水层深度计，mm/d，可用经验公式计算，从有关表格中查得或用辐射平衡表直接测取；

E_a——干燥力，mm/d，$E_a=0.26(1+0.54u)(e_a-e_d)$，$e_d$ 为当地的实际水汽压，u 为离地面 2m 高处的风速，m/s。

（2）实际需水量的计算。已知参照作物需水量 ET_0 后，在充分供水条件下，采用作物系数 K_c 对 ET_0 进行修正，即得作物实际需水量 ET，即

$$ET=K_cET_0 \tag{1-10}$$

式中的 ET 与 ET_0 应取相同单位。

作物系数是指某一阶段的作物需水量与相应阶段内的参考作物蒸发蒸腾量的比值，它反映了作物本身的生物学特性、产量水平、土壤耕作条件等对作物需水量的影响。根据各地的试验，作物系数 K_c 不仅随作物而变化，更主要的是随作物的生育阶段而异，生育初期和末期的 K_c 较小，而中期的较大。

Ⓦ 1.6　部分作物 K_c 值表

【知识训练】

Ⓣ 1.7　项目一任务二知识训练

【技能训练】

1.8　项目一
任务二
技能训练

任务三　制定作物灌溉制度

【任务目标】

1. 掌握灌溉制度的含义。
2. 会制定充分灌溉条件下水稻的灌溉制度。

一、灌溉制度的含义

农作物的灌溉制度是指作物播种前（或水稻插秧前）及其全生育期内的灌水次数、每次的灌水时间、灌水定额以及灌溉定额。

灌水定额是指一次灌水单位灌溉面积上的灌水量，各次灌水定额之和，叫灌溉定额。灌水定额和灌溉定额常以 m^3/hm^2 或 mm 表示，它是灌区规划及管理的重要依据。

二、充分灌溉条件下的灌溉制度

充分灌溉条件下的灌溉制度，是指灌溉供水能够充分满足作物各生育阶段的需水量要求而制定的灌溉制度。常采用以下三种方法来确定灌溉制度：

(1) 总结群众丰产灌水经验确定作物灌溉制度。多年来进行灌水的实践经验是制定灌溉制度的重要依据。灌溉制度调查应根据设计要求的干旱年份，调查这些年份当地的灌溉经验，灌区范围内不同作物的灌水时间、灌水次数、灌水定额及灌溉定额。根据调查资料，分析确定这些年份的灌溉制度。

(2) 根据灌溉试验资料制定灌溉制度。我国许多灌区设置了灌溉试验站，试验项目一般包括作物需水量、灌溉制度、灌水技术和灌溉效益等。试验站积累的试验资料，是制定灌溉制度的主要依据。

(3) 按水量平衡原理分析制定作物灌溉制度。以作物各生育期内水层变化（水田）或作物主要根系层内土壤水分变化（旱田）为依据，要求在作物各生育期内水层变化或计划湿润层内的土壤含水量维持在作物适宜水层深度或土壤含水量的上限和下限之间，降至下限时应进行灌水，以保作物充分供水。

根据农田水量平衡原理分析制定作物灌溉制度时，一定要参考群众丰产灌水经验和田间试验资料。也即将这三种方法结合起来，所制定的灌溉制度才比较完善。下面分别就水稻和旱作物的灌溉制度介绍这一方法。

(一) 水稻的灌溉制度

水稻的灌溉制度，可分为泡田期及插秧以后的生育期两个时段进行计算。

1. 泡田期泡田定额的确定

泡田定额由三部分组成：一是使一定土层的土壤达到饱和，二是在田面建立一定的水层，三是满足泡田期的稻田渗漏量和田面蒸发量。

泡田定额可用式（1-11）确定：

$$M_1=10^3H\rho_{干土}(\beta_{饱}-\beta_0)/\rho_{水}+h_0+t_1(s_1+e_1)-P_1 \tag{1-11}$$

式中　M_1——泡田期泡田定额，mm；

$\beta_{饱}$、β_0——土壤饱和含水率和泡田前土壤含水率（占干土重的百分比），%；

H——稻田犁底层深度，m；

$\rho_{干土}$、$\rho_{水}$——饱和土层土壤的干密度和泡田水的密度，kg/m^3；

h_0——插秧时田面所需的水层深度，mm；

s_1——泡田期稻田的渗漏强度，mm/d；

t_1——泡田期的天数，d；

e_1——泡田期内水田田面平均水面蒸发强度，mm/d；

P_1——泡田期内的有效降雨量，mm。

泡田定额通常参考土壤、地下水埋深和耕犁深度相类似田块上的实测资料确定。一般情况下，当田面水层为30～50mm时，泡田定额可参考表1-4中的值。

表1-4　不同土壤及地下水埋深的泡田定额

土壤类别	地下水埋深	
	≤2m	>2m
	泡田定额/mm	
黏土和黏壤土	75～120	—
中壤土和沙壤土	110～150	120～180
轻沙壤土	120～190	150～240

2. 生育期灌溉制度的确定

在水稻生育期中任何一个时段（t）内，农田水分的变化，决定于该时段内的来水和耗水之间的消长，它们之间的关系，可用下列水量平衡方程表示：

$$h_1+P+m-E-d=h_2 \tag{1-12}$$

式中　h_1——时段初田面水层深度，mm；

h_2——时段末田面水层深度，mm；

P——时段内降雨量，mm；

m——时段内的灌水量，mm；

E——时段内田间耗水量，mm；

d——时段内田间排水量，mm。

为了保证水稻正常生长，必须在田面保持一定的水层深度。不同生育阶段田面水层有一定的适宜范围，即有一定的允许水层上限（h_{max}）和下限（h_{min}）。在降雨时，为了充分利用降雨量，节约灌水量，减少排水量，允许蓄水深度h_p大于允许水层上限（h_{max}），但以不影响水稻生长为限。各种水稻的适宜水层上、下限及允许最大蓄水深度见表1-5。

当降雨深超过最大蓄水深度时，即应进行排水。

表 1-5　　水稻各生育阶段适宜水层下限～上限～最大蓄水深度表

作物生育阶段	蓄水深度/mm		
	早稻	中稻	双季晚稻
返青	5～30～50	10～30～50	20～40～70
分蘖前	20～50～70	20～50～70	10～30～70
分蘖末	20～50～80	30～60～90	10～30～80
拔节孕穗	30～60～90	30～60～120	20～50～90
抽穗开花	10～30～80	10～30～100	10～30～50
乳熟	10～30～60	10～20～60	10～20～60
黄熟	10～20	落干	落干

在天然情况下，田间耗水量是一种经常性的消耗，而降雨量则是间断性的补充。因此，在不降雨或降雨量很小时，田面水层就会降到适宜水层的下限（h_{min}），这时如果没有降雨，则需进行灌溉，灌水定额即为

$$m=h_{max}-h_{min} \tag{1-13}$$

这一过程可用图 1-3 所示的图解法表示。如在时段初点 A，水田应按线 1 耗水，至点 B 田面水层降至适宜水层下限，即需灌水，灌水定额为 m_1；如果时段内有降雨 P，则在降雨后，田面水层回升降雨深 P，再按线 2 耗水至点 C 时进行灌溉；如降雨 P_1 很大，超过最大蓄水深度，多余的水量需要排除，排水量为 d，然后按线 3 耗水至 D 点时，进行灌溉。

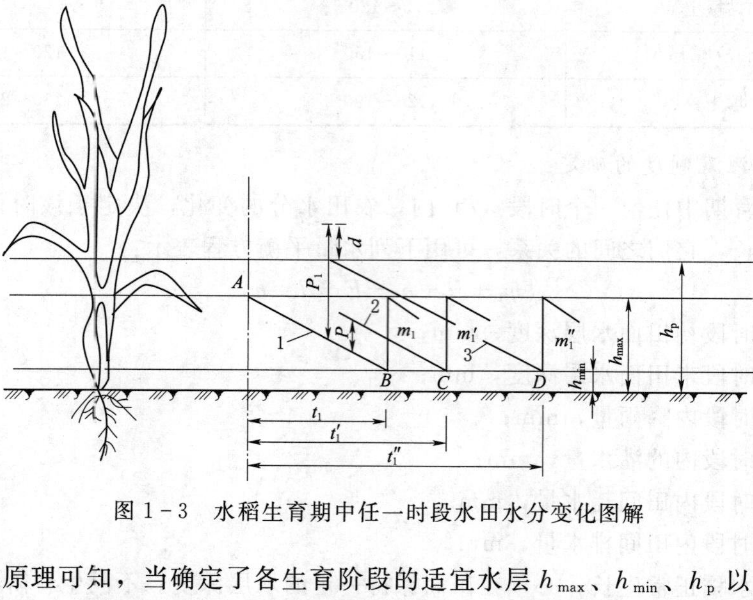

图 1-3　水稻生育期中任一时段水田水分变化图解

根据上述原理可知，当确定了各生育阶段的适宜水层 h_{max}、h_{min}、h_p 以及阶段需水强度 e_i，便可用图解法或列表法推求水稻灌溉制度。现以某灌区某设计年早稻为例，说明列表法推求水稻灌溉制度的具体步骤。

【例 1-1】 用列表法推求某灌区双季早稻的灌溉制度。

1. 基本资料

(1) 早稻生育期各生育阶段起止日期、需水模比系数、渗漏强度见表1-6。

(2) 各生育阶段适宜水层深度。根据灌区具体条件，采用浅灌深蓄方式，分蘖末期进行落干晒田，晒田结束时复水灌溉，根据灌溉试验资料，复水定额（使晒田末土壤含水率恢复到饱和含水率的灌水定额）采用35mm。为避免双季晚稻插秧前再灌泡田水，田面水层由黄熟一直维持到收割。根据群众丰产灌水经验并参照灌溉试验资料，各生育阶段适宜水层上、下限及最大蓄水深度见表1-5。

(3) 生育期降雨量，见表1-7中第（5）栏数值。

(4) 早稻生育期的水面蒸发量为362.5mm，早稻的需水系数$\alpha=1.2$。

(5) 返青前10d开始泡田，泡田定额为120mm，泡田末期即插秧时（4月24日末）田面水层深度为20mm。

2. 列表计算

根据上述资料，按以下步骤列表进行计算。

(1) 计算各生育阶段的日平均耗水量。

全生育期作物需水量为：$ET=\alpha E_0=1.2\times362.5=435(\text{mm})$

各生育阶段的作物需水量为：$ET_i=K_iET$

各生育阶段的渗漏量为：$S_i=1.5t_i$

各生育阶段的耗水量为：$E_i=ET_i+S_i$

各生育阶段日平均耗水量为：$e_i=\dfrac{E_i}{t_i}$

田间耗水量的计算结果见表1-6。

表1-6　　逐日耗水量计算表

生育阶段	返青	分蘖前	分蘖末	拔节孕穗	抽穗开花	乳熟	黄熟	全生育期
起止日期（月-日—月-日）	04-25—05-02	05-03—05-10	05-11—05-29	05-30—06-14	06-15—06-27	06-28—07-08	07-09—07-16	04-25—07-16
天数/d	8	8	19	16	13	11	8	83
需水模比系数/%	4.8	9.9	24.0	26.6	22.4	7.1	5.2	100
阶段需水量/mm	20.9	43.1	104.4	115.7	97.4	30.9	22.6	435
阶段渗漏量/mm	12	12	28.5	24	19.5	16.5	12	124.5
阶段田间耗水量/mm	32.9	55.1	132.9	139.7	116.9	47.4	34.6	559.5
日平均耗水量/mm	4.1	6.9	7.0	8.7	9.0	4.3	4.3	

注　渗漏强度1.5mm/d。

(2) 利用水量平衡方程式，逐日计算田面水层深度。例如，返青期前有：

4月24日末水层深　$h=20\text{mm}$

25日末　$h=20+0+0-4.1=15.9(\text{mm})$

26日末　$h=15.9+0+0-4.1=11.8(\text{mm})$

依次进行计算，若田面水层深接近或低于淹灌水层下限，则需灌溉，灌水定额以淹灌

水层上、下限之差为准。例如，5 月 3 日末水层深为

$$h=21.0+0+0-6.9=14.1(\text{mm})<20\text{mm}(\text{下限})$$

则需灌溉，灌水定额 $m=50-20=30(\text{mm})$，则 5 月 3 日末水层深应为

$$h=21.0+0+30-6.9=44.1(\text{mm})$$

若遇降雨，田面水层深度随之上升，当超过蓄水上限时必须排水。例如 6 月 18 日末，水层深度 $h_2=39.9+51.6+0-9.0=82.5(\text{mm})$，超过蓄水上限 2.5mm，则需排掉，6 月 18 日末的水深 $h_2=80\text{mm}$。

(3) 晒田期耗水量近似按分蘖末期的日耗水量计算。计算结果列于表 1-7 的 (6)、(7)、(8) 栏。

(4) 校核：

$$h_{始}+\sum P+\sum m-\sum E-\sum d=h_{末}$$

$$20+259.5+305-558.9-18.2=7.4(\text{mm})$$

与 7 月 16 日淹灌水层相符，计算无误。

3. 灌溉制度成果

根据以上计算结果，设计出某灌区双季早稻的灌溉制度，见表 1-8。

已知泡田定额为 120mm（80m^3/亩），则总灌溉定额为

$$M=M_1+M_2=203.5\text{m}^3/\text{亩}+80\text{m}^3/\text{亩}=283.5\text{m}^3/\text{亩}$$

表 1-7　某灌区某年早稻生育期灌溉制度计算表

日期 月	日期 日	生育期	设计淹灌水层 /mm	逐日耗水量 /mm	逐日降雨 /mm	淹灌水层变化 /mm	灌水量 /mm	排水量 /mm
(1)		(2)	(3)	(4)	(5)	(6)	(7)	(8)
4	24	返青期	5～30～50	4.1		20		
	25					15.9		
	26					11.8		
	27				1.0	8.7		
	28				23.5	28.1		
	29				9.3	33.3		
	30					29.2		
5	1					25.1		
	2					21.0		
	3	分蘖前	20～50～70	6.9		44.1	30	
	4				3.3	40.5		
	5				4.0	37.6		
	6				4.4	35.1		
	7					28.2		
	8				2.7	24.0		
	9				7.6	24.7		
	10					47.8	30	

续表

日期 月	日期 日	生育期	设计淹灌水层/mm	逐日耗水量/mm	逐日降雨/mm	淹灌水层变化/mm	灌水量/mm	排水量/mm
(1)		(2)	(3)	(4)	(5)	(6)	(7)	(8)
5	11	分蘖末	20～50～80	7.0		40.8		
	12					33.8		
	13					26.8		
	14				20.9	40.7		
	15				1.8	35.5		
	16					28.5		
	17					21.5		
	18					44.5	30	
	19					37.5		
	20				8.4	38.9		
	21					31.9		
	22					24.9		
	23				2.5	20.4		
	24				2.3	15.7		15.7
	25		晒田	7.0				
	26							
	27							
	28							
	29						35	
	30	拔节孕穗	30～60～90	8.7		31.3	40	
	31				8.5	31.1		
6	1					52.4	30	
	2					43.7		
	3				2.2	37.2		
	4				11.2	39.7		
	5				23.4	54.4		
	6			8.7		45.7		
	7					37		
	8					58.3	30	
	9					49.6		
	10				9.0	49.9		
	11					41.2		
	12				0.7	33.2		

续表

日期		生育期	设计淹灌水层/mm	逐日耗水量/mm	逐日降雨/mm	淹灌水层变化/mm	灌水量/mm	排水量/mm
月	日							
(1)		(2)	(3)	(4)	(5)	(6)	(7)	(8)
6	13	拔节孕穗	30～60～90	8.7		54.5	30	
	14					45.8		
	15	抽穗开花	10～30～80	9.0		36.8		
	16				1.0	28.8		
	17				20.1	39.9		
	18				51.6	80.0		2.5
	19					71.0		
	20					62.0		
	21					53.0		
	22					44.0		
	23					35.0		
	24					26.0		
	25				26.3	43.3		
	26				2.2	36.5		
	27					27.5		
	28	乳熟	10～30～60	4.3		23.2		
	29				3.2	22.1		
	30					17.8		
7	1					13.5		
	2					29.2	20	
	3					24.9		
	4					20.6		
	5					16.3		
	6					12.0		
	7				8.4	16.1		
	8					31.8	20	
	9	黄熟	10～20	4.3		27.5		
	10					23.2		
	11					18.9		
	12					14.6		
	13					10.3		
	14					16.0	10	
	15					11.7		
	16					7.4		
			Σ	558.9	259.5		305	18.2

表 1-8　　　某灌区某设计年双季早稻生育期设计灌溉制度表

灌水次数	灌水日期/(月-日)	灌水定额/mm	灌水定额/(m^3/亩)	灌水次数	灌水日期/(月-日)	灌水定额/mm	灌水定额/(m^3/亩)
1	05-03	30	20	7	06-08	30	20
2	05-10	30	20	8	06-13	30	20
3	05-18	30	20	9	07-02	20	13.4
4	05-29	35	23.3	10	07-08	20	13.4
5	05-30	40	26.7	11	07-14	10	6.7
6	06-01	30	20	合计		305	203.5

（二）旱作物的灌溉制度

1. 水量平衡法基本原理

水量平衡法以作物各生育期内土壤水分变化为依据，从对作物充分供水的观点出发，一般要求在作物各生育期内，计划湿润层内的土壤含水率（水稻为计划水层深度）维持在作物适宜含水量的上限和下限之间，若土壤含水量降至下限时，则应进行灌水，以保证作物充分供水。

就旱作物的整个生育期而言，任一时段 $0\sim t$ 中，任一时段计划湿润层中含水量的变化，取决于需水量和来水量的多少，其来去水量如图 1-4 所示。

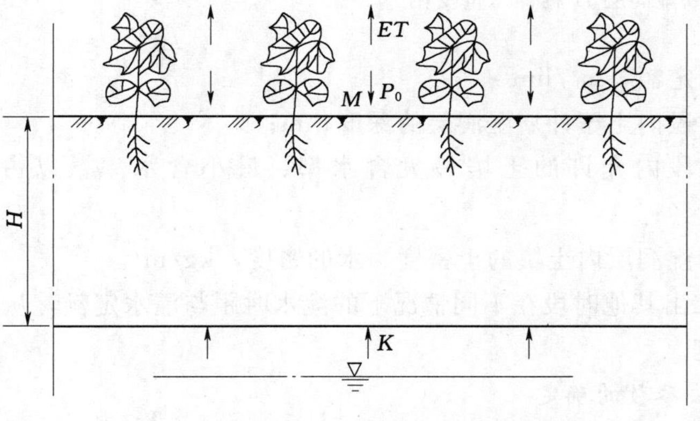

图 1-4　土壤计划湿润层水量平衡示意图

土壤计划湿润层 H 内的水量平衡可表示为

$$W_t - W_0 = W_T + P_0 + K + M - ET \tag{1-14}$$

式中　W_0、W_t——时段初和时段末土壤计划湿润层内的储水量，m^3/hm^2；

W_T——由于计划湿润层增加而增加的水量，m^3/hm^2，如计划湿润层在时段内无变化则无此项；

P_0——时段内保存在土壤计划湿润层内的有效雨量，m^3/hm^2；

K——时段 t（单位时间为日，以 d 表示，下同）内的地下水补给量，m^3/hm^2；即 $K=kt$，k 为 t 时段内平均每昼夜地下水补给量，$m^3/(hm^2\cdot d)$；

M——时段 t 内的灌溉水量，m^3/hm^2；

ET——时段 t 内的作物田间需水量，m^3/hm^2，即 $ET=et$，e 为 t 时段内平均每昼夜的作物田间需水量，$m^3/(hm^2 \cdot d)$。

为了满足作物正常生长的要求，任一时段内土壤计划湿润层的土壤含水率（或储水量）必须经常保持在一定的适宜范围内，即通常要求不少于作物允许的最小允许含水率 β_{min}（或最小允许储水量 W_{min}）和不大于作物允许的最大含水率 β_{max}（或最大储水量 W_{max}）。但计划湿润层的平均土壤含水量（或储水量）降低到或接近于最小允许值（θ_{min} 或 W_{min}）时，即需进行灌溉，以补充土壤水分，维持作物的正常生长。

例如，某时段内没有降雨，这一时段的水量平衡方程可写为

$$W_{min}=W_0-ET+K=W_0-t(e-k) \tag{1-15}$$

式中　W_{min}——土壤计划湿润层内允许最小储水量；

其余符号意义同前。

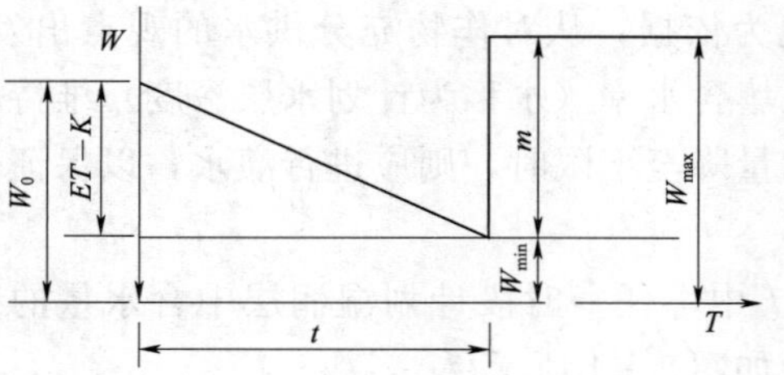

图 1-5　土壤计划湿润层 H 内储水量变化

如图 1-5 所示，设时段初土壤储水量为 W_0，则由式（1-15）可推算出开始进行灌水时的时间间距为

$$t=\frac{W_0-W_{min}}{e-k} \tag{1-16}$$

而这一时段末的灌水定额为

$$m=W_{max}-W_{min}=10^4H(\beta_{max}-\beta_{min})\rho_{干土}/\rho_{水} \tag{1-17}$$

式中　m——灌水定额，m^3/hm^2；

H——该时段内土壤计划湿润层的深度，m；

β_{max}、β_{min}——该时段内允许的土壤最大含水率、最小含水率（以占干土重的百分数计），%；

$\rho_{干土}$、$\rho_{水}$——计划湿润层内土壤的干密度、水的密度，kg/m^3。

同理，可以求出其他时段在不同情况下的灌水时距与灌水定额，从而确定出作物全生育期内的灌溉制度。

2. 水量平衡法参数的确定

拟定的灌溉制度是否合理，关键在于方程中各项数据，如土壤计划湿润层深度、作物允许的土壤含水量变化范围以及有效降雨量等选用是否合理。因此在拟定灌溉制度的过程中，水量平衡方程中各参数的准确确定是重要的。

（1）土壤计划湿润层深度。土壤计划湿润层深度系指在对旱作物进行灌溉时，计划调节控制土壤水分状况的土层深度。它取决于旱作物主要根系活动层深度，随作物的生长发育而逐步加深。在作物生长初期，根系虽然很浅，但为了维持土壤微生物活动，并为以后根系生长创造条件，需要在一定土层深度内保持适当的含水率，一般采用 30～40cm；随着作物的成长和根系的发育，需水量增多，计划湿润层也应逐渐增加，至生长末期，由于作物根系停止发育，需水量减少，计划湿润层深度不宜继续加大，一般不超过 0.8～1.0m。在地下水位较高的盐碱化地区，计划湿润层深度不宜大于 0.6m。根据试验资料，列出几种作物不同生育阶段的计划湿润层深度，见表 1-9。

表 1-9　　经济作物各生育期较为典型的计划湿润层深度　　单位：m

烟草	生育期	缓苗期	团棵期	现蕾期	成熟期
	计划湿润层深度	0.2～0.3	0.4	0.5～0.6	0.5～0.6
茶树	生育期	幼龄期	壮龄期		
	计划湿润层深度	0.3	0.5		
柑橘	生育期	果实膨大期	越冬期		
	计划湿润层深度	0.4～0.5	0.4～0.5		
葡萄	壮龄果园	0.4～0.5			
蔬菜	生育期	生长前期	生长后期		
	计划湿润层深度	0.2～0.3	0.3～0.4		
西瓜	生育期	苗期	伸蔓期	结瓜期	成熟期
	计划湿润层深度	0.10	0.20	0.30	0.30

(2) 土壤适宜含水率上、下限。由于田间作物需水的持续性及农田灌水或降水的间歇性，计划湿润层内土壤含水率不可能经常维持在最适宜的水平，为了保证作物生长，应将土壤含水率控制在适宜的上限与下限之间。

土壤含水率的上限既要满足不产生深层渗漏，又要满足作物土壤空气含量的要求这两个条件，故一般取田间持水量。土壤含水率的下限应以作物生长不受抑制为准，应大于凋萎系数，一般以占田间持水量的百分数计，取占田间持水量 60%～70%。最适宜作物生长的含水率称为土壤适宜含水率，土壤适宜含水率介于 β_{max} 与 β_{min} 之间，随作物品种及其生育阶段、土壤性质等因素而变化。表 1-10 给出的花生、油菜、甜菜、西瓜生育阶段要求的土壤适宜含水率可供参考。

表 1-10　　花生、油菜、甜菜、西瓜各生育期要求的土壤适宜含水率
（以占田间持水率的百分数计）

花生	生育期	出苗期	花针期	结荚期	饱果期
	土壤适宜含水率	50%～70%	55%～75%	60%～80%	60%～80%
油菜	生育期	出苗期	花期	角果期	
	土壤适宜含水率	60%～80%	75%～95%	60%～80%	
甜菜	生育期	幼苗	苗期	繁茂期	块根膨大期
	土壤适宜含水率	60%	70%～80%	70%～80%	60%～65%
西瓜	生育期	苗期	伸蔓期	结瓜期	成熟期
	土壤适宜含水率（下限）	60%～70%	65%～75%	70%～80%	55%～65%

(3) 有效降雨量（P_0）。有效降雨量系指天然降雨量扣除地面径流和深层渗漏量后，蓄存在土壤计划湿润层内可供作物利用的雨量。一般用降雨入渗系数来表示：

$$P_0=\alpha P \tag{1-18}$$

式中　α——降雨入渗系数，其值与一次降雨量、降雨强度、降雨延续时间、土壤性质、地面覆盖及地形等因素有关，一般认为一次降雨量小于 5mm 时，α 为 0；当一次降雨量在 5～50mm 时，$\alpha\approx1.0\sim0.8$；当一次降雨量大于 50mm 时，$\alpha=0.7\sim0.8$。

(4) 地下水补给量 (K)。地下水补给量系指地下水借土壤毛细管作用上升至作物根系吸水层而被作物利用的水量，其大小与地下水埋藏深度、土壤性质、作物种类、作物需水强度、计划湿润层含水量等有关。当地下水埋深超过 2.5m 时，补给量很小，可以忽略不计；当地下水埋深小于 2.5m 时，其补给量约为作物需水量的 5%～25%，河南省人民胜利渠灌区测定冬小麦区地下水埋深在 1.0～2.0m 时，地下水补给量可达作物需水量的 20%。因此，在制定灌溉制度时，不能忽视这部分的补给量，必须根据当地或类似地区的试验、调查资料估算。

(5) 由于计划湿润层增加而增加的水量 (W_T)。在作物生育期内计划湿润层是变化的，由于计划湿润层增加，作物就可利用一部分深层土壤的原有储水量，W_T (m^3/hm^2) 可按式 (1-19) 计算：

$$W_T = 10^4 (H_2 - H_1) \beta \rho_{干土} / \rho_{水} \tag{1-19}$$

式中 H_1——时段初计划湿润层深度，m；

H_2——时段末计划湿润层深度，m；

β——($H_2 - H_1$) 深度的土层中的平均含水率（以占干土质量的百分数计），%，一般 $\beta < \beta_{田}$；

$\rho_{干土}$、$\rho_{水}$——土壤的干密度和水的密度，kg/m^3。

当确定了以上各项设计依据后，即可分别计算旱作物的播前灌水定额和生育期的灌溉制度。

3. 旱作物播前灌水定额 (M_1) 的确定

播前灌水是为了土壤有足够的底墒，以保证种子发芽和出苗或储水于土壤中，供作物生育期使用。播前灌水往往只进行一次，M_1 (m^3/hm^2) 一般可按式 (1-20) 计算：

$$M_1 = 10^4 H (\beta_{max} - \beta_0) \rho_{干土} / \rho_{水} \tag{1-20}$$

式中 H——土壤计划湿润层深度，m，应根据播前灌水要求决定；

$\rho_{干土}$、$\rho_{水}$——土壤干密度、水的密度，kg/m^3；

β_{max}——土壤允许最大含水率（占干土质量的百分数），%；

β_0——播前 H 土层内的平均含水率（占干土质量的百分数），%。

4. 旱作物生育期灌溉制度的拟定

根据水量平衡原理，可用图解法或列表法制定全生育期的灌溉制度，旱作物的计算一般以旬为时段进行计算。

按水量平衡方法制定灌溉制度，如果作物耗水量和降雨量资料比较精确，其计算结果比较接近实际情况。对于大型灌区，由于自然地理条件差别较大，应分区制定灌溉制度，并与前面的调查和试验结果相互核对，以求切合实际。应当指出，这里所讲的灌溉制度是指某一具体年份一种作物的灌溉制度，如果需要求出多年的灌溉用水系列，还需求出每年各种作物的灌溉制度。

三、非充分灌溉条件下的灌溉制度

非充分灌溉 (deficient irrigation) 是指在作物生育期内，将有限的水量科学合理（非足额）地安排在对产量影响比较大，并能产生较高经济价值的水分临界期供水，而在非水分临界期少供水或不供水。非充分灌溉是允许作物受一定程度的缺水和减产，但仍可使单位水量获得最大的效益，有时也称为不充足灌溉或经济灌溉。在此条件下的灌溉制度称非充分灌溉制度。

非充分灌溉的情况要比充分灌溉复杂得多，实施非充分灌溉不仅要研究作物的生理需水规律，研究什么时候缺水、缺水程度对作物产量的影响，而且要研究灌溉经济学，使投入最小水量获得最大产量。因此，前面所述的充分灌溉条件下的灌溉制度的设计方法和原理就不能用于非充分灌溉制度的设计。

在水源供水量不足时，应优先安排面临需水临界期的作物灌水，以充分发挥水的经济效益，把该时期的水分影响降低到最小程度，这对于稳定作物产量和保证获得相当满意的产量、提高水的利用效率是非常重要的。例如，在严重缺水或者相当干旱的年份，棉花可以由灌三水（现蕾期灌一次和花铃盛期灌两次）改为灌两水（现蕾期灌一次和花铃盛期灌一次）或一水（在开花期），仍能获得较为理想的产量。但是，适当限额灌水，是在尽量利用降雨的条件下，考虑到作物的需水特性、主要根系活动层深度的补水要求，以及相应的灌水技术条件等实施的，绝不是灌水定额越小、灌水量越少越好。

对于水稻则是采用浅水、湿润、晒田相结合的灌水方法，不是以控制淹灌水层的上下限来设计灌溉制度，而是以控制水稻田的土壤水分为主。例如，浙江省的水稻“薄露”灌溉，每次灌水在20mm以下，每次灌水后都要自然落干露田，遇到连续降雨，田间淹水超过5d，要排水落干露田。同时还有水稻“控制”灌溉、“水稻旱种”等技术，取得了更好的节水效果。

【知识训练】

1.9　项目一
任务三
知识训练

【技能训练】

1.10　项目一
任务三
技能训练

任务四　确定灌溉用水量

【任务目标】

1. 掌握灌水率的含义。
2. 会推求灌溉用水量。

灌溉用水量和灌溉用水流量分别是指灌区需要从水源引入的水量和流量。它们是流域规划和区域水利规划不可缺少的数据，也是灌区规划、设计和用水管理的基本依据。为了简化计算，常用灌水率来推求灌溉用水量。

一、灌水率

灌水率是指灌区单位灌溉面积（以 $100hm^2$ 计）上所需的净灌溉用水流量，又称灌水模数。这里所指的灌溉面积是指灌区的总灌溉面积，而不是某次灌水的实际受水面积。

由灌水率的定义，可以得出它的计算公式：

$$q_{ik}=\frac{\alpha_i m_{ik}}{864T_{ik}} \tag{1-21}$$

$$\alpha_i=(A_i/A)\times 100\%$$

式中　q_{ik}——第 i 种作物第 k 次灌水的灌水率，$m^3/(s \cdot 100hm^2)$；

m_{ik}——第 i 种作物第 k 次灌水的灌水定额，m^3/hm^2；

α_i——第 i 种作物的种植比例，其值为第 i 种作物的灌溉面积与灌区灌溉面积之比；

A_i——第 i 种作物的种植面积；

A——灌区的灌溉面积；

T_{ik}——第 i 种作物第 k 次灌水的灌水延续时间，d。

对于自流灌区，每天灌水延续时间以 24h 计；对于抽水灌区，则每天灌水延续时间以 20～22h 计，式（1－21）中系数 864 应相应改为 720～792。

由上述可见，灌水延续时间直接影响着灌水率的大小，从而在设计渠道时，也影响着渠道的设计流量以及渠道和渠系建筑物的造价，因此必须慎重选定。

用灌水率计算公式，以表 1－11 为例，可以计算出各种作物的各次灌水的灌水率。

表 1－11　　灌水率计算表

作物	作物种植面积/%	灌水次数	灌水定额/(m^3/hm^2)	灌水时间（日/月）			灌水延续时间/d	灌水率/[$m^3/(s \cdot 100hm^2)$]
				始	终	中间日		
小麦	50	1	975	16/9	27/9	22/9	12	0.047
		2	750	19/3	28/3	24/3	10	0.043
		3	825	16/4	25/4	21/4	10	0.048
		4	825	6/5	15/5	11/5	10	0.048
棉花	25	1	825	27/3	3/4	30/3	8	0.030
		2	675	1/5	8/5	5/5	8	0.024
		3	675	20/6	27/6	24/6	8	0.024
		4	675	26/7	2/8	30/7	8	0.024
谷子	25	1	900	12/4	21/4	17/4	10	0.026
		2	825	3/5	12/5	8/5	10	0.024
		3	750	16/6	25/6	21/6	10	0.022
		4	750	10/7	19/7	15/7	10	0.022
玉米	50	1	825	8/6	17/6	13/6	10	0.048
		2	750	2/7	11/7	7/7	10	0.043
		3	675	1/8	10/8	6/8	10	0.039

二、灌水率图的绘制与修正

为了确定设计灌水率、推算渠首引水流量或灌溉渠道设计流量，通常可先对某一设计代表年计算出灌区各种作物每次灌水的灌水率（表 1-11），将所得的灌水率绘制在方格纸上，如图 1-6 所示，称之为灌水率图。由图可见，各时期的灌水率大小相差悬殊，渠道输水断断续续，不利于管理。如以其中最大的灌水率计算渠道流量，势必偏大，不经济。因此，必须对初步灌水率图进行必要的修正。

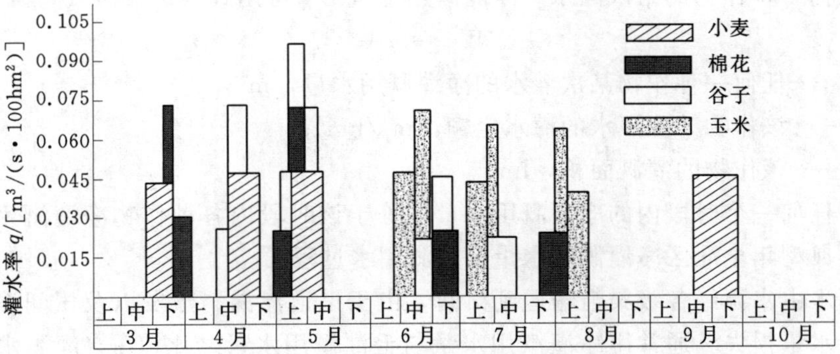

图 1-6　某灌区初步灌水率图

灌水率图的修正方法及原则如下：

（1）可以提前或推迟灌水时间，提前或推迟灌水时间不得超过 3d，若同一种作物连续两次灌水均需变动灌水日期，不应一次提前、一次推迟。

（2）延长或缩短灌水时间，延长或缩短灌水时间与原定时间相差不应超过 20%。

（3）改变灌水定额，灌水定额的调整值不应超过原定额的 10%，同一种作物不应连续两次减小灌水定额；当上述要求不能满足时，可适当调整作物组成。

（4）修正后的灌水率图应与水源供水条件相适应，且全年各次灌水率大小应比较均匀，以累计 30d 以上的最大灌水率为设计灌水率，短期的峰值不应大于设计灌水率的 120%，最小灌水率不应小于设计灌水率的 30%；特别应避免小于 5d 的短期停水现象。

修正后的灌水率图如图 1-7 所示。

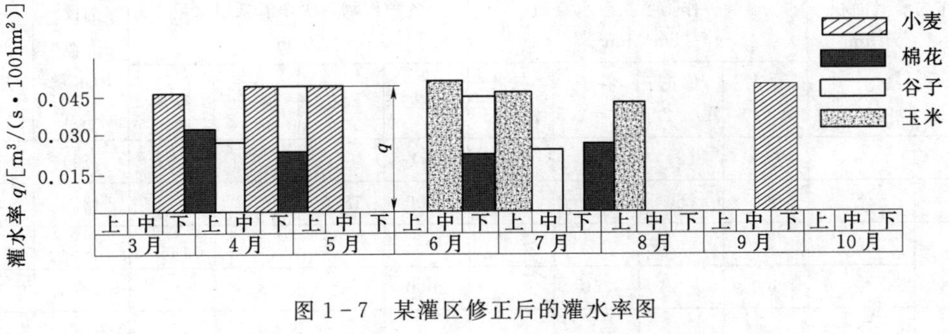

图 1-7　某灌区修正后的灌水率图

根据调查统计，大面积水稻灌区（100hm² 以上）的设计净灌水率 q 一般为 0.067～0.09m³/(s·100hm²)，大面积旱作灌区的设计净灌水率一般为 0.030～0.052m³/(s·100hm²)；水、旱田均有的大中型灌区，其综合净灌水率可按水旱面积比例加权平均求得。以上数值也可作为调整后灌水率最大值的控制数值。对管理水平较高的地区可选用小一些的数值，反之取大值，否则会造成设计灌水率偏小，使渠道流量偏小，不能按时完成灌溉任务。

三、灌溉用水量及用水过程

（一）灌溉用水量

1. 直接法（用灌水定额和灌溉面积计算）

对于任何一种作物的某次灌水，净灌溉用水量 $W_{净}$ 可用式（1－22）计算：

$$W_{净}=mA_i \tag{1-22}$$

式中　$W_{净}$——任何一种作物某次灌水的净灌溉用水量，m^3；

m——该作物某次灌水的灌水定额，m^3/hm^2；

A_i——该作物的灌溉面积，hm^2。

全灌区任何一个时段内的净灌溉用水量，等于该时段内各种作物净灌溉用水量之和，据此可求得典型年全灌区净灌溉用水量及灌溉用水过程线。

灌溉用水由水源经各级渠道输送到田间，由于渠道渗漏、蒸发以及田间渗漏等因素，会造成部分水量损失。通常用净灌溉用水量与毛灌溉用水量之比值 η（灌溉水利用系数）作为衡量灌溉水利用率或反映灌溉水损失情况的指标。

某时段，灌区需要从水源取得的水量可用式（1－23）计算：

$$W_{毛}=\frac{W_{净}}{\eta} \tag{1-23}$$

式中　$W_{毛}$——灌区某时段毛灌溉用水量，m^3；

$W_{净}$——灌区某时段净灌溉用水量，m^3；

η——灌溉水利用系数，为灌入田间的水量（或流量）与渠道引入总水量（或流量）之比。

例如，计算某灌区某年灌溉用水过程，灌区灌溉面积为 10 万 hm^2。用灌水定额和灌溉面积直接计算各种作物的灌溉用水量（表 1－12）。灌溉水利用系数 $\eta=0.7$。

表 1－12　某灌区某年灌溉用水过程推算表（直接推算法）

作物灌溉面积/万 hm^2；时间/(月、旬)		各种作物各次灌水定额/(m^3/hm^2)				各种作物各次净灌溉用水量/万 m^3				全灌区净灌溉用水量/万 m^3	全灌区毛灌溉用水量/万 m^3
		小麦 $A_1=5$	棉花 $A_2=2.5$	谷子 $A_3=2.5$	玉米 $A_4=5$	小麦	棉花	谷子	玉米		
(1)		(2)	(3)	(4)	(5)	(6)	(7)	(8)	(9)	(10)	(11)
3	下	600	750			3000	1875			4875	6964
4	上										
	中	600		750		3000		1875		4875	6964
	下										
5	上	600	600	600		3000	1500	1500		6000	8571
	中										
	下	600				3000				3000	4286

续表

作物灌溉面积/万 hm^2 时间/(月、旬)		各种作物各次灌水定额/(m^3/hm^2)				各种作物各次净灌溉用水量/万 m^3				全灌区净灌溉用水量/万 m^3	全灌区毛灌溉用水量/万 m^3
		小麦 $A_1=5$	棉花 $A_2=2.5$	谷子 $A_3=2.5$	玉米 $A_4=5$	小麦	棉花	谷子	玉米		
(1)		(2)	(3)	(4)	(5)	(6)	(7)	(8)	(9)	(10)	(11)
6	上										
	中			600	750			1500	3750	5250	7500
	下		600				1500			1500	2143
7	上										
	中			600	600			1500	3000	4500	6429
	下		600				1500			1500	2143
8	上										
	中										
	下										
9	上										
	中	750				3750				3750	5357
	下										
合计		3150	2550	2550	1350	15750	6375	6375	6750	35250	50357

2. 间接法（用综合灌水定额推算）

全灌区综合灌水定额是同一时段内各种作物灌水定额的面积加权平均值，即

$$m_{综,净}=\alpha_1 m_1+\alpha_2 m_2+\alpha_3 m_3+\cdots+\alpha_n m_n \quad (1-24)$$

式中 $m_{综,净}$——某时段内综合净灌水定额，m^3/hm^2；

m_1、m_2、m_3、…、m_n——第 1 种、第 2 种、第 3 种、…、第 n 种作物在该时段内的灌水定额，m^3/hm^2；

α_1、α_2、α_3、…、α_n——第 1 种、第 2 种、第 3 种、…、第 n 种作物的种植比例。

全灌区某时段内的净灌溉用水量 $W_净$，可用式（1-25）求得：

$$W_净=m_{综,净}A \quad (1-25)$$

式中 A——全灌区的灌溉面积，hm^2。

计入水量损失，则综合毛灌水定额为

$$m_{综,毛}=\frac{m_{综,净}}{\eta} \quad (1-26)$$

全灌区任何时段毛灌溉用水量为

$$W_毛=m_{综,毛}A \quad (1-27)$$

表 1-12 中，3 月下旬的综合净灌水定额为

$$m_{综,净}=50\%\times600+25\%\times750=487.5(m^3/hm^2)$$

则 3 月下旬的净灌溉用水量为

$$W_净=487.5\times10=4875(万\ m^3)$$

与表 1-12 中直接计算的净灌溉用水量数值相同，而 3 月下旬的毛灌溉用水量 $W_{毛}$，同样可用综合毛灌水定额求得，即

$$m_{综,毛}=\frac{487.5}{0.7}=696.4(\mathrm{m^3/hm^2})$$

$$W_{毛}=696.4\times10=6964(万\ \mathrm{m^3})$$

此值与表 1-12（11）栏毛灌溉用水量相同。因此，用综合灌水定额即可求得任何时段灌区灌溉用水量及用水过程。

同样根据各种作物的灌溉定额可推求全灌区综合灌溉定额：

$$M_{综,净}=\alpha_1M_1+\alpha_2M_2+\alpha_3M_3+\cdots+\alpha_nM_n \tag{1-28}$$

式中　$M_{综,净}$——全灌区综合净灌溉定额，$\mathrm{m^3/hm^2}$；

M_1、M_2、M_3、…、M_n——第 1 种、第 2 种、第 3 种、…、第 n 种作物的灌溉定额，$\mathrm{m^3/hm^2}$；

α_1、α_2、α_3、…、α_n——第 1 种、第 2 种、第 3 种、…、第 n 种作物的种植比例。

$$M_{综,毛}=\frac{M_{综,净}}{\eta} \tag{1-29}$$

式中　$M_{综,毛}$——全灌区综合毛灌溉定额，$\mathrm{m^3/hm^2}$；

η——灌溉水利用系数。

利用全灌区综合毛灌溉定额，可以计算全灌区各种作物一年内的总灌溉用水量。

$$W=M_{综,毛}\cdot A \tag{1-30}$$

利用全灌区综合毛灌溉定额，还可推求灌区可发展的灌溉面积，即

$$A=\frac{W_{源}}{M_{综,毛}} \tag{1-31}$$

式中　A——全灌区可发展的灌溉面积，$\mathrm{hm^2}$；

$W_{源}$——水源每年能供给的灌溉水量，$\mathrm{m^3}$；

$M_{综,毛}$——全灌区综合毛灌溉定额，$\mathrm{m^3/hm^2}$。

（二）灌溉用水流量

1. 直接法

直接根据灌溉制度或灌溉用水量计算：

$$Q_i=\frac{W_i}{T\times t\times3600}=\frac{\sum_{j=1}^{k}m_{ij}A_j}{3600Tt\eta} \tag{1-32}$$

式中　Q_i——某时段毛灌溉用水流量，$\mathrm{m^3/s}$；

W_i——某时段毛灌溉用水量，$\mathrm{m^3}$；

T——时段内天数；

t——每天灌水时数，自流为 24h，提灌为 18～22h；

其他符号意义同前。

2. 间接法

根据灌水率计算：

$$Q_i = \frac{q_i A}{\eta} \tag{1-33}$$

式中　Q_i——某时段的毛灌溉用水流量，m^3/s；

q_i——相应时段的灌水率，$m^3/(s \cdot 100hm^2)$；

A——灌区总的灌溉面积，$100hm^2$。

【知识训练】

1.11　项目一
任务四
知识训练

【技能训练】

1.12　项目一
任务四
技能训练

项目二　灌溉与排水工程布置

【知识目标】

1. 掌握灌溉对水源的要求及取水方式的适用条件。
2. 掌握灌溉渠道与排水沟道系统的布置方式。
3. 掌握土地平整的设计方法。
4. 掌握田间工程的布置方式。

【技能目标】

1. 能选择水源并确定灌溉取水方式。
2. 能进行引水灌溉工程的水利计算。
3. 能进行灌排系统的布置。
4. 能进行土地平整土方量的计算。
5. 能进行田间工程的布置。

2.0 课程导学

任务一　灌溉水源及取水方式

【任务目标】

1. 了解灌溉水源的类型。
2. 掌握不同取水方式的特点。
3. 能进行取水灌溉工程的水利计算。

一、灌溉对水源的要求

灌溉水源包括地面水和地下水两大部分。

地面水是灌溉水源的主要形式，包括河川径流和地面径流。平原地区主要以河川湖泊径流为灌溉水源，如长江、淮河、太湖、洪泽湖等。山丘区主要以当地地面径流为水源，通过修建水库、塘坝拦蓄当地径流。地下水一般是指潜水和层间水，其中潜水的主要补给来源是大气降雨，又称浅层地下水，由于埋藏较浅，补给容易，便于开采，也是灌溉水源之一。

随着工业的发展，污水灌溉和灌溉回归水也逐步成为灌溉水源的一个组成部分。海水和高矿化度的地下水经淡化处理后也可用于灌溉，但费用昂贵，尚少采用。

1. 对水质的要求

以地面水、地下水或处理后的城市污水与工业废水作为灌溉水源时，其水质应符合《农田灌溉水质标准》（GB 5084—2021）的规定。

（1）水温。灌溉水要有适宜的水温，水温过低会抑制作物的生长，水温过高，会降低水中溶解氧的含量，并提高水中有毒物质的毒性。在作物生育期内，灌溉时的水温与农田地温之差宜小于10℃，水稻田灌溉水温宜为15～35℃。

井灌或引水库灌溉时，水温往往偏低，措施是：①井灌时延长输水路线或设晒水池暴晒；②从水库引水灌溉应从温度较高的表层取水。

（2）含沙量。从多沙河流引水的灌溉工程，必须分析灌溉水中泥沙的含量和组成，以便在灌溉工程设计和管理时，采取适当的措施，防止有害泥沙入渠入田，防止渠道淤积。

1）粒径小于0.005mm的泥沙，具有一定的肥力，可适量输入田间，但也不能过量输入，会降低土壤的透水性和通气性。

2）粒径为0.005～0.1mm的泥沙，在土壤质地黏重的地区，可少量引入田间，以改善土壤结构，增加透水性和通气性。

3）粒径大于0.1～0.15mm的泥沙，容易在渠中淤积，对于农田土壤也不利，应禁止入渠。

（3）盐类。灌溉水中允许含有一定的盐分，但如果含盐过多，就会增加土壤溶液的浓度，使作物根系吸水困难，影响作物正常生长，严重的甚至会造成作物死亡，甚至还会引起土壤次生盐碱化。因此，灌溉水质的标准也随着含盐种类和作物种类的不同而不同，对大多数作物来说，通常要求灌溉水的含盐量不超过2g/L。以碳酸钠为主的含盐量应小于1g/L，以氯化钠为主的含盐量应小于2g/L，以硫酸钠为主时应小于3g/L，钙盐危害不大，其允许含盐量可更高。

（4）有害物质。灌溉水中含有的重金属元素是有毒性的，污水中也含有较多种类的有毒有害物质，灌溉前应做水质分析、处理，使之满足《农田灌溉水质标准》（GB 5084—2021）的标准。

2.1　农田灌溉水质标准

2. 对水位及流量的要求

灌溉对水源在水位方面，应该保证灌溉所需的控制高程；在水量方面，应满足灌区不同时期的用水需求。

当灌溉水源不能满足灌溉用水水位和流量要求时，可修建必要的壅水坝、水库等，以抬高水源的水位和调蓄水量；或修建抽水泵站，将所需的灌溉水提高到灌溉要求的控制高程；有时也可以调整灌溉制度，采用节水灌溉技术，以变动灌溉对水源水量提出的要求，使之与水源状况相适应。

二、灌溉取水方式

灌溉取水方式，随水源类型、水位和水质的状况而定。利用地面径流灌溉，可以有各种不同的取水方式，如无坝取水、有坝取水、抽水取水和水库取水等。利用地下水灌溉，则需打井或修建其他集水工程。

2.2　取水工程

（一）无坝取水

灌区附近河流水位、流量均能满足灌溉要求，因地质条件不能建坝时，可选择适宜的位置作为取水口，即可从河道侧面取水，无须修建拦河坝（闸）的取水方式，称为无坝取水（图2-1）。这是一种最简单的取水方式，工程简单、投资少，但不能控制河道的水位和流量，取水保证率低。

1. 渠首位置的选择

在确定渠首的位置时，须分析河岸地形、地质资料，研究水文、泥沙特性及河床演变

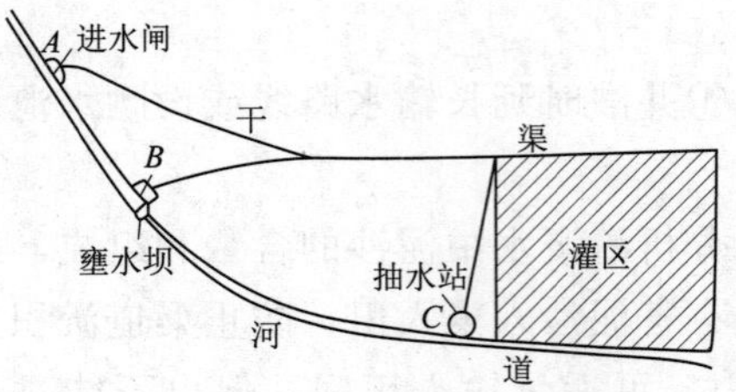

图 2-1　灌溉取水方式示意图

A—无坝取水；B—有坝取水；C—抽水取水

规律，并遵循以下原则：

(1) 根据弯道环流原理，取水口应选在稳定的弯道凹岸顶点以下一定距离，以引取表层较清的水流，防止或减少推移质泥沙进入渠道。

(2) 尽量选择短的干渠线路，避开陡坡、深谷及塌方地段，以减少工程量。

(3) 有分汊的河段，不宜将渠首设在汊道上，因为主流摆动不定，容易导致汊道淤塞，取水困难。必要时，应对河道进行整治，将主流控制在汊道上。

2. 枢纽布置

无坝取水枢纽一般由进水闸、导沙坎及沉沙池等组成，有时还建有冲沙闸。进水闸用于控制入渠水流，其中心线与河流水流方向的夹角一般采用30°～45°。导沙坎用于防止推移质泥沙入渠。沉沙池用于沉淀悬移质中颗粒较粗的泥沙。常见的无坝取水枢纽布置形式有以下 3 种：

(1) 弯道凹岸取水。利用弯道环流原理，将取水口布置在弯道凹岸顶点下游一定距离，以取表层较清的水，排走底沙。一般由进水闸、导沙坎及沉沙池等组成，如图 2-2 (a) 所示。

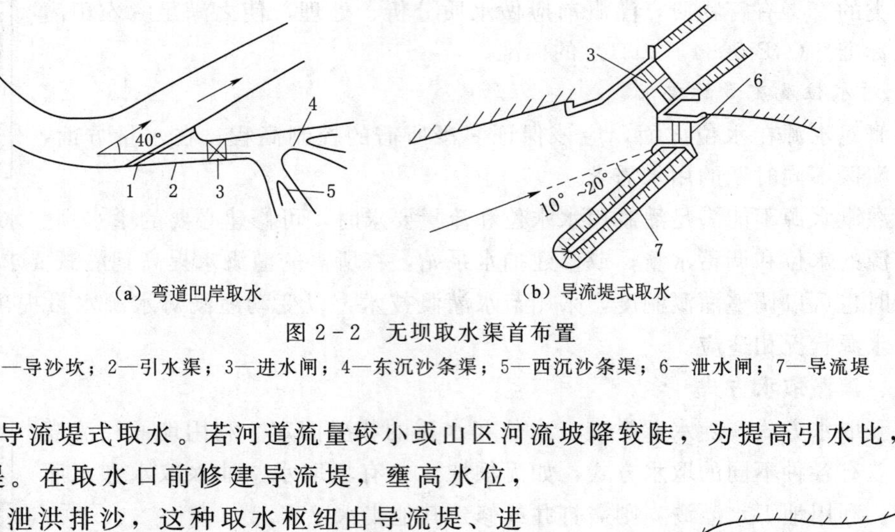

(a) 弯道凹岸取水　　(b) 导流堤式取水

图 2-2　无坝取水渠首布置

1—导沙坎；2—引水渠；3—进水闸；4—东沉沙条渠；5—西沉沙条渠；6—泄水闸；7—导流堤

(2) 导流堤式取水。若河道流量较小或山区河流坡降较陡，为提高引水比，可布置导流堤。在取水口前修建导流堤，壅高水位，用泄水闸泄洪排沙，这种取水枢纽由导流堤、进水闸及泄水冲沙闸等建筑物组成，如图 2-2 (b) 所示。

(3) 引渠式取水。在多泥沙河流，为减少泥沙入渠，常采用此形式，如图 2-3 所示。将进水闸设在岸边的引渠内，与取水口保持一定距离，引渠兼作沉沙渠。在取水口处设导沙坎，由冲沙闸冲洗渠内泥沙。

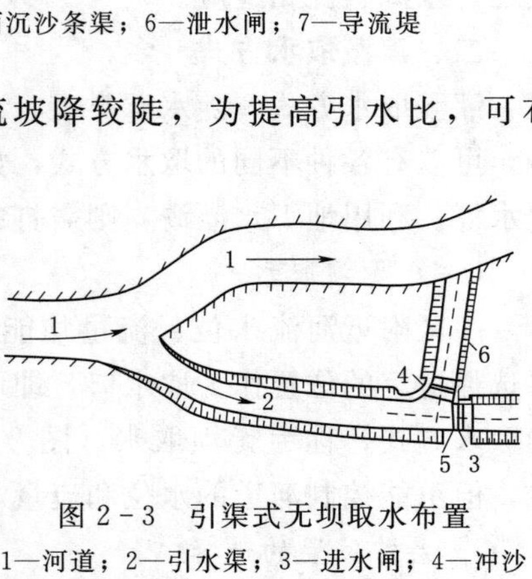

图 2-3　引渠式无坝取水布置

1—河道；2—引水渠；3—进水闸；4—冲沙闸；5—拦沙坎；6—泄水排沙渠

3. 都江堰工程案例

图 2-4 是历史悠久、闻名中外的四川都江堰工程。它的进水口位于岷江凹岸下游，整个枢纽由分水鱼嘴、金刚堤、飞沙堰和宝瓶口等建筑物组成。金刚堤起导流堤的作用，位于宝瓶口进水口前，用以导水入渠；分水鱼嘴位于金刚堤前，将岷江分为内江和外江，洪水期间，内外江水量分配比例约为 4∶6，大部分水由外江流走，保证内江灌区安全，枯水期水量分配颠倒，大部分水量进入内江，保证灌溉用水。飞沙堰用以宣泄内江多余水量及排走泥沙，并用于保证宝瓶口的取水水位。整个工程雄伟壮观，建筑物之间配合密切，虽然没有一座水闸，仍能发挥效益两千多年，是无坝取水的典范。

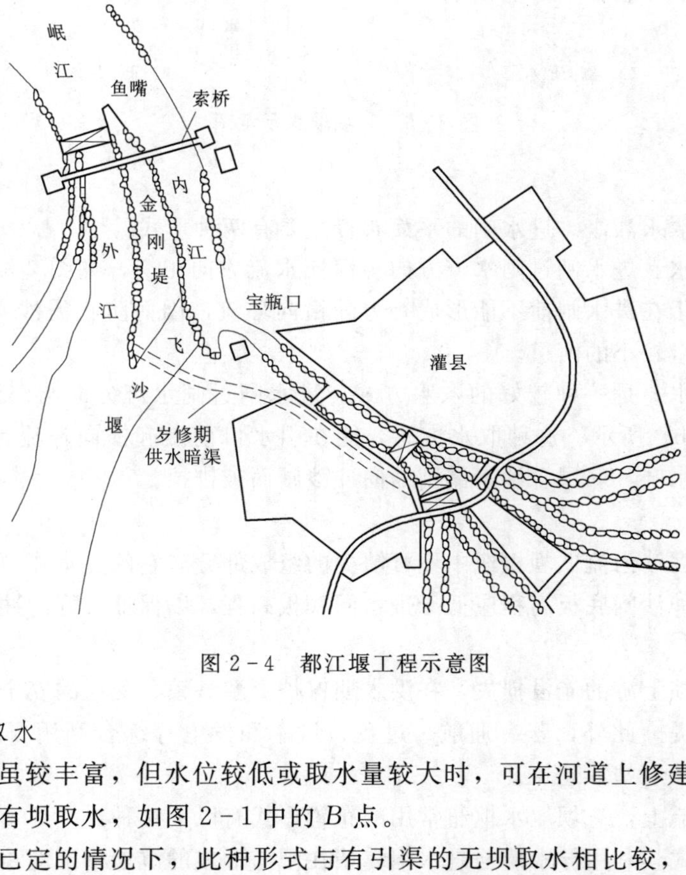

图 2-4　都江堰工程示意图

（二）有坝取水

当河流水源虽较丰富，但水位较低或取水量较大时，可在河道上修建溢流坝或拦河闸抬高水位，形成有坝取水，如图 2-1 中的 *B* 点。

在灌区位置已定的情况下，此种形式与有引渠的无坝取水相比较，虽然增加了拦河坝（闸）工程，但取水口一般距灌区较近，可缩短干渠线路长度，减少工程量。

有坝取水枢纽主要由拦河坝（闸）、进水闸、冲沙闸及防洪堤等建筑物组成，如图 2-5 所示。

1. 拦河坝

用以拦截河道，抬高水位，以满足灌溉取水的要求，汛期则在溢流坝顶溢流，宣泄河道洪水。因此，坝顶应有足够的溢洪宽度，当宽度增长受到限制或上游不允许壅水过高时，可降低坝顶高程，改为带闸门的溢流坝或拦河闸，以增加泄洪能力。

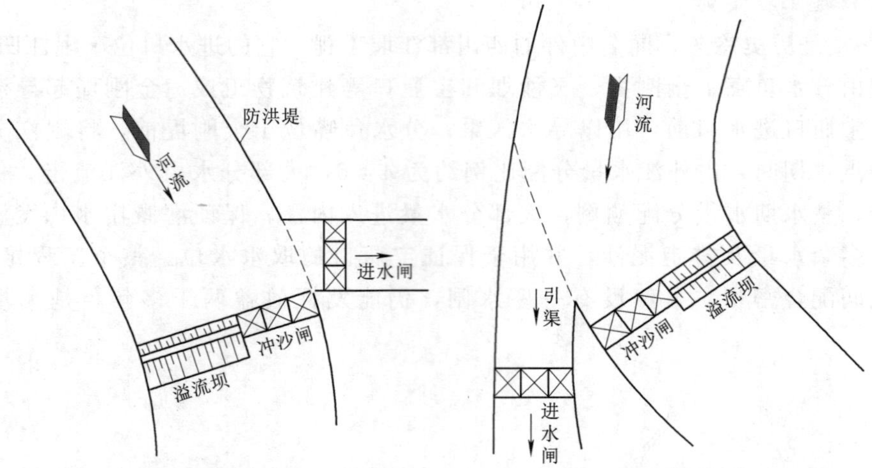

(a) 侧面取水　　(b) 正面取水

图 2-5　有坝取水示意图

2. 进水闸

进水闸用以取水灌溉。进水闸的平面布置主要有两种形式:

(1) 侧面取水。进水闸过闸水流方向与河流水流方向正交,如图 2-5 (a) 所示。这种取水方式,由于在进水闸前不能形成有力的横向环流,因而防止泥沙入渠的效果较差,一般只用于含沙量较小的河道。

(2) 正面取水。是一种较好的取水方式。进水闸过闸水流方向与河流方向一致或斜交,如图 2-5 (b) 所示。这种取水方式,能在引水口前激起横向环流,促使水流分层,表层清水进入进水闸,底层含沙水流则涌向冲沙闸而被排掉。

3. 冲沙闸

冲沙闸是多泥沙河流低坝枢纽中不可缺少的组成部分,它的过水能力一般应大于进水闸的过水能力。冲沙闸底板高程应低于进水闸底板高程,以保证较好的冲沙效果。

4. 防洪堤

为减少拦河坝上游的淹没损失,在洪水期保护上游城镇、交通的安全,可在拦河坝上游沿河修筑防洪堤。此外,若有通航、过鱼、过木和发电等综合利用要求,尚需设置船闸、鱼道、筏道及电站等建筑。

在多泥沙河流上,有坝取水枢纽常用的布置形式有以下 4 种:

(1) 沉沙槽式。利用导水墙与进水闸翼墙在闸前形成的沉沙槽沉淀粗颗粒泥沙,丰水期开启冲沙闸,将泥沙排向下游,如图 2-6 (a) 所示。

(2) 底部冲沙廊道式。利用含沙量沿水深分布不均的特点,在进水闸底部设冲沙廊道,从上面引取表层较清的水,泥沙经由冲沙廊道排向下游,如图 2-6 (b) 所示。

(3) 底栏栅式。在溢流坝体内设置输水廊道,过水时,部分水流由栏栅间隙落入廊道,然后进入渠道或输水隧洞。此布置形式可防止大于栅条间隙的沙石进入廊道,适用于坡陡流急,水流挟带大量推移质的山区河流,如图 2-6 (c) 所示。

(4) 人工弯道式。利用人工弯道产生的环流,以减少泥沙入渠,如图 2-5 所示。

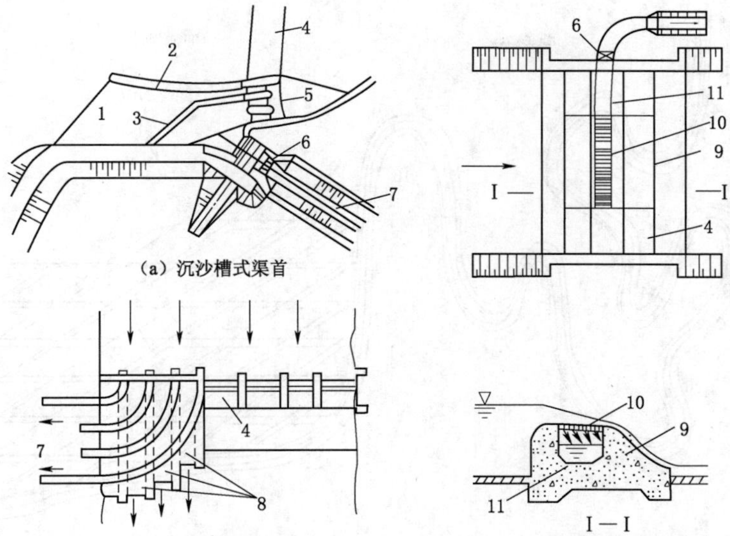

(a) 沉沙槽式渠首　(b) 底部冲沙廊道式渠首　(c) 底栏栅式渠首

图 2-6　有坝渠首布置

1—沉沙槽；2—导水墙；3—导沙坎；4—溢流坝；5—冲沙闸；6—进水闸；7—渠道；8—冲沙廊道；9—底栏栅坝段；10—金属栅栏；11—输水廊道

（三）抽水取水

当河流水量比较丰富，但灌区位置较高，河流水位和灌溉要求水位相差较大，修建其他自流引水工程困难或不经济时，可就近采用抽水取水方式。这样干渠工程量小，但却增加了机电设备和年管理费，如图 2-1 中的 C 点。

（四）水库取水

当河流的流量、水位均不能满足灌溉要求时，必须在河流的适当地点修建水库进行径流调节，以解决来水和用水之间的矛盾，并综合利用河流水源。这是河流水源较常见的一种取水方式。

水库蓄水一般可兼顾防洪、发电、航运、供水和养殖等方面的要求，为综合利用河流水源创造了条件。采用水库取水必须修建大坝、溢洪道和进水闸等建筑物，工程量较大，且有相应的库区淹没损失，因此必须认真选择好建库地址。但水库能充分利用河流水资源，这是其优于其他取水方式之处。

上述几种取水方式除单独使用外，有时还能综合使用多种取水方式，引取多种水源，形成蓄、引、提相结合的灌溉系统。

【例 2-1】 某灌区范围如图 2-7 所示。灌区北面靠山，南面临河，地形北高南低，靠近河流 10 号断面处的 A 点为灌溉区地面最高点。根据灌溉水位控制计算，在 A 点处的干渠水位为高程 144.0m，即可自流控制全灌区。

灌区用水取自河流。图 2-7 所示河流各个断面间的距离皆为 1km。该河流在 10 号断面以上蜿蜒于山区，河道水面比降为 1：1000，两岸皆为高山，渠道只能沿河岸边布置，无其他线路可行。在 10 号断面以下，进入山麓平原，河道水面比降为 1：2500。沿河地

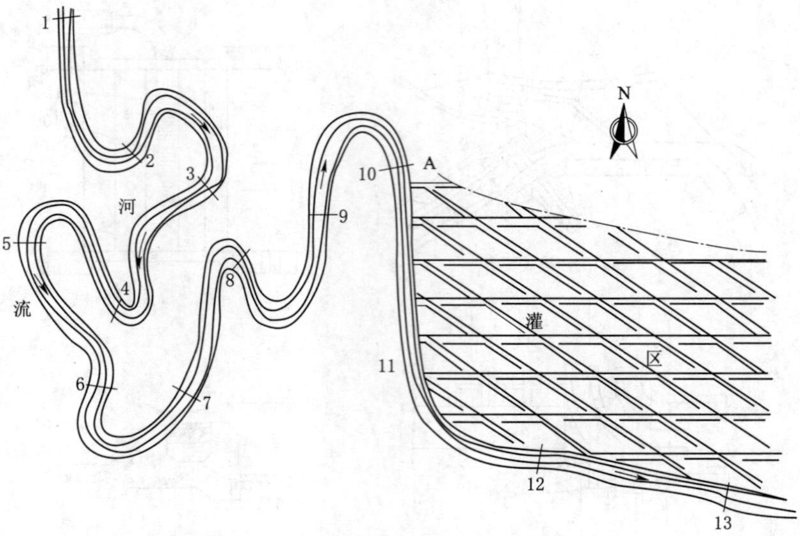

图 2-7　灌区范围示意图（1～13 为断面号）

质条件无大差异，各处皆可选作坝址。设计年 10 号断面处河流最小流量和灌区逐月用水流量，见表 2-1。

表 2-1　　　　河流最小流量与灌区用水流量表

月　　份	1	2	3	4	5	6	7	8	9	10	11	12
河流最小流量/(m^3/s)	3.5	13	12	15	15	28	23	18	16	12	12	4
灌区用水流量/(m^3/s)	0	0	3.5	4.5	4.5	4.5	0	0	4.5	2.0	1.5	0

在 10 号断面处，当河流流量为 $12m^3/s$ 时，水位为 141.0m。根据灌区土质及水源含沙情况，干渠比降选在 1∶2000～1∶10000 范围内，渠床皆不发生冲刷和淤积现象。

要求：根据上述资料，在流量分析及水位分析的基础上，选择渠首位置及形式，计算 A 点以上干渠的长度。若选择有坝取水方式，要求确定拦河坝的壅水高度；若选择抽水取水方式，要求确定抽水扬程。干渠渠首进水闸的水头损失可按 0.2m 计算，干渠沿线可按无交叉建筑物考虑，不计集中的水位落差。此题为粗略计算，不要求考虑其他细节。

解：

1. 流量分析

根据本题所给出的"设计年 10 号断面处河流最小流量及灌区逐月用水量"值，已知河流各月的最小流量皆大于灌区用水流量。因此，不需对河流流量进行调节即可满足灌溉用水要求，故排除了选择水库取水枢纽的必要性。

2. 水位分析

在灌溉季节河流最小流量为 $12m^3/s$ 时，10 号断面处河流的水位高程为 141.0m，在 1～10 号断面间河流比降为 1/1000，据此可推算出各断面处的水位高程，见表 2-2。

表 2-2　　河流水位高程推算表（10 号断面以上）

断面号	1	2	3	4	5	6	7	8	9	10
水位/m	150	149	148	147	146	145	144	143	142	141

10 号断面以下河流比降为 1/2500，据此可推算出 10～13 号断面处的水位高程，见表 2-3。

表 2-3　　河流水位高程推算表（10 号断面以下）

断面号	10	11	12	13
水位	141.0	140.6	140.2	138.2

由表中看出在 10 号断面以下，不宜选作渠首位置。

灌区最高点为 A，在 A 处干渠水位为海拔 144m 时才能自流灌溉全灌区。初选引水干渠比降为 1/2000、1/5000、1/8000 及 1/10000 四个方案。引水干渠终点为 A，沿河道布置。如渠首选在 10 号断面上游，则可按干渠要求推算出 1～10 号断面处的水位高程，见表 2-4。

表 2-4　　各断面处干渠要求的水位

干渠比降	断面号									
	1	2	3	4	5	6	7	8	9	10
	水位/m									
1/2000	148.5	148.0	147.5	147.0	146.5	146.0	145.5	145.0	144.5	144.0
1/5000	145.8	145.6	145.4	145.2	145.0	144.8	144.6	144.4	144.2	144.0
1/8000	145.1	145.0	144.9	144.8	144.6	144.5	144.4	144.3	144.1	144.0
1/10000	144.9	144.8	144.7	144.6	144.5	144.5	144.3	144.2	144.1	144.0

3. 渠首位置与形式选择

（1）无坝取水枢纽。从河床地形来看，在干渠沿河而行的左岸，便于利用横向环流作用以取水防沙，可以选作无坝取水枢纽位置的凹岸，但只有 3 号、4 号、6 号、8 号、10 号断面可选用，其他皆不适宜。

从水位控制来看，只有在河流水位高于干渠要求水位之处才有可能选作渠首位置。现考虑渠首进水闸水头损失为 0.2m，如干渠比降为 1/2000，则渠首位置必须选在 3 号断面处，如干渠比降为 1/5000、1/8000 及 1/10000 三种方案，则渠首位置可选在 6 号断面处。

现将无坝取水枢纽的几种方案综合列入表 2-5 中。

表 2-5　　无坝取水枢纽方案比较表　　单位：m

方案号	渠首位置	干渠比降	干渠长度	河流水位	干渠	干渠要求的河流水位
Ⅰ	3 号断面	1/2000	7000	148	147.5	147.7
Ⅱ	4 号断面	1/5000	4000	145	144.8	145.0
Ⅲ	5 号断面	1/8000	4000	145	144.5	144.7
Ⅳ	6 号断面	1/10000	4000	145	144.4	144.6

按照渠线最短、河流水位与渠首要求水位最接近的原则，可以看出，渠首位于6号断面，渠线最短，干渠比降为1/5000时最接近河道水位，因此渠首位置选择在6号断面，渠道比降为1/5000时较为经济。

（2）有坝取水枢纽。10号断面以上河流蜿蜒于山区，各断面处皆可作为拦河壅水坝址，10号以下断面则不适宜。

河流的左岸为凹岸，便于利用横向环流作用引水防沙，在此岸适宜的坝址有3号、4号、6号、8号、10号断面处，而各断面的取水条件则存在较大差异。其中3号断面处无论干渠比降如何，皆不需筑坝即可自流取水；在4号、6号断面处，只有干渠比降为1/2000时才需筑坝；在8号断面处，无论干渠比降如何，皆需筑坝壅高水位后才能自流取水；在10号断面处，不需修建引水干渠，但需筑坝将河水壅高3.2m后才能自流取水。各方案数据，见表2-6（干渠要求的河流水位考虑渠首进水闸水头损失0.2m）。

表2-6　有坝取水枢纽方案比较表　单位：m

方案号	渠首位置	干渠比降	干渠长度	河流水位	干渠要求的河流水位	要求拦河坝抬高的水位
Ⅰ	4号断面	1/2000	6000	147	147.2	0.2
Ⅱ	6号断面	1/2000	4000	145	146.2	1.2
Ⅲ	8号断面	1/2000	2000	143	145.2	2.2
Ⅳ	8号断面	1/5000	2000	143	144.6	1.6
Ⅴ	8号断面	1/8000	2000	143	144.5	1.45
Ⅵ	8号断面	1/10000	2000	143	144.4	1.4
Ⅶ	10号断面	—	0	141	144.2	3.2

（3）抽水取水枢纽。当4号、6号、8号、10号各断面处作为抽水取水枢纽位置时，抽水扬程与有坝取水枢纽拦河坝壅水高度相同，引水干渠长度亦然。在10号断面以下各处，虽然都可选作抽水枢纽位置，但越往下游河水水位越低，渠道要求的水位越高，抽水扬程越大，干渠越长，且需填方越多。故在10号断面以下，越往下游兴建抽水站的可能性就越小。

三、取水灌溉工程水利计算

灌溉工程的水利计算是灌区规划的主要组成部分。通过水利计算，可以揭示灌区来水与用水之间的矛盾，并确定协调这些矛盾的工程措施及其规模，如灌区面积、坝的高度、进水闸尺寸、抽水站装机容量及水库库容等。本节主要介绍取水灌溉工程的水利计算。

在灌溉工程规划设计之前，必须先确定典型年，然后进行灌区水量平衡计算，进而确定灌溉工程的规模。

（一）设计年的选择

1. 灌溉用水设计年的选择

灌溉设计标准确定后，就可根据这个标准对某一水文气象要素进行分析计算来选择灌溉用水设计年。常用的选择方法有以下几种：

（1）按年雨量选择。把灌区多年降水量资料组成系列，进行频率计算，选择降水频率与灌溉设计保证率相同或相近的年份，作为灌溉用水设计典型年。这种方法只考虑了年降雨量的大小，而没有考虑年雨量的年内分配情况及其对作物灌溉用水的影响，按此年份计算出来的灌溉用水量和作物实际要求的灌溉用水量往往差别较大。

（2）按干旱年份的雨型分配选择。对历史上曾经出现的、旱情较严重的一些年份的降雨量年内分配情况进行分析研究，首先选择对作物生长最不利的雨量分配作为设计雨型；然后按第一种方法确定设计年的降雨量；最后把设计年雨量按设计雨型进行分配，以此作为设计年的降雨过程。这种方法采用了真实干旱年的雨量分配和符合灌溉设计保证率的年雨量，是一种比较好的方法。

灌溉用水设计年确定后，即可根据该年的降雨量、蒸发量等气象资料制定作物灌溉制度，绘制灌水模数图和灌溉用水流量过程线，计算灌溉用水量。这样，设计年的灌溉用水过程就完全确定了。

2. 水源来水设计年的选择

与确定灌溉用水设计年的方法一样，把历年灌溉用水期的河流平均流量（或水位）从大到小排列，进行频率计算，选择与灌溉设计保证率相等或相近的年份作为河流来水设计年，以这一年的河流流量、水位过程作为设计年的来水过程。

（二）无坝取水工程水利计算

无坝取水工程水利计算的主要任务：

确定经济合理的灌溉面积，计算设计取水流量，确定取水枢纽规模与尺寸等。

1. 设计灌溉面积的确定

首先根据实际需要，初步拟定一个灌溉面积，用此面积分别乘以设计灌水模数图上各灌水模数值，求出设计年流量过程线。由于无坝取水灌溉流量不得大于河道枯水流量的30%，所以应把设计年的河道流量过程线乘以30%，作为设计年的河道供水流量过程线。然后进行供水平衡计算，可能出现三种情况：①供水过程远大于用水过程，说明初定的灌溉面积小了，尚可扩大灌溉面积；②供水过程能够满足用水过程，且两个过程比较接近，说明初定的灌溉面积比较合适，就以它作为灌溉面积；③供水过程不能满足用水过程，说明初定的灌溉面积大了，应减少灌溉面积，并按河道供水过程确定设计灌溉面积，方法是依据设计年供水流量过程线和灌水模数图，找出供水流量与灌水模数商值最小的时段，以此时段的供水 $Q_{供}$ 除以毛灌水模数 $q_{毛}$，即为设计灌溉面积 $A_{设}$。这种方法也可直接用来计算设计灌溉面积。计算公式为

$$A_{设}=[Q_{供}/q_{毛}]_{min} \tag{2-1}$$

2. 设计取水流量的确定

无坝取水渠首进水闸设计流量，应取历年灌溉期最大灌溉流量进行频率分析，选取相应于灌溉设计保证率的流量作为进水闸设计流量，也可取设计代表年的最大灌溉流量作为进水闸设计流量。下面介绍设计代表年法确定设计取水流量的方法。

（1）选择设计代表年。由于仅选择一个年份作为代表年具有很大的偶然性，故可按下述方式选择一个代表年组：①对渠首河流历年（或历年灌溉临界期）的来水量进行频率分析，按灌区所要求的灌溉设计保证率，选出2～3年，作为设计代表年，并求出相应年份的灌溉用水量过程；②对灌区历年作物生长期降雨量或灌溉定额进行频率分析，选择频率

接近灌区所要求的灌溉设计保证率的年份2～3年，作为设计代表年，并根据水文资料，查得相应年份渠首河流来水过程；③从上述一种或两种方法所选得的设计代表年中，选出2～6年组成一个设计代表年组。

（2）对设计代表年组中的每一年，进行取、用水量平衡分析计算，若在取、用水量平衡计算中，发生破坏情况，则应采取缩小灌溉面积、改变作物组成或降低设计标准等措施，并重新计算。

（3）选择设计代表年组中实际取水流量最大的年份作为设计代表年，并以该年最大取水流量作为设计流量。

对于小型灌区，由于缺乏资料，没有绘制灌水率图时，可根据已成灌区的灌水率经验值和水源供水流量来计算设计灌溉面积和设计取水流量，也可根据作物需水高峰期的最大灌水定额和灌水延续时间来确定设计取水流量。

【例2-2】 某灌区拟建无坝取水工程进行自流灌溉，计划灌溉面积5万亩，河道设计代表年（$p=80\%$）的来水过程及灌区每万亩用水量见表2-7，无坝取水最大取水系数为0.3。

要求：（1）确定无坝取水时的最大保证灌溉面积。

（2）确定干渠渠首设计取水流量及最小取水流量。

表2-7　　河道来水过程及灌区用水量表（$p=80\%$）

月份	5		6			7			8			9	
旬	中	下	上	中	下	上	中	下	上	中	下	上	中
河道流量/(m^3/s)	15.0	13.7	12.1	13.0	13.6	14.2	18.5	11.0	9.0	31.0	19.0	14.0	13.1
灌区用水量/(万m^3/万亩)	108	89	58	54	74	70	78	79	58	45	54	43	9.0

解： 本题采用典型年法来推求在设计保证率下（$p=80\%$）的设计取水流量及最大保证灌溉面积。

1. 分析来水资料

根据历年的河流来水过程，进行频率分析，推得灌溉水源处频率为$p=80\%$的设计年径流量及其年内分配，资料见表2-7。

2. 确定用水过程

选择与频率为$p=80\%$的河川来水量相应的典型年，根据这一典型年的灌区用水过程计算出以旬为单位时段的用水量，见表2-7。

3. 列表平衡计算

根据水源来水资料与灌区用水过程，进行平衡计算，即可确定设计取水流量及保证灌溉面积，计算成果见表2-8。

4. 确定最大保证灌溉面积及最大、最小设计取水流量

（1）确定最大保证灌溉面积。从表2-8中可看出，当河流可取水量大于或等于同一旬的总用水量时，灌区保证灌溉面积等于全部需要灌溉的面积。此时灌区保证灌溉面积$A_{保}$与全部需要灌溉面积A的比值为100%，即

$$\beta=\frac{A_{保}}{A}=\frac{W_{实引}}{W_{用}}=\frac{W_{用}}{W_{用}}=100\%$$

从表 2-8 的计算成果看，灌溉设计保证率 $p=80\%$ 时，最大保证灌溉面积应取第（10）栏最小值，则最大保证灌溉面积为 3.6 万亩。

（2）确定灌区最大、最小设计取水流量。灌区最大取水流量应出现在 7 月中旬（虽然 5 月下旬用水量最大，但灌水延续时间为 11d，所以没有 7 月中旬用水流量大），故

$$Q_{设计}=\frac{390}{8.64\times10}=4.51(m^3/s)$$

灌区最小取水流量出现在 9 月中旬：

$$Q_{min}=\frac{200}{8.64\times10}=2.31(m^3/s)$$

表 2-8　　引水灌溉工程平衡计算成果表

月	旬	河流来水量 m^3/s	河流来水量 万 m^3	河流可取水量/万 m^3	每万亩用水量/万 m^3	总用水量/万 m^3	实际取水量/万 m^3	$\beta=W_{实取}/W_{用}$	保证灌溉面积/万亩
(1)	(2)	(3)	(4)	(5)	(6)	(7)	(8)	(9)	(10)
5	中	15.0	1296	389	108	540	389	72	3.6
	下	13.7	1302	390	89	445	390	88	4.4
6	上	12.1	1045	314	58	290	290	100	5
	中	13.0	1123	337	54	270	270	100	5
	下	13.6	1175	353	74	370	353	95	4.75
7	上	14.2	1227	368	70	350	350	100	5
	中	18.5	1598	479	78	390	390	100	5
	下	11.0	1045	314	79	395	314	79	3.95
8	上	9.0	778	233	58	290	233	80	4
	中	31.0	2678	803	45	225	225	100	5
	下	19.0	1806	542	54	270	270	100	5
9	上	14.0	1210	363	43	215	215	100	5
	中	13.1	1132	340	40	200	200	100	5

注　1. 第（5）栏河流可取水量等于河流来水量乘以取水系数，即（5）$=0.3\times$(4)。
2. 第（7）栏总用水量等于每万亩用水量乘以灌区总灌溉面积，即（7）$=5\times$(6)。
3. 第（8）栏实际取水量是取（5）、（7）栏中较小值。
4. 第（10）栏保证灌溉面积等于 β 乘以灌区总灌溉面积，即（10）$=5\times$(9)。

由计算结果可知，本灌区设计保证率 $p=80\%$ 时，无坝取水不能保证灌溉 5 万亩，只有 3.6 万亩能完全保证满足灌溉。若要满足全部灌溉要求，须采用下述措施：①降低灌溉设计保证率；②减小灌水定额；③将无坝取水改为有坝取水，提高取水系数；④对河流进行流量调节。

3. 闸前设计水位的确定

无坝取水渠首进水闸闸前设计水位，应取河、湖历年灌溉期旬或月平均水位进行频率

分析，选取相应于灌溉设计保证率的水位作为闸前设计水位，也可取河、湖多年灌溉期枯水位的平均值作为闸前设计水位。

4. 闸后设计水位的确定

闸后设计水位一般是根据灌区高程控制要求而确定的干渠渠首水位。干渠渠首水位推算出来以后，还应与闸前设计水位减去过闸水头损失后的水位相比较，如果推算出的干渠渠首水位偏高，则应以闸前设计水位扣除过闸水头损失作为闸后设计水位。这时灌区控制高程要降低，灌区范围应适当缩小，或者向上游重新选择新的取水地点。

5. 进水闸闸孔尺寸的拟定及校核

进水闸闸孔尺寸主要指闸底板高程和闸孔净宽。在确定这些尺寸时，应将底板高程与闸孔宽度联系起来，统一考虑。同一个设计流量，闸底板定得高些，闸孔宽度就要大些；闸底板定得低些，闸孔净宽就可小些。设计时必须根据建闸处地形、地质条件、河流挟沙情况等综合考虑，反复比较，以求得经济合理的闸孔尺寸。

闸底板高程确定后，即可根据过闸设计流量、闸前及闸后设计水位、过闸水流流态，按相应的水力学公式计算出闸孔净宽。

（三）有坝取水工程的水利计算

有坝取水工程水利计算的任务，是根据设计取水要求和设计供水情况，确定拦河坝高度、上游防护范围及进水闸尺寸等。

1. 拦河坝高度的确定

确定拦河坝高度应考虑以下几点：①应满足灌溉取水对水源水位的要求；②在满足灌溉取水的前提下，使筑坝后上游淹没损失尽可能小；③适当考虑发电、航运、过鱼等综合利用的要求。

设计时常先根据灌溉取水高程初步拟定坝顶高程，然后结合河床地形、地质、坝型以及坝体工程量和坝上游防洪工程量的大小等因素，进行综合比较后加以确定。

（1）溢流段坝顶高程的计算。

溢流坝顶高程可按式（2-2）计算（图2-8）：

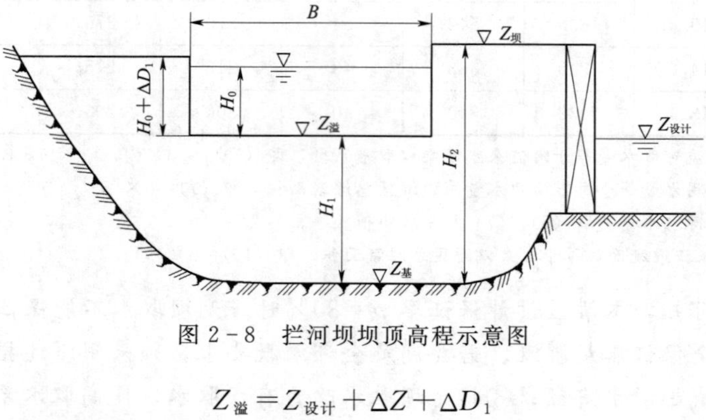

图2-8　拦河坝坝顶高程示意图

$$Z_{溢}=Z_{设计}+\Delta Z+\Delta D_1 \quad (2-2)$$

式中　$Z_{溢}$——拦河坝溢流段坝顶高程，m；

$Z_{设计}$——相应于设计取水流量的干渠渠首水位，m；

ΔZ——渠首进水闸过闸水头损失，m，一般为0.1～0.3m；

ΔD_1——安全超高，m，中小型取水工程可取 0.2～0.3m。

溢流坝坝高 H_1 为

$$H_1 = Z_{溢} - Z_{基} \tag{2-3}$$

推算出来的坝顶高程 $Z_{溢}$，减去坝基高程 $Z_{基}$（图 2-8），即得溢流坝的高度 H_1。

(2) 非溢流段坝顶高程 $Z_{坝}$ 的计算。

$$Z_{坝} = Z_{溢} + H_0 + \Delta D_2 \tag{2-4}$$

$$H_0 = \left(\frac{Q_M}{\varepsilon m B\sqrt{2g}}\right)^{2/3} \tag{2-5}$$

式中 Q_M——设计洪峰流量，m^3/s；

ΔD_2——安全超高，m，按坝的级别、坝型及运用情况确定，一般可取 0.4～1.0m；

H_0——宣泄设计洪峰流量时的溢流水深，m；

B——拦河坝溢流段宽度，m，可按 $B = \frac{Q_M}{q_M}$ 计算；

q_M——下游河床允许单宽流量，软岩基为 30～50$m^3/(s \cdot m)$，坚硬岩基为 70～100$m^3/(s \cdot m)$；软弱土基为 5～15$m^3/(s \cdot m)$；坚实土基为 20～30$m^3/(s \cdot m)$；

m——溢流坝流量系数；

ε——侧收缩系数；

其他符号意义同前。

非溢流段坝高 H_2 为

$$H_2 = Z_{坝} - Z_{基} \tag{2-6}$$

2. 拦河坝的防洪校核及上游防护设施的确定

河道中修筑拦河坝后，抬高了上游水位，扩大了淹没范围，必须采取防护措施，确保上游城镇、交通和农田的安全。为了进行防洪校核，首先要确定防洪设计标准。中小型取水工程的防洪设计标准，一般采用 10～20 年一遇洪水设计，100～200 年一遇洪水校核。根据设计标准的洪峰流量与初拟的溢流坝坝高和坝长，即可用式（2-5）计算出坝顶溢流水深 H_0。这项计算往往与溢流坝坝高的计算交叉进行。

H_0 确定后，可按稳定非均匀流推求出上游回水曲线，回水曲线确定后，根据回水曲线各点的高程，就可确定淹没范围。对于重要的城镇和交通要道，应修建防洪堤进行防护。防洪堤的长度应根据防护范围确定，堤顶高程则按设计洪水回水水位加超高来确定，超高一般采用 0.5m。如果坝上游淹没情况严重，所需防护工程投资很大，则应考虑改变拦河坝设计方案，如增加溢流坝段的宽度，在坝顶设置泄洪闸或活动坝等，以降低壅水高度，减少上游淹没损失。

3. 进水闸尺寸的确定

进水闸的尺寸取决于过闸水流状态、设计取水流量、闸前及闸后设计水位，而闸前设计水位 $Z_{前}$ 又与设计时段河流来水流量有关（图 2-9）。

当设计时段河流来水流量等于取水流量（$Q_1 = Q_{引}$）时：

$$Z_{前} = Z_{溢} \tag{2-7}$$

当设计时段来水流量大于取水流量（$Q_1 > Q_{取}$）时：

$$Z_{前}=Z_{溢}+h_2 \tag{2-8}$$

式中　h_2——设计年份灌溉临界期河道流量 Q_0 减去取水流量 $Q_{取}$ 后，相应于河道流量的 Q_2 的溢流水深，按式（2-5）计算。

如有取水渠，式（2-7）和式（2-8）中还应考虑取水渠中水头损失。

闸后设计水位和闸孔尺寸的计算，与无坝取水工程计算方法相同。

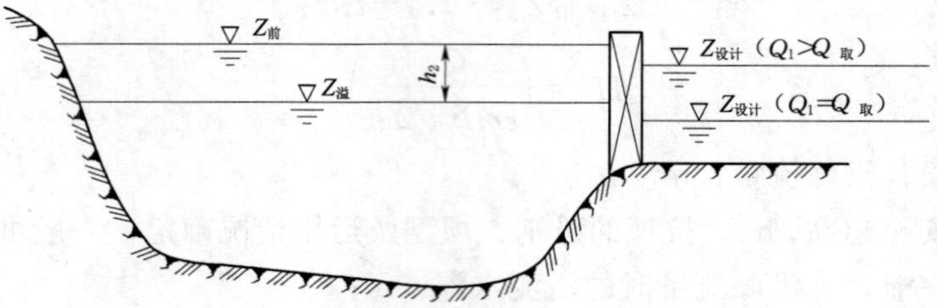

图 2-9　有坝取水闸前设计水位计算示意图

【知识训练】

2.3　项目二
任务一
知识训练

【技能训练】

2.4　项目二
任务一
技能训练

任务二　灌溉渠道工程布置

【任务目标】

1. 了解渠系分级及布置方式。
2. 了解田间工程布置方式。
3. 能进行土方平整设计。

一、渠道工程布置

（一）渠系分级

灌溉渠系由灌溉渠道和退（泄）水渠道组成。渠系一般由 4 级固定渠道组成，即干渠、支渠、斗渠、农渠。农渠以下还有毛渠、输水沟、格田、畦等临时性的田间工程。30万亩以上的灌区，必要时可多于4级（如增设总干渠、分干渠、分支渠等），小型灌区可少于4级，灌区呈狭长的带状地形，固定渠道的级数也较少。干渠的下一级渠道很短，可称为斗渠，这种灌区的固定渠道就分为干、斗、农3级。

2.5　渠道系统分级与布置原则

退、泄水渠道包括渠首排沙渠、中途泄水渠和渠尾退水渠，其主要作用是定期冲刷和排放渠首段的淤沙、排泄入渠洪水、退泄渠道剩余水量及下游出现工程事故时断流排水等，达到调节渠道流量、保证渠道及建筑物安全运行的目的。中途退水设施一般布置在重要建筑物和险工渠段的上游。干、支渠道的末端应设退水渠道。如图2-10所示。

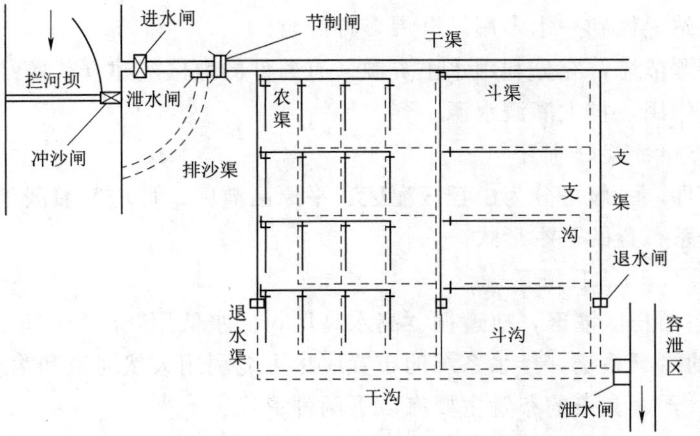

图2-10　灌溉排水系统示意图

（二）灌溉渠系规划布置原则

灌溉渠道系统布置应符合灌区总体设计和灌溉标准要求，并应遵循以下原则：

（1）沿高地布置，力求自流控制较大的灌溉面积。对面积很小的局部高地宜采用提水灌溉的方式，不必据此抬高渠道。

（2）灌溉渠系规划应和排水系统结合进行。在多数地区，必须有灌有排，以便有效地调节农田水分状况。通常以天然河沟作为骨干排水沟道，布置排水系统，在此基础上布置灌溉渠系。

（3）要安全可靠，尽量避免深挖方、高填方和难工险段，以求渠床稳固，施工方便，输水安全。山丘区渠道尽量不沿河、溪边沿布置，以防被山洪冲毁。渠道沿线应有良好的地质条件，尽量避开风化岩层和节理发育的破碎带以及透水性强的地带。对渠道沿线山（塬）洪应予以截导，防止进入灌溉渠道。必须引洪入渠时，应校核渠道的行洪能力，并应设置排洪闸、溢洪堰等安全设施。

（4）4级及4级以上土渠的弯道曲率半径应大于该弯道段水面宽度的5倍；受条件限制不能满足上述要求时，应采取防护措施。石渠或刚性衬砌渠道的曲率半径可适当减小，但不小于水面宽度的2.5倍。通航渠道的弯道曲率半径还应符合航运部门的有关规定。

(5) 井渠结合灌区不宜在同一地块布置自流与提水两套灌溉渠道系统。

(6) 灌溉渠道的位置应参照行政区划确定，尽可能使各用水单位都有独立的用水渠道，以利管理。

灌排渠沟工程分级指标见表 2-9。

表 2-9　　灌排渠沟工程分级指标

工程级别	1	2	3	4	5
灌溉流量/(m^3/s)	≥300	300～100	100～20	20～5	<5
排水设计流量/(m^3/s)	≥500	500～200	200～50	50～10	<10

(7) 要考虑综合利用，尽可能满足其他用水部门的要求。要充分利用渠道落差布置水电站或水力加工站，做到一水多用，开展多种经营。

(8) 积极开源节流，充分利用水土资源。有条件的灌区应建立长藤结瓜灌溉系统，以发挥塘库的调蓄作用，扩大灌溉水源。

(三) 干、支渠的规划布置

按照地形条件，一般可分为山丘区灌区、平原区灌区、圩垸区灌区等。下面阐述各类灌区的特征及渠系布置的基本形式。

2.6　不同地形的渠道系统布置

1. 山丘区灌区

山丘区灌区，应遵循“高水高用，低水低用”的原则，采用“长藤结瓜”式的灌溉系统，排水系统的布置应尽可能利用天然河道和沟溪。

干、支渠的布置主要有以下两种形式：

(1) 干渠沿等高线布置。干渠沿灌区上部边缘布置，以控制全部灌溉面积，支渠从干渠的一侧引出。地面等高线大致与河流方向平行，灌区内的山溪、河流常用作排水干、支沟道，如图 2-11 所示。此种情况下，干渠渠线较长，渠底比降宜缓，以便控制较大面积或集中落差进行发电。

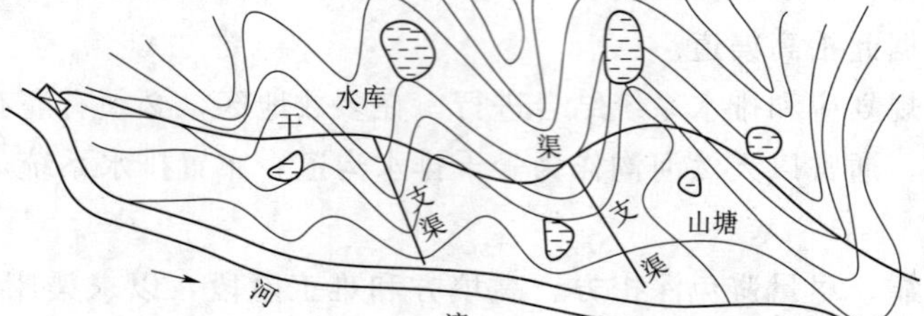

图 2-11　山丘区干支渠道布置

(2) 干渠沿主要分水岭布置。干渠沿灌区内的主要地面岗脊线布置，走向大致与等高线垂直，干渠比降视地面坡度而定。此时，支渠自干渠两侧分出，如图 2-12 所示。此布置，干渠与天然河沟交叉极少，因而建筑物也少，工程量较省，但有时因岗脊线比降较大，在干渠上仍需修建较多的衔接建筑物。

2. 平原区灌区

平原区灌区大多位于河流的中、下游，由河流冲积而成，地形平坦开阔，耕地大片集中。由于灌区的自然地理条件和洪、涝、旱、渍、碱等灾害程度不同，灌排渠系的布置形式也有所不同。

(1) 山前平原灌区。此类灌区一般靠近山麓，地势较高，排水条件较好，渍涝威胁较轻，但干旱问题比较突出。当灌区的地下水丰富时，可同时发展井灌和渠灌，否则，以发展渠灌为主。干渠多沿山麓方向，大致和等高线平行布置，支渠与其垂直或斜交，视地形情况而定，如图 2-13 (a) 所示。这类灌区和山麓相接处有坡面径流汇入，与河流相接处地下水位较高，因此，还应建立排水系统。

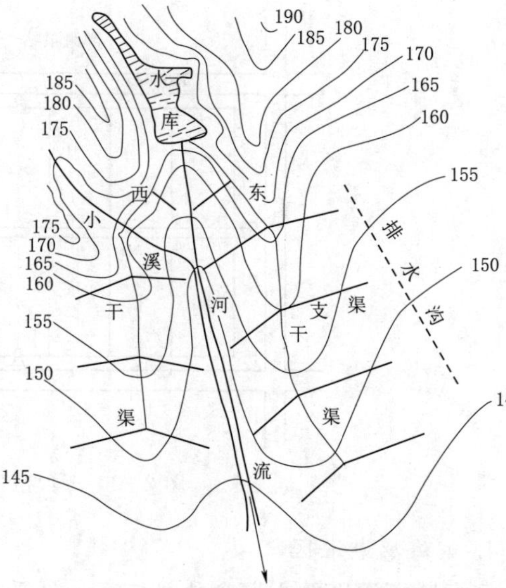

图 2-12　干渠垂直等高线布置

(2) 冲积平原灌区。这类灌区一般位于河流中、下游，地面坡度较小，地下水位较高，涝碱威胁较大。因此，应同时建立灌、排系统，并将灌排分开，各成体系。干渠多沿河流岸旁高地与河流平行布置，大致和等高线垂直或斜交，支渠与其成直角或锐角布置，如图 2-13 (b) 所示。

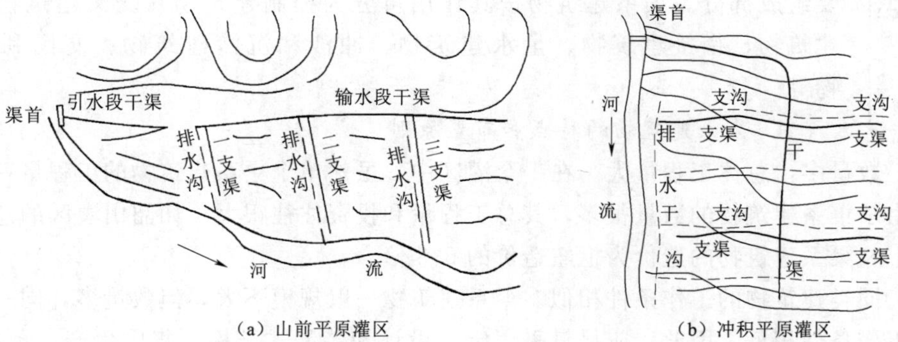

(a) 山前平原灌区　　(b) 冲积平原灌区

图 2-13　平原区灌区干支渠布置示意图

3. 圩垸区灌区

分布在沿江、滨湖低洼地区的圩垸区，地势平坦低洼，河湖港汊密布，洪水位高于地面，必须依靠筑堤圈圩才能保证正常的生产和生活，一般没有常年自流条件，普遍采用机电排灌站进行提排、提灌。面积较大的圩垸，往往一圩多站，分区灌溉或排涝。圩内地形一般是周围高、中间低。灌溉干渠多沿圩堤布置，灌溉渠系通常只有干、支两级，如图 2-14 所示。

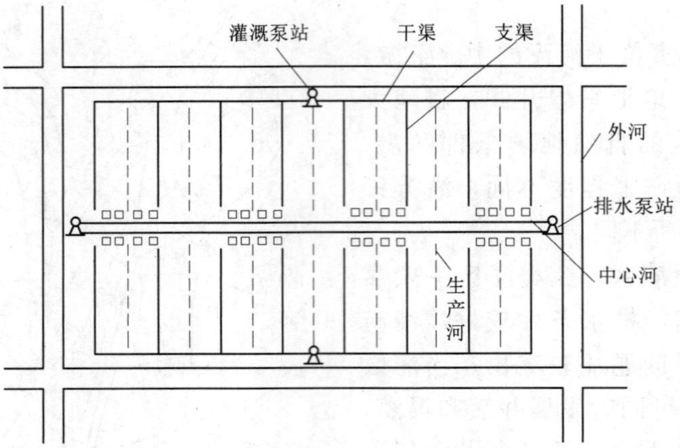

图 2-14　圩垸区干支渠布置示意图

4. 滨海感潮灌区

滨海感潮灌区的土壤含盐量较高，易受盐害。这些地区，一方面需采取防止咸潮入侵的措施，另一方面要引蓄淡水，解决农田灌溉和人畜饮水问题。因此，对此类地区，应在布置灌排渠系的同时，经技术经济论证，设置必要的挡潮、防洪海塘、涵闸及引蓄淡水工程，做到拒咸蓄淡，适时灌排。

（四）渠系建筑物布置

2.7　渠系建筑物类型

渠系建筑物是指为了安全、可靠、有计划地输配水流，在灌排渠道上修建的用以调节、输送、控制和量测水量的建筑物设施，是灌排系统的重要组成部分。渠系建筑物按其作用可分为控制建筑物、交叉建筑物、泄水建筑物、衔接建筑物、量水建筑物、冲沙和沉沙建筑物、便民利民建筑物等。

1. 渠系建筑物的特点和布置原则

（1）数量多，总体工程量大。在一个灌区中，虽然单个渠系建筑物的工程量一般都不大，但由于渠系建筑物的数量很多，其总工程量和投资往往很大。如韶山灌区的总干渠和北干渠上，渠系建筑物的造价为枢纽造价的 6.3 倍。

（2）同类建筑物的工作条件相似。渠系建筑物一般规模不大，但数量多，同一类型的建筑物工作条件相近。因此，应尽量采用定型设计和装配式结构，集中生产，预制拼装，力求设计标准化，制作工厂化。

（3）布置上受地形影响较大，与群众的生产和生活关系密切。渠系建筑物的布置，主要取决于地形条件，并且与群众的生产、生活密切相关。例如渡槽布置既要考虑长度最短，又要考虑与进出口渠道平顺连接，这样就会增加填方渠道与两岸连接的长度，多占农田及多拆迁房屋，影响群众切身利益，所以进行渠系建筑物布置时，必须深入实地进行调查研究，综合考虑社会、技术、经济等问题。

2. 控制建筑物

控制建筑物的作用是控制渠道的流量和水位，满足各级渠道的用水要求，如进水闸、分水闸、节制闸等。

(1) 进水闸。进水闸是用以控制渠道取水流量，满足渠道系统灌溉用水要求的控制建筑物。布置在河流、水库或湖泊等灌溉水源地的岸边，是干渠的首端，又叫取水闸或渠首闸。进水闸的结构形式有开敞式和涵洞式两种。

(2) 分水闸。分水闸是上级渠道向下级渠道配水的控制建筑物，布置在干渠以下各级取水渠道的取水口处（图 2-15），其中，布置在斗渠、农渠上的分水闸常称为斗门、农门。

(3) 节制闸。节制闸一般横跨渠道布置，其常见的布置地点和主要作用有以下几个方面：

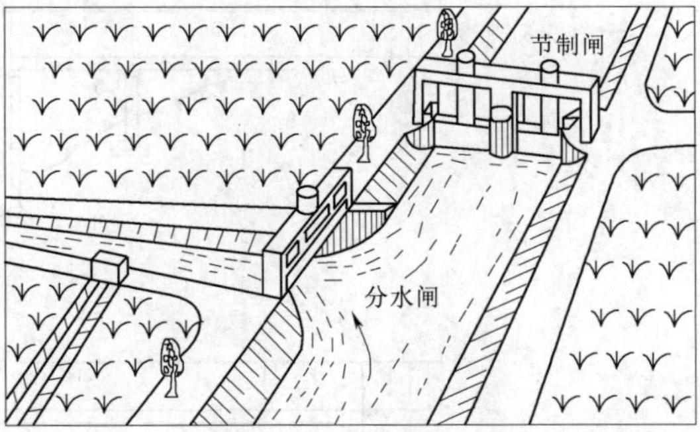

图 2-15　分水闸与节制闸布置示意图

1) 上级渠道水量变幅大，渠道水位可能低于下级渠道取水要求水位时，在分水闸附近的下游位置布置节制闸，以壅高渠道水位，满足下级渠道的取水要求。

2) 下级渠道取水流量比较大（如超过上级渠道流量的 1/3），容易在分水闸前造成水位显著降落，此时，也需在分水闸附近的下游位置布置节制闸，以壅高渠道水位。

3) 布置在重要建筑物、大填方段和险工渠段的上游，当出现险情时，用以截断渠道水流，保护下游建筑物和渠道安全。

4) 布置在轮灌组分界处，用以实现渠道轮灌。

3. 交叉建筑物

当渠道跨越河流、沟谷、洼地、道路或排水沟时，则需修建交叉建筑物，用以跨越障碍输送水流，如渡槽、倒虹吸管、涵洞和桥梁等。设计时应根据交叉处的相对高差、运用要求及地形、地质、水文等具体情况，择优选用。

(1) 渡槽。渡槽是用明槽代替渠道穿越障碍的架空输水建筑物，又称过水桥，它具有水头损失小、维修方便等优点。渡槽一般在下列情况采用：

1) 渠道与道路相交，渠底高于路面，且高差大于行驶车辆要求的安全净空（一般应大于 4.5m）时。

2) 渠道与河沟相交，渠底高于河沟最高洪水位时。

3) 渠道跨越广阔滩地、农田或洼地时。

2.8　渡槽

2.9　红旗渡槽资料拓展

渡槽一般由槽身、支承结构、基础及进出口建筑物等部分组成，槽身置于支承结构上，槽身自重及槽中水重通过支承结构传给基础，再传至地基。

渡槽根据其支承结构的情况，分为梁式渡槽和拱式渡槽两大类。

梁式渡槽的槽身置于槽墩或排架上，其在纵向均匀荷载作用下，纵向受力和梁相同，故称梁式渡槽，如图 2-16 (a) 所示。槽身横断面形式有矩形和 U 形两种，可采用钢筋混凝土结构，为了节约钢筋和水泥用量，还可采用预应力钢筋混凝土及钢丝网水泥结构，跨度较小的槽身也可用混凝土建造。

拱式渡槽的槽身置于拱式支承结构上，其主要承重结构是拱圈，槽身通过拱上结构将荷载传给拱圈，它的两端支承在槽墩或槽台上，如图 2－16（b）和（c）所示。拱圈的受力特点是承受以压力为主的内力，故可用抗压性能好的石料或混凝土建造，并可采用较大的跨度。拱式渡槽按材料可分为砌石、混凝土和钢筋混凝土等拱式渡槽；按照主拱圈的结构形式则可分为板拱、肋拱和双曲拱等拱式渡槽。

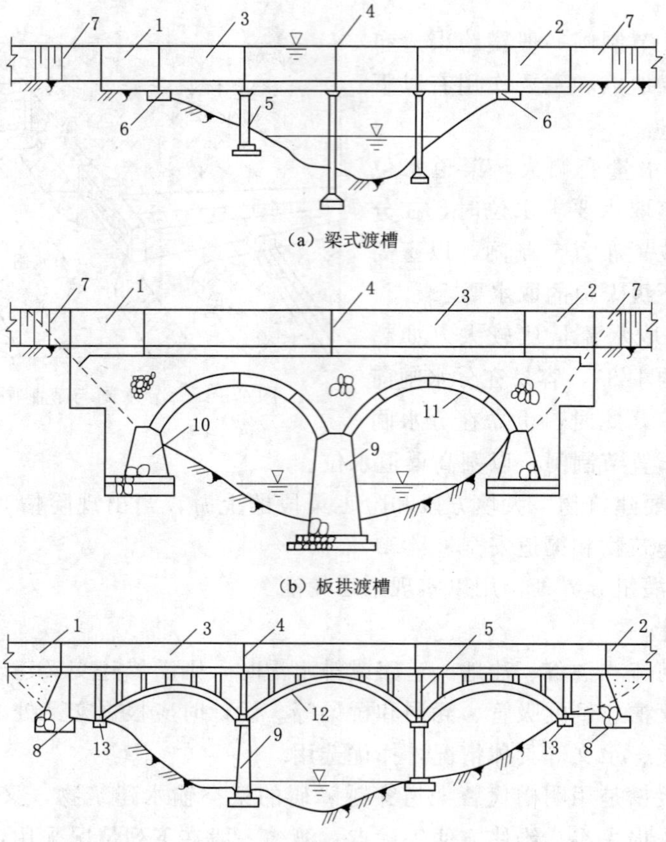

（a）梁式渡槽

（b）板拱渡槽

（c）肋拱渡槽

图 2－16　渡槽

1—进口段；2—出口段；3—槽身；4—伸缩缝；5—排架；6—支墩；7—渠道；
8—重力式槽台；9—槽墩；10—边墩；11—砌石板拱；12—肋拱；13—拱座

2.10　倒虹吸

（2）倒虹吸管。倒虹吸管是用敷设在地面或地下的压力管道代替渠道穿越障碍的有压输水建筑物。

倒虹吸管一般在下列情况采用：

1）渠道流量小，水头富裕，含沙量小，穿越较大的河沟，或河流有通航要求时。

2）渠道与道路相交，渠道虽高于路面，但高差不满足行车净空要求时。

3）渠道跨越洼地或农田，不宜做填方时。

4）渠道与河沟相交，修建渡槽下部支承结构复杂，不便高空作业，或河沟的地质条件较差，不宜建渡槽时。

5）田间渠道与道路相交时。

倒虹吸管的管路布置应根据地形、地质、施工、水力条件等分析确定，总体布置的一般原则是：管身最短、岸坡稳定、管基密实，进出口连接平顺，结构合理。对于高差不大的小倒虹吸管，常采用斜管式或竖井式；对高差较大的倒虹吸管，当跨越山沟时，管路一般沿地面敷设；当穿过深河谷时，在深槽部分建桥。如图 2-17 所示。

倒虹吸管一般由进口段、管身和出口段三部分组成。其水力计算及结构计算，可参阅其他专业书籍。

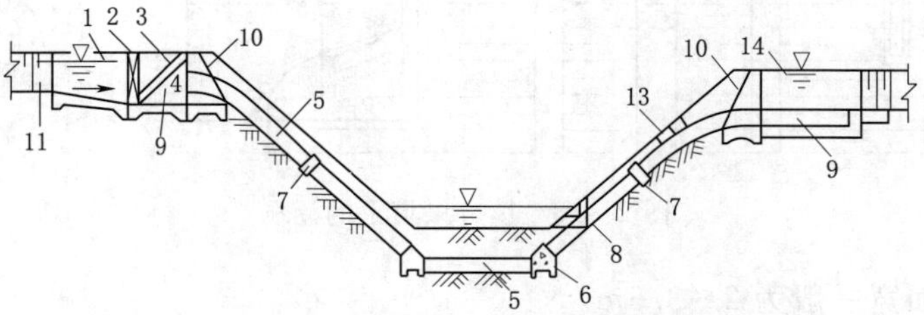

（a）埋设于地面以下的倒虹吸管

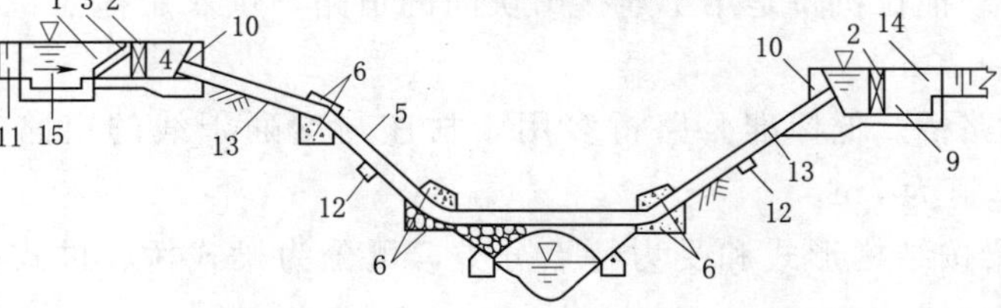

（b）桥式倒虹吸管

图 2-17　倒虹吸管布置

1—进口渐变段；2—闸门；3—拦污栅；4—进水口；5—管身；6—镇墩；7—伸缩接头；8—冲沙放水孔；9—消力池；10—挡水墙；11—进水渠道；12—中间支墩；13—原地面线；14—出口段；15—沉沙池

（3）涵洞。涵洞是埋设在道路、渠道、河沟下面，跨越障碍输水的交叉建筑物。涵洞一般在下列情况采用：

2.11　涵洞

1）渠道与道路相交，渠水面低于路面，渠道流量较小时，在道路底部修建输水涵洞。

2）渠道与河沟相交，渠水面线低于河底的最大冲刷线，可在河沟底部建输水涵洞，以输送渠水通过河沟，而河沟中的洪水仍自原河沟泄走。

3）渠道与洼谷相交，渠水面低于洼谷底，修建涵洞代替明渠。

4）挖方渠道通过土质极不稳定的地段，修建涵洞代替明渠。

涵洞一般由进口段、洞身及出口段三部分组成，如图 2-18 所示。

（4）桥梁。渠道与道路相交，渠道水面低于路面，且流量较大、水面较宽时，要在渠道上修建桥梁，以满足交通要求，又称农桥。渠道上的桥梁，其荷载标准一般低于公路桥梁，但随着农村经济建设的发展，在设计时应适当考虑提高其荷载标准。渠道上的桥梁，按照荷载的不同可分为以下几种：

1）生产桥。生产桥是用于田间生产机械下地耕作的桥梁，主要通行人、牛马车、手

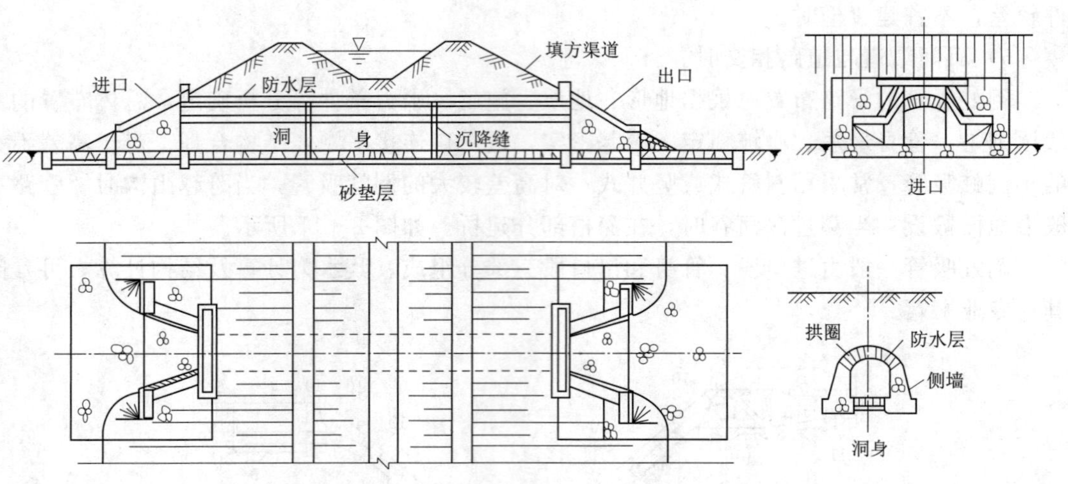

图 2-18 填方渠道下的涵洞

扶拖拉机等，桥面宽一般为 2～3.5m。

2）拖拉机桥。拖拉机桥是用于连接田块间的道路，供农用拖拉机行驶的桥梁，桥面净宽一般为 3.5～4.0m。

3）低标准公路桥。低标准公路桥多用于村庄与交通干线的道路，单车道桥面净宽 4.5～5.0m，双车道为 7m。

渠道上的桥梁按结构形式和受力特点分类，可分为梁式桥、拱式桥两种类型，如图 2-19 所示。

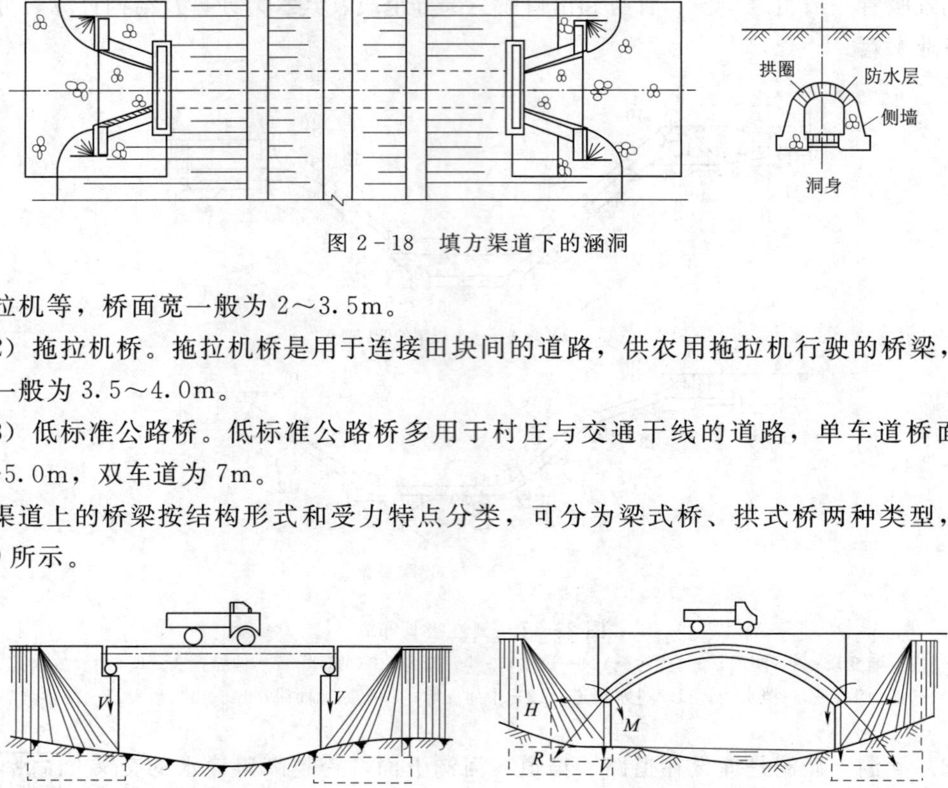

(a) 梁式桥 (b) 拱式桥

图 2-19 桥梁

4. 泄水建筑物

泄水建筑物是为保护渠道及建筑物安全或进行维修，用以宣泄渠水的建筑物。常见的泄水建筑物有泄水闸、退水闸、溢洪堰等。泄水建筑物应结合灌区排水系统统一布置，以便使泄水能就近排入沟、河。

泄水闸一般布置在重要建筑物和大的填方段的上游、渠道进水闸和大量山洪入渠处的上游，主要作用是宣泄渠道余水，保证渠道和建筑物的安全。泄水闸常与节制闸联合修建，配合使用，其闸底高程一般应低于渠底高程或与之齐平，以便泄空渠水。

退水闸一般布置在较大的干、支渠以及比较重要的斗渠的末端，用于排除灌溉余水，腾空渠道。

溢洪堰一般布置在大量洪水汇入的渠段，其堰顶高程与渠道的加大水位相齐平。当洪水汇入渠道，渠水位超过堰顶高程时即自动溢流泄走，以保证渠道安全。溢洪堰结构简单、运用可靠，但所需堰宽一般较大，常受地形条件的限制，因而使用较少。

2.12　跌水

5. 衔接建筑物

衔接建筑物又叫落差建筑物，当渠道通过坡度较大的地段时，为了保持渠道的设计比降和设计流速，防止渠道冲刷，避免大的挖方和填方，减少渠道工程量，在不影响自流灌溉控制水位的原则下，可修建跌水、陡坡等衔接建筑物，如图 2-20 所示。

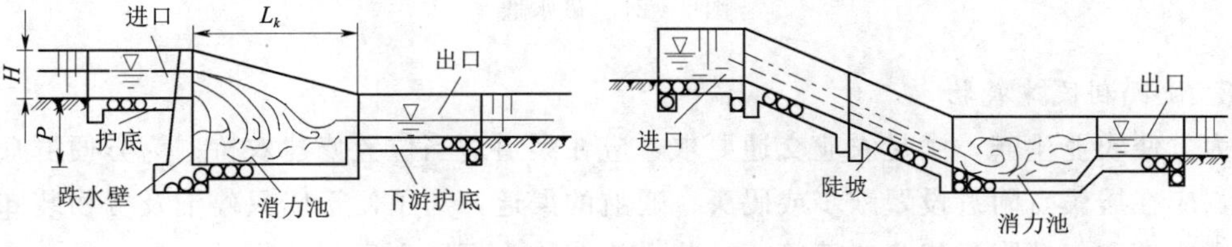

（a）跌水　　（b）陡坡

图 2-20　跌水与陡坡

跌水是使渠道水呈自由抛射状下泄的一种衔接建筑物。跌水有单级跌水和多级跌水两种形式，一般单级跌水的跌差小于 3m，超过此值时宜采用多级跌水。跌水一般布置在挖方地基上，填方地基不适宜布置跌水。

陡坡是使渠道水流沿坡面急流而下的倾斜泄槽，陡坡的坡度一般均大于临界坡度。陡坡一般在下列情况采用：

（1）跌差较大，坡面较长，且坡度比较均匀时。

（2）陡坡段为岩基，顺岩石坡面修建陡坡，可减少石方开挖量。

（3）陡坡地段土质较差，修建跌水基础处理工程量较大时。

（4）由环山渠道直接引出的垂直等高线的支、斗渠，其上游段没有灌溉任务时，可沿地面坡度修建陡坡。

一般而言，跌水的消能效果较好，有利于保护下游渠道安全输水；陡坡的开挖量小，比较经济，适用范围更广一些。

6. 量水建筑物

灌溉工程在正常运行期间，为了进行科学的用水管理，需要控制和量测水量，如在各级渠道的进水口需要量测入渠水量，在末级渠道上需要量测田间灌溉的水量，在退水渠上需要量测渠道退泄的水量等。量水建筑物就是布置在渠道上用以计量输配水量的设施，常见的量水建筑物有量水堰、量水槽等。量水堰结构简单，使用方便，常见有三角形薄壁堰、矩形薄壁堰、梯形堰等。巴歇尔量水槽也是被广泛使用的一种量水建筑物，其壅水较小，行近流速对量水进度的影响较小，进口和喉道处的流速很大，泥沙不易淤积，量水精度较高，但其结构较为复杂，造价较高。如图 2-21 所示。

7. 冲沙和沉沙建筑物

为防止和减少淤积，在渠首或渠系中设置的冲沙和沉沙设施称为冲沙和沉沙建筑物，如冲沙闸、沉沙池等。

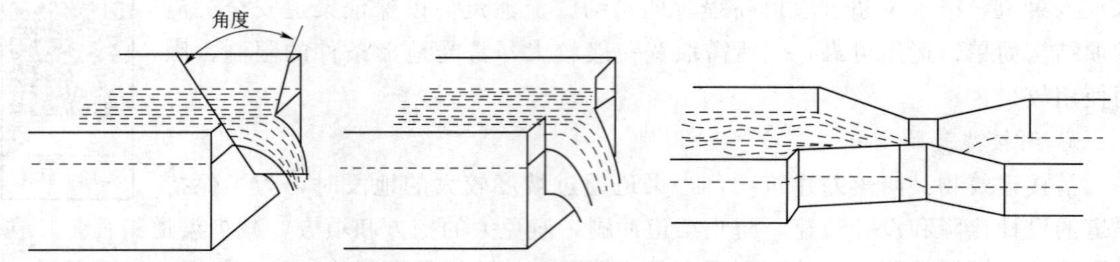

(a) 三角形薄壁堰　(b) 矩形薄壁堰　(c) 巴歇尔量水槽

图 2-21　量水堰

8. 便民利民建筑物

为方便农业生产，满足农业交通要求，应在渠道适当位置修建农桥；为方便群众取水用水，应在居民点附近设置踏步或码头；通航的渠道，为了便于船只停泊及货物装卸，应在交通要道和集镇附近修建船坞等，这些设施统称为便民利民建筑物。

常见的渠系建筑物图例见表 2-10。

表 2-10　渠系建筑物图例

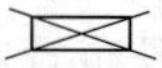	干渠进水闸	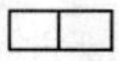	退水或泄水闸		公路桥
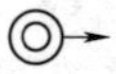	支渠分水闸		倒虹吸		人行桥
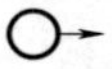	斗渠分水闸		涵洞		排洪桥
	农渠分水闸	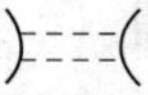	隧洞	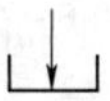	汇流入渠
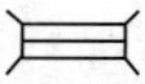	节制闸	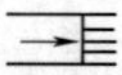	跌水		水泵
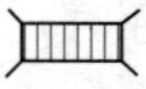	渡槽		平交道		泵站

二、土地平整规划

土地平整工程规划，是建设高标准农田必不可少的重要措施，也是农用地改造、土壤改良、保水保土的重要环节。

（一）土地平整规划原则

(1) 整体性。土地平整应与沟、渠、路、林等工程密切配合，统一规划。平整后的地面坡度应满足灌排水要求，水稻田或以洗盐为主的用地，可以一个格田的面积为平整单元。

(2) 保持地力。平整后的土地要尽量保持一定肥力，平整前有耕作层的，应保留表土，不得破坏表土。

(3) 利于机耕。通过土地平整，要便于机耕，发挥机械效率，提高机耕质量。

(4) 工程量最小。合理选择平整区域与平整单元，在平整田块内，应力求挖高填低，使填挖土方量基本平衡，总的平整土方量达到最小。在此基础上，应使同一平整田块内的平均土方运距最小。

（二）平整方案的选择

限于篇幅，这里主要介绍平原及缓坡区土地平整方案，梯田的平整方案可参考其他土地整治方面的书籍。

平整方案有以下两种。

（1）耕作田块完整平整。将整个项目区作为一个平整田块，设立一个平整高程，以平整高程为基准对整理区进行全面平整。此方案能最大限度挖掘土地利用潜力，增加耕地面积，便于布置各单项工程；缺点是挖填方工程量大，投资大，对表土容易造成过度破坏。

（2）耕作田块局部平整。以一块或相邻几块格田为平整单元，在每个平整单元内部，保持挖填方平衡，无需大量外区运送或取土。最终的田面高程，以挖填方平衡高程为基础，结合灌排要求确定，各平整单元间允许有高差，一般宜小于 1.5m。

（三）土地平整设计

1. 土地平整高程设计

在土地开发整理中，土地平整高程设计的合理与否关系到平整工程量的大小及相应的田块规划。因此，在土地平整中应当遵循因地制宜、确保农田旱涝保收、填挖土方量最小和与农田水利工程设计相结合的原则。

不同地区农田平整高程设计的标准不同：

（1）地形起伏小、土层厚的旱涝保收地区，田面设计高程根据土方挖填量确定。

（2）以防涝为主的农田，田面设计高程应高于常年涝水位 0.2m 以上。

（3）地形起伏大、土层薄的坡地，田面设计高程应因地制宜。

（4）地下水位较高的农田，田面设计高程应高于常年地下水位 0.8m 以上。

2. 土方平整设计

土方平整设计的方法包括方格网法、散点法、断面法等多种，各有利弊，方格网法在田块平整形状比较方正的情况下，计算精度较高，因此本书仅介绍方格网法。具体步骤为：

（1）平地测量。根据地形条件和施工方法将要平整的田块划分成边长为 10～50m 的方格，方格网各点的名称如图 2-22 所示。各方格的顶点均用木桩标定，形成方格网，对各方格进行编号，分别测出各方格 4 个顶点的高程，并绘出方格网点的高程图。一般地形起伏较大或水田地区，采用 10m×10m 的方格；地形相对平坦，采用人力施工的，采用 20m×20m 的方格；机械施工的，多采用 50m×50m 的方格。

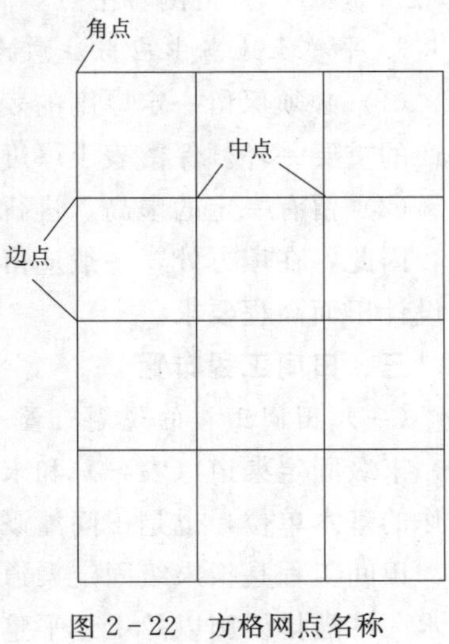

图 2-22 方格网点名称

（2）计算田面平均高程。根据测出的高程点和方格总数计算田面平均高程，即

$$H_0=\frac{\sum H_{角}+2\sum H_{边}+4\sum H_{中}}{4n} \tag{2-9}$$

式中 H_0——平整田块的平均高程，m；

$\sum H_{角}$——方格网各角点高程之和，m；

$\sum H_{边}$——方格网各边点高程之和，m；

$\sum H_{中}$——方格网各中点高程之和，m；

n——方格网个数。

(3) 计算各网点设计高程和挖填值。对于水平田面，田面平均高程就是各网点设计高程 H_0；对于旱作地，为了满足沟畦灌排，要求田面有一定坡降，此时，各网格点的设计高程应计及方格边长乘以设计坡面比降算出的方格边长高差值。通常以平均高程作为田块设计坡度方向中心点的设计高程，然后从中心点开始，推算上下各网格点设计高程，逆坡逐点递增一个方格边长高差值，顺坡逐点递减一个方格边长高差值。各网格点设计高程算出后，可按下式计算各点挖填值；挖填值为"＋"时表示挖方，为"－"时表示填方。

$$挖填深度=地面高程-设计高程$$

(4) 计算挖填方量。一般要求挖填方量基本平衡，挖方接近或略大于填方。按式 (2-10) 和式 (2-11) 计算挖填方量：

$$V_{挖}=\frac{\sum h_{角挖}+2\sum h_{边挖}+4\sum h_{中挖}}{4}\times M \qquad (2-10)$$

$$V_{填}=\frac{\sum h_{角填}+2\sum h_{边填}+4\sum h_{中填}}{4}\times M \qquad (2-11)$$

式中　$V_{挖}$——总挖方量，m^3；

$V_{填}$——总填方量，m^3；

$\sum h_{角挖}$——方格网各角点挖深之和，m；

$\sum h_{边挖}$——方格网各边点挖深之和，m；

$\sum h_{中挖}$——方格网各中点挖深之和，m；

M——一个方格的面积，m^2；

$\sum h_{角填}$——方格网各角点填高之和，m；

$\sum h_{边填}$——方格网各边点填高之和，m；

$\sum h_{中填}$——方格网各中点填高之和，m。

3. 平整土地当中应当注意的两个问题

(1) 必须保留一定厚度的表土。平整土地的施工中，能否保留一定的表土层，是能否增产的重要一环。保留表土厚度以 20～30cm 为宜。

(2) 留有一定的虚高。进行平整的田块，其填方地块，由于所填虚土将会有一定的沉陷，因此，在填方处，一般应留有相当于填土厚度 20%左右的虚高，保证虚土沉实后达到设计田面高程要求。

三、田间工程布置

(一) 田间工程的规划布置

末级固定渠道（农渠）和末级固定沟道（农沟）之间的田块称为条田。它是进行机构耕作的基本单位，也是田间灌溉渠系布置和组织田间灌水的基本单元。

田间工程是指末级固定渠道（农渠）和固定沟道（农沟）之间的条田范围内的临时性或永久性灌排设施以及土地平整等的总称。

田间工程规划应满足以下基本要求：

(1) 有完善的田间灌排系统，旱地有沟、畦，种稻有格田，配置必要的建筑物，使灌水能控制，排水有出路，消灭旱地漫灌和稻田串灌串排现象，并能有效控制地下水位，防止土壤过湿和产生土壤次生盐渍化现象。

(2) 田面平整，灌水时土壤湿润均匀，保水、保土、保肥。

(3) 适应农业现代化需要，有利于农业机械作业和提高土地利用率。

1. 平原和圩区的田间渠系

(1) 条田设计。条田设计应根据耕作机械工作效率、田块平整度、灌溉均匀程度以及排水畅通程度等因素确定耕作田块的长度。条田宽度应与农沟间距及沟渠布置形式、农田防风林的有效防护距离相一致，同时还应满足农业机械作业要求。

2.13　浙江省条田设计标准

条田的尺寸和形状应因地制宜地加以确定，一般来说，北方机械化程度较高、灌溉面积较大的平原区灌区，条田长度以400～800m、宽度以200～300m为宜；机械化程度和灌溉面积中等的平原区灌区，条田长度以300～500m、宽度以100～200m为宜；机械化程度较低和灌溉面积较小的灌区或山丘地区，条田长度以200～300m、宽度以100m左右为宜，水稻地区也可小些。在实际规划时，应结合各地土地整治工程建设标准，因地制宜，设计条田的建设标准。

条田内部宜采用格田形式，格田设计应保证排灌畅通，灌排调控方便。

1) 格田长度应视条田宽度而定，格田田埂高度宜为20～40cm，埂顶宽宜为20～40cm，田埂应用土修筑。

2) 若条田宽度大于100m时，应在条田内部垂直于农渠、农沟方向修建临时毛渠和临时毛沟，田埂间距宜为20～40cm。

(2) 斗、农渠的规划布置。

1) 斗渠的规划布置。斗渠的长度和控制面积随地形变化很大。山区、丘陵地区的斗渠长度较短，控制面积较小。平原地区的斗渠较长，控制面积较大。斗渠的间距主要根据机耕要求确定，和农渠的长度相适应。

2) 农渠的规划布置。农渠一般垂直斗渠布置。农渠长度根据机耕要求确定，在平原地区通常为500～1000m，间距为200～400m。丘陵地区农渠的长度和控制面积较小。在有控制地下水位要求的地区，农渠间距根据农沟间距确定。

3) 灌溉渠道和排水沟道的配合布置。斗、农渠和斗、农沟的配合有以下两种基本形式：

a. 灌排相间布置。灌溉渠道和排水沟道交错布置，沟、渠两侧控制，此布置形式称为灌排相间布置。适于地形平坦或有微地形起伏地区，如图2-23 (a) 所示。

b. 灌排相邻布置。灌溉渠道和排水沟道并行布置，上灌下排，此布置形式称为灌排相邻布置。渠道只向一侧灌水，排水沟只接纳一边的径流，适于地面向一侧倾斜的地区，如图2-23 (b) 所示。

(3) 田间渠系布置。田间渠系是指条田内部临时性的灌溉渠道系统，包括毛渠、输水垄沟、畦等。田间渠系的布置有纵向布置和横向布置两种基本形式。

2.14　田间渠系布置

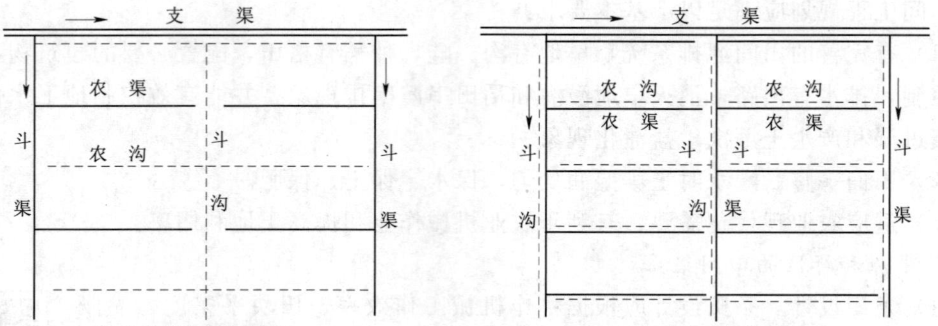

图 2-23　沟、渠配合布置方式

1）纵向布置。灌水方向垂直农渠，毛渠和灌水沟、畦平行布置，灌溉水流从毛渠流入与其垂直的输水垄沟，然后再进入灌水沟、畦。毛渠一般沿地面最大坡度方向布置，使灌水方向和地面最大坡向一致，为灌水创造有利条件。田间渠系的纵向布置如图 2-24 所示。

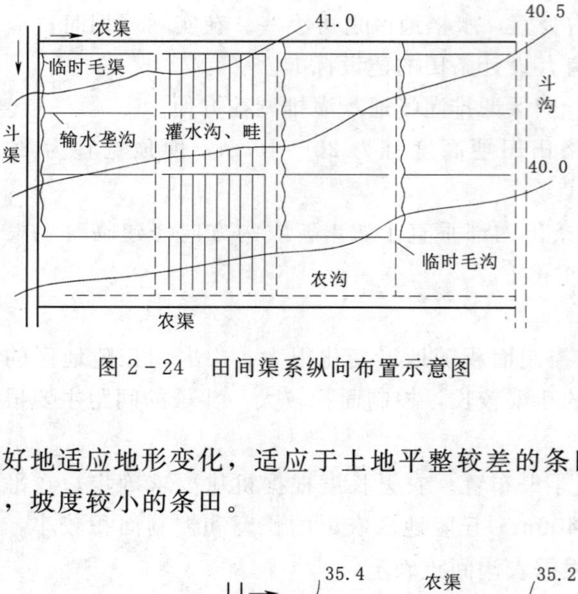

图 2-24　田间渠系纵向布置示意图

2）横向布置。当地面坡度较大且农渠平行于等高线布置，或地面坡度较小而农渠垂直于等高线时，其灌水方向应与农渠平行。这里，条田内只需布置毛渠一级临时渠道，毛渠与灌水沟、畦垂直，这种布置形式称为横向布置，如图 2-25 所示。这种布置省去了输水垄沟，毛渠一般平行等高线布置，以便使灌水沟、畦沿最大地面坡度方向布置，以利灌水。

上述两种布置形式，纵向布置能较好地适应地形变化，适应于土地平整较差的条田；横向布置适应于地形平坦、坡向一致，坡度较小的条田。

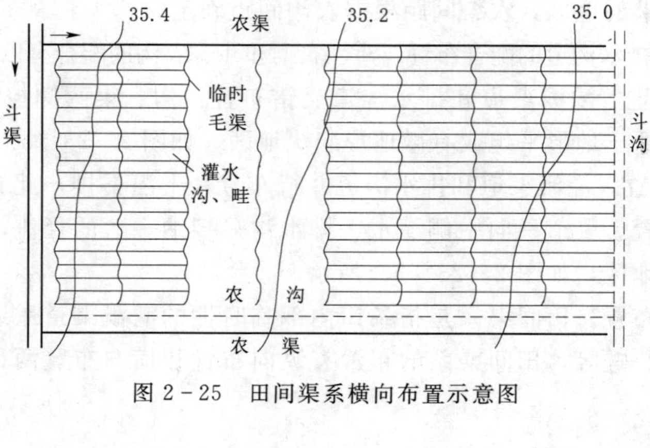

图 2-25　田间渠系横向布置示意图

(4) 稻田区的格田规划。在种稻地区，用田埂把平原地区的条田或山丘地区的梯田分割成许多矩形或方形田块，称为格田。格田长度宜取 60～120m，宽度 20～40m，一般不超过 50m。山区、丘陵区水稻灌区可根据地形、耕作条件及土地平整等做适宜调整；格田的长边宜沿等高线布置。

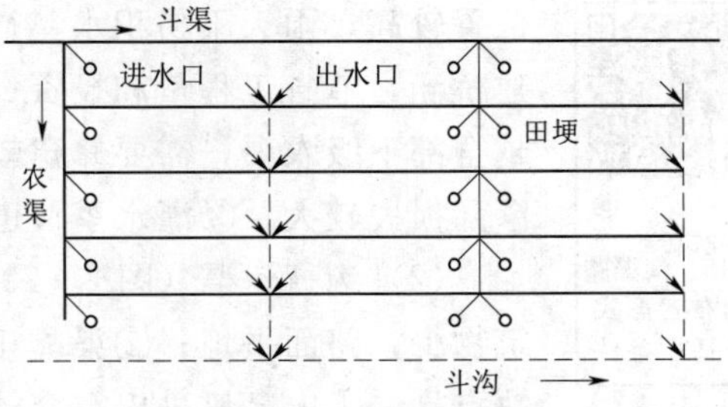

图 2-26　稻田区田间灌排工程布置示意图

稻田区不需要修建田间临时渠网。在平原地区，农渠直接向格田供水，农沟接纳格田排出的水量，每块格田都应有独立的进、出水口，如图 2-26 所示。

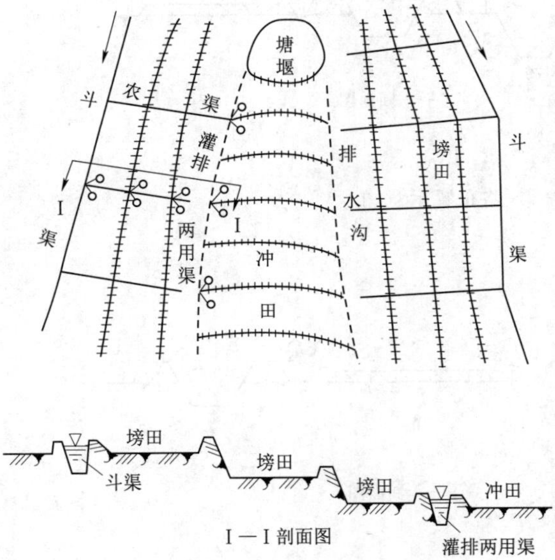

图 2-27　山丘区田间渠系布置图

2. 山丘区的田间渠系布置

山丘区的农田，有岗、塝、冲、畈四种类型。位于山脊为岗，处于坡地为塝，两岗中间最低处为冲田，冲沟下游两岸、地形逐渐开阔而平坦的农田为畈田。支、斗渠一般沿岗岭脊线布置，两边为梯田，农渠垂直于等高线布置，在两层梯田间用跌水衔接，由于塝田地势较高，排水条件好，农渠多灌排两用。布置如图 2-27 所示。

(二) 田、林、路的规划布置

1. 农村道路的分级与规格

农村道路一般可分为乡镇公路（干道)、机耕道路（支路）和田间道路等几级。表 2-11 为农村道路的规格标准，可供参考。

表 2-11　　**农村道路规格标准表**　　单位：m

类别		路面宽		高出地面
		南方地区	北方地区	
乡镇公路		4～6	6～8	0.7～1.0
机耕道路		2.5～3.5	4～6	0.5～0.7
田间道路	手扶拖拉机、胶轮车	1.5～2.0	3～4	0.3～0.5
	人行	1.0	2.0	0.3

2. 沟渠路的布置形式

田间道路与灌排沟渠的结合形式，按其相对位置可分为沟-渠-路、沟-路-渠和路-沟-渠等三种形式。

(1) 沟-渠-路（图 2-28)。其优点是：①路的一侧靠田，人、机进田方便；②道路

2.15　沟渠路的布置形式及适用条件

位置较高，雨天不易积水，行车安全方便；③道路穿越农渠，可结合农门修建桥涵，节省工程量和投资；④道路拓宽比较容易。其缺点是：①道路要穿越全部下级农渠，需要修建较多的桥涵，路面起伏较大；②渠沟紧邻，渠道渗漏损失较大；③灌水季节道路比较潮湿。

（2）沟-路-渠（图2-29）。其优点是：①道路不与农沟渠相交，交叉建筑物少，路面平坦；②渠靠田，灌水方便；③渠离沟较远，渠道渗漏少。其缺点是：①人、机进田需穿越斗级沟渠，需在斗级沟渠上修建较多、较大的桥涵；②今后道路需要拓宽较困难。

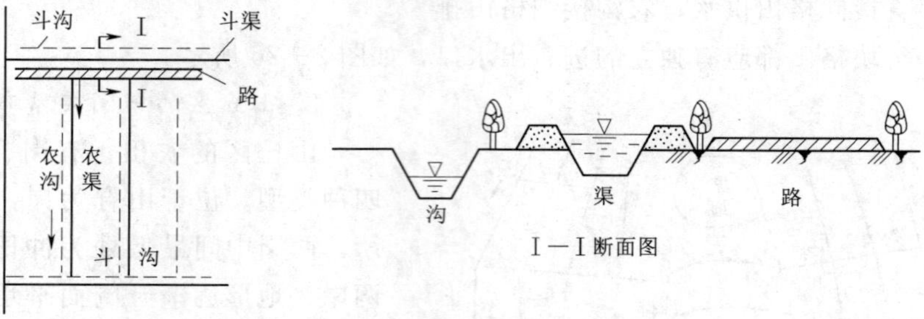

图2-28　沟-渠-路布置示意图

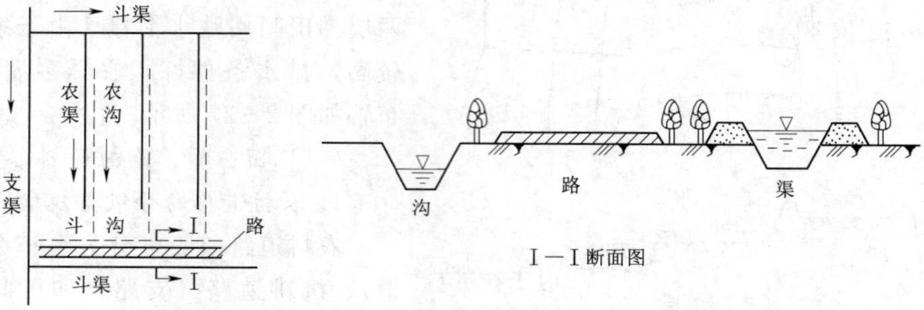

图2-29　沟-路-渠布置示意图

（3）路-沟-渠（图2-30）。其优点是：①道路邻沟离渠，路面干燥，人、机下田方便；②渠靠田，灌水方便；③挖沟修路，以挖作填，节省土方和劳力。其缺点是：①道路要穿越所有农沟，需修建较多的桥涵；②道路位置较低，多雨季节容易积水受淹；③渠靠沟，渠道渗漏损失大。

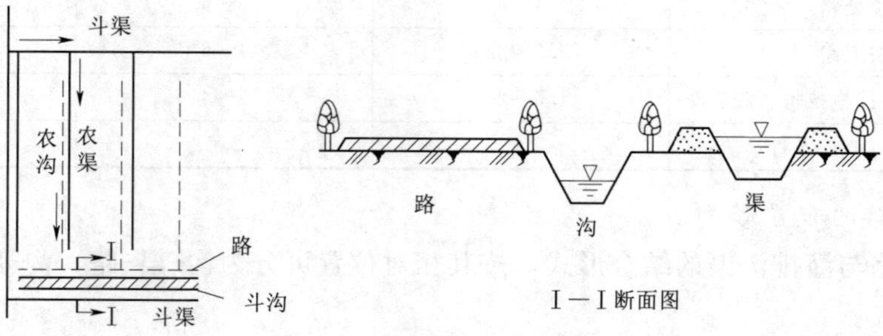

图2-30　路-沟-渠布置示意图

3. 农田防护林带布置

农田防护林带是在农田周围有计划营造的纵横交叉构成网状的林带，可防治风害和霜冻，保证农田高产稳产。

（1）林带结构。林带结构指造林类型、宽度、密度、层次和断面形状等综合外部形态特征。一般用林带透风系数作为鉴别林带结构的指标，透风系数指林带背风面林缘 1m 处树高范围内平均风速与旷野的相应高度范围内平均风速之比。按照透风系数，将林带结构分三种类型：

1）紧密结构。透风系数在 0.35 以下，相对有效防风距离为 10H（H 为树高）适用于果园防护林、固沙林以及保护公路、铁路的防沙防雪林。

2）疏透结构。透风系数 0.35～0.6，相对有效防风距离为 25H，适用于风沙严重地区的农田防护林。

3）透风结构。透风系数在 0.6 以上，相对有效防风距离为 30H，适用于干旱、风沙危害较轻的地区。

（2）林带走向。取决于主害风向和地形条件。主林带应垂直于主害风（指 5 级以上大风，风速不小于 28m/s）方向，防风效果最佳。若不能垂直，则偏角应控制在 30°范围内。

（3）林带间距。间距大小取决于林带的有效防护距离，与树高成正比。据有关资料表明，林带有效防风距离为树高的 20～25 倍，最多不超过 30 倍。在有一般风害的壤土或沙壤土耕地，以及风害不大的灌溉区或水网区，主林带间距宜为 200～250m，副林带间距宜为 400～500m，网格面积宜为 8～12.5hm^2；风速大、风害严重的耕地，以及易遭台风袭击的水网区，主林带间距宜为 150m 左右，副林带间距宜为 300～400m，网格面积宜为 4.5～6.0hm^2。

（4）林带宽度。林带宽度以节约用地和保持适当透风程度所需最小宽度或树的行数确定，林带一般由 3～10 行组成，在干旱半干旱地区，营造 4～5 行树的林带比较有效而且经济。应设置交通口，一般在主林带长边每隔 400～500m 设置一个交通口，宽 6～7m。

（三）灌水技术

灌水技术是指从田间渠道网或管道网向需灌溉的田块配水的各种科学措施。灌水技术分为全面灌溉和局部灌溉。全面灌溉是指灌溉水湿润整个农田植物根系活动层内的土壤的灌溉，局部灌溉只湿润植物附近周围的土壤。这里主要介绍以全面灌溉为特点的地面灌水技术，喷灌与局部灌溉（如滴灌、微喷灌、渗灌等）将在后面章节中予以介绍。

根据灌溉水向田间输送的形式和湿润土壤的方式不同，地面灌溉可分为畦灌、沟灌和淹灌三类。

1. 畦灌

在田间筑田埂，将大田块分割成许多狭长小地块（畦田），水从毛渠放入畦中以薄层水流向前移动，边流边渗，润湿土层，称为畦灌（图 2－31）。

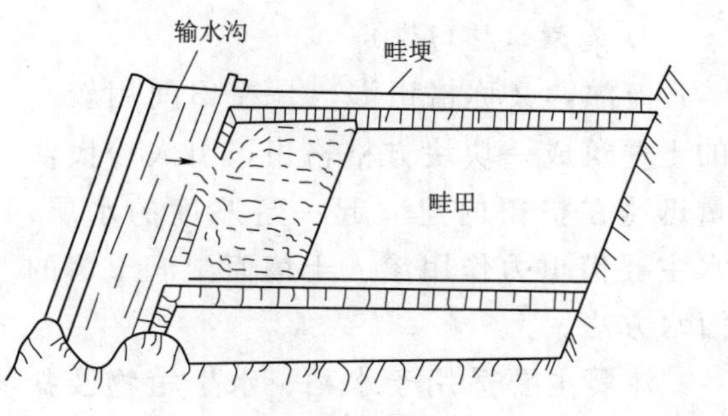

图 2－31　畦灌

畦田通常沿地面最大坡度方向布置，

这种沿地面坡度布置的畦，称为顺畦（图 2－32）。顺畦水流条件好。若土地平整较差，南北方向地面坡度较大，可采用沿等高线方向布置畦田，称为横畦（图 2－33）。因水流条件较差，横畦畦田一般较短。

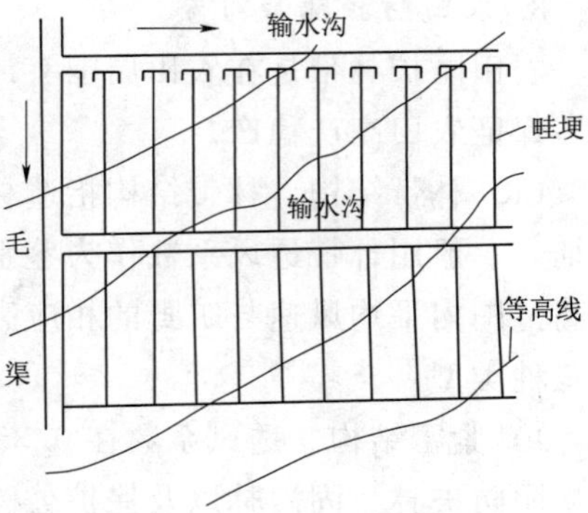

图 2－32　顺畦

畦灌与大水漫灌相比较，具有渗漏少、灌水均匀一致、可促进作物苗齐苗壮、增产等优点；与沟灌相比较，畦灌因地面全部受水，故容易使表层土壤板结。

畦灌适宜于小麦、谷子和花生等窄行距、密植作物，在蔬菜、牧草和苗圃的灌溉中也常采用。

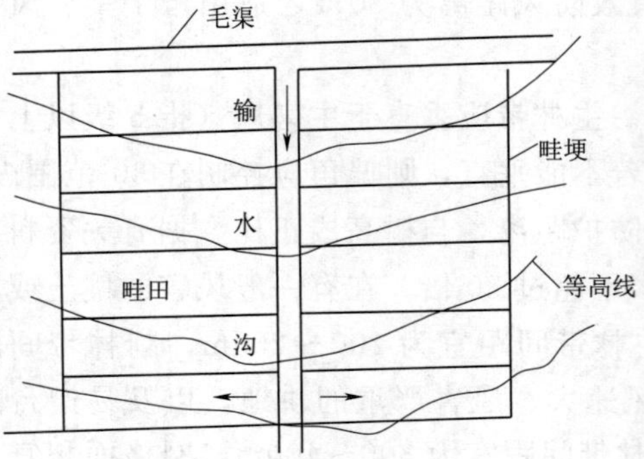

图 2－33　横畦

2. 沟灌

在作物种植行间开挖灌水沟，灌溉水由毛渠进入灌水沟后，在流动的过程中主要借土壤毛细管作用从沟底和沟壁向周围渗透而湿润土壤，同时在沟底也有重力作用浸润土壤，这种灌溉方法称为沟灌。

沟灌的主要优点是：湿润土壤均匀，灌溉水量损失小，可以减少土壤板结和对土壤结构的破坏，土壤通气良好，并方便机械化耕作。缺点：沟灌需要开挖灌水沟，劳动强度较大。

不同土质灌水沟浸润土壤状况如图 2－34 所示。

沟灌适于宽行距的中耕作物，如棉花、玉米和高粱等。

沟灌也是果园灌溉的一种常见灌水方式。在整个果园的果树行间开灌水沟，由输水沟或输水管道供水灌溉。灌水沟的间距视土壤类型及其透水性而定，一般易透水的轻质土壤沟距为 60～70cm，中壤土和轻壤土沟距为 80～90cm，黏重土壤沟距为 100～120cm。一般密植果园在每一果树行间开一条灌水沟即可。一般灌水沟深 20～25cm，近树干的灌水沟深 12～15cm，灌溉结束后可将灌水沟填平。

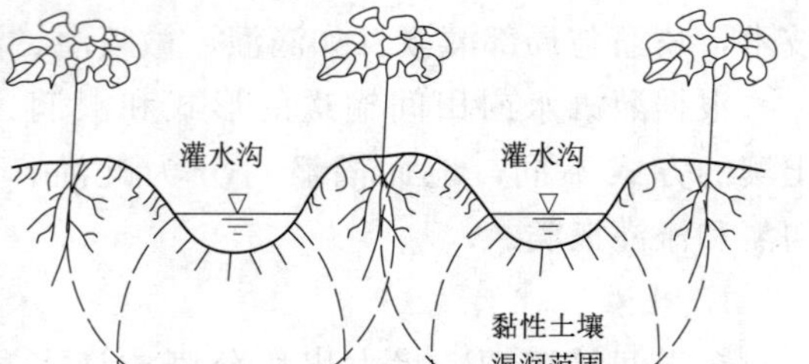

图 2－34　不同土质灌水沟浸润土壤状况

3. 淹灌（格田灌）

淹灌，又称格田灌，是在田间用较高的土埂筑成一块块方格格田，引入较大流量迅速在格田内建立起一定厚度的水层，水主要借重力作用渗入土壤而湿润土壤的灌水方法。

淹灌主要适用于水稻、水生植物及盐碱地冲洗灌溉。旱作物严禁使用淹灌方法，以避免产生深层渗漏，损失浪费大量灌溉水。

4. *灌水方法的选择*

灌水方法在选择时主要考虑作物、地形、土壤和水源等条件。对于水源缺乏地区应优先采用滴灌、渗灌、微喷灌和喷灌；在地形坡度较陡、地形复杂的地区及土壤透水性大的地区，应考虑采用喷灌；对于宽行作物可用沟灌；密植作物则宜采用畦灌；水稻主要用淹灌。各种灌水方法的适用条件见表 2-12。

表 2-12　　各种灌水方法的适用条件

灌水方法		作物	地形	水源	土壤
地面灌溉	畦灌	密植作物（小麦、谷子、蔬菜、牧草等）	坡度均匀，坡度不超过 2%	水量充足	中等透水性
	沟灌	宽行作物（棉花、玉米、蔬菜、果树等）	坡度均匀，坡度不超过 2%～5%	水量充足	中等透水性
	淹灌	水稻	平坦或局部平坦	水量丰富	透水性小，盐碱土
	漫灌	牧草	较平坦	水量充足	中等透水性
喷灌		经济作物、蔬菜、果树	各种坡度均可，尤其适用于复杂地形	水量较少	适用于各种透水性，尤其是透水性大的土壤
渗灌		根系较深的作物	平坦	水量缺乏	透水性较小
滴灌		果树、瓜类、宽行作物	较平坦	水量极其缺乏	适用于各种透水性
微喷灌		果树、花卉、蔬菜	较平坦	水量缺乏	适用于各种透水性

【知识训练】

2.16 项目二
任务二
知识训练

【技能训练】

2.17 项目二
任务二
技能训练

任务三　排水沟道工程布置

【任务目标】

1. 了解排水系统的组成。

2. 掌握排水系统的布置形式及方法。

3. 了解容泄区的规划。

一、排水系统的组成

排水系统的作用是：收集从田间排出的水，将水输送到容泄区，以及将农业区的弃水排出，以达到排出地面积水和降低地下水位的目的，即起到除涝、排渍、治碱的目的。

排水系统一般由排水沟系和蓄水设施（湖泊、河沟等）、排水区以外的承泄区和排水枢纽（排水闸、站等）三大部分组成，可概括为如图2-35所示的模式。

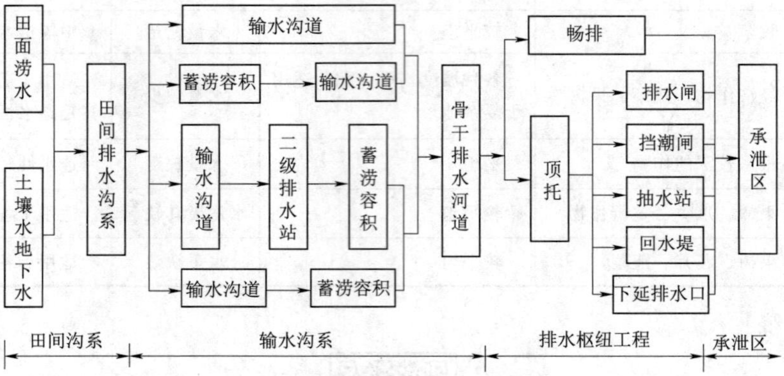

图2-35　排水系统模式图

排水沟道系统的主要任务是排除地面余水和降低地下水位，同时兼顾滞蓄涝水、水产养殖、引水灌溉和交通运输等方面的要求。

排水沟系和灌溉渠系相似，一般可分为干、支、斗、农四级固定沟道。农沟是末级固定排水沟，农沟以下按需要设毛沟等临时排水沟。干、支、斗三级沟道组成输水沟网，农沟及其以下的沟道组成田间排水网。汇集的涝水和地下水经过输水网和排水枢纽排泄到承泄区。本节重点介绍主要排水沟道系统的布置，田间排水网将在下节介绍。

（一）排水沟的布置原则

（1）各级排水沟道应尽量布置在各自控制排水范围内的低洼地带，以便能排除整个排水地区的多余水量。

（2）高水高排、低水低排、就近排泄、自排为主，抽排为辅。各级排水沟道应根据治理区的地形划分为高、中、低等片，进行排水分区，分片分级排水。

（3）骨干排水沟道尽量利用原有的排水工程以及天然河道，有利于工程安全。干沟出口应选在容泄区水位低、河床稳定的地段，以便排水畅通、安全可靠。

（4）排水沟道规划应与田、林、路、渠和行政区划等相协调。

（二）不同排水区的系统布置

排水沟道的布置可根据地形地势和容泄区的位置等条件先规划布置干沟线路，然后再规划布置其他各级沟道。根据地形条件常把排水区分为山区丘陵区、平原区和圩垸区等三种基本类型。

1. 山区丘陵区

山区丘陵区暴雨容易产生山洪，对灌溉渠道和农田威胁很大，冲沟与河谷是天然的排水出路，排水条件较好。规划布置时应根据山势地形、水土温度、坡面径流和地下径流等情况，采取冲顶建塘、环山撇洪、山脚截流、田间排水等措施，同时应与水土保持、山丘区综合治理和开发规划紧密结合。梯田区应视里坎部位的渍害情况，采取适宜的截流排水措施。骨干排水沟道布置一般总是利用天然河谷与冲沟，既顺应原有的排水条件，节省投资，安全可靠，又不打乱天然的排水出路，排水效果良好。

2. 平原区

平原区控制地下水位是主要任务。在涝碱共存地区，可采用沟、井、闸、泵站等工程措施，有条件的地区还可采用种稻洗盐和滞涝等措施；在涝渍共存地区，可采用沟网、河网和排涝泵站等措施。骨干排水沟道规划布置应尽量利用原有河沟，新开辟的骨干排水沟道应根据灌区边界、行政区划和容泄区的位置，通过多方案比较，选择最佳的布置方案。

3. 圩垸区

圩垸是指周围有河道并建有堤防保护的区域，主要分布在南方沿江、沿湖和滨海三角洲地带。这类地区，河湖港汊较多，水网密集，汛期外河水位常高于两岸农田，存在着外洪内涝的威胁，平时地下水位经常较高，作物常受渍灾，因而防涝排渍是主要任务。排水系统规划应采取高低分开、分片排水、高水自排、坡水抢排、低水抽排的排水措施。干支沟应尽量利用原有河道。对于无法自流排水的地区，应建立排水闸站进行抽排。

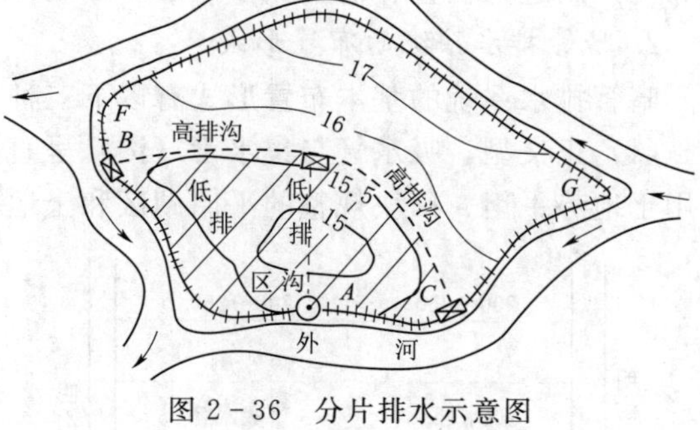

图2-36 分片排水示意图

排水地区应根据地形、天然河网分布、容泄区水位和排水面积大小等条件，经过分析比较，进行分区分片。可以把整个排水区规划成一个独立的排水系统，只设一条干沟及一个出水口，集中排入容泄区；也可把整个排水区规划成几个排水片，各片分别建立各自的排水系统单独排入容泄区，如图2-36所示。

二、田间排水系统布置

根据田间排水方式的不同，田间排水系统有明沟排水系统、暗管排水系统和竖井排水系统三种方式。

2.18 沟道及暗管排水的布置

（一）明沟排水系统

明沟排水就是建立一套完整的地面排水系统，把地上、地下和土壤中多余的水排走，控制适宜的地下水位和土壤水分。

明沟排水可分为除涝（排地面积水）、防渍和防止土壤盐碱化（控制地下水）三种类型的排水系统。

各地区的自然条件不同，田间排水系统的组成和布置差异也大。南方地区主要的布置形式如下：

（1）灌排相间布置。在地形平坦或有一定微起伏的地区，渠道一般布置在高处，向两侧灌水，排水沟布置在低处，承受两侧来水。如图2-23（a）所示。

（2）灌排相邻布置。在单一坡向地形，灌排一致的地区，渠道和沟道一般是相邻布置。如图2-23（b）所示。

（3）灌排合一布置。在沿江滨湖的圩垸水稻地区，末级灌排沟渠共用一条。但这种布置不利于降低地下水位，尤其低洼易涝盐碱地区，一般不宜采用。

（4）沟、渠、路、林的配置形式。田间排水系统的布置与灌溉、交通、林网、输电线路以及居民点整体规划布局。尤其以排水为主的地区，应首先考虑排水系统的布置，满足排水要求，再配合布置灌溉系统、道路及林带等。

（二）暗管排水系统

由于明沟排水网存在占地多、工程量大及沟坡易塌等缺点，近年来各种类型的暗管排水在我国逐步得到重视和推广，其中浙江、江苏两省使用较多。

1. 暗管排水系统的组成

暗管排水系统一般由吸水管、集水管（或明沟）、检查井和出口控制建筑物等几部分组成。

吸水管是利用管壁上的孔眼或接缝，把土壤中过多的水分，通过滤料渗入管内。集水管则是汇集吸水管中的水流，并输送至排水明沟排走。检查井的作用是观测暗管的水流情况和在井内进行检查和清淤操作。出口控制建筑物用以调节和控制暗管水流。

2. 暗管排水系统的布置形式

暗管排水系统的基本布置形式有以下三种。

（1）正交型。吸水管与集水管（沟）呈直角正交连接。如图2-37和图2-38所示，适用于地势平坦、田块规整的平原湖区和土地平整良好的山丘冲垄地区。

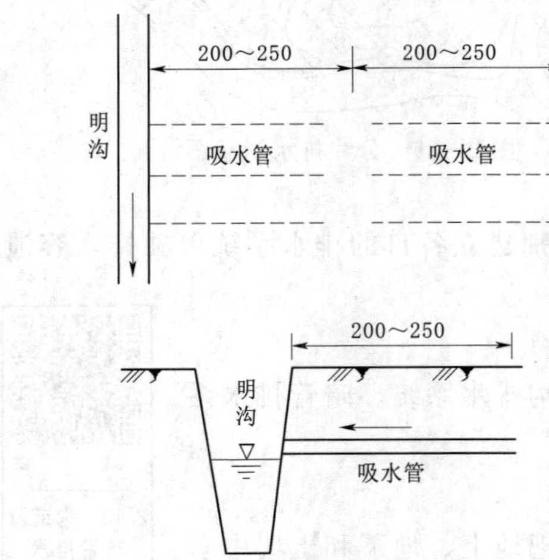

图2-37　排水暗管排水网布置图（单位：m）

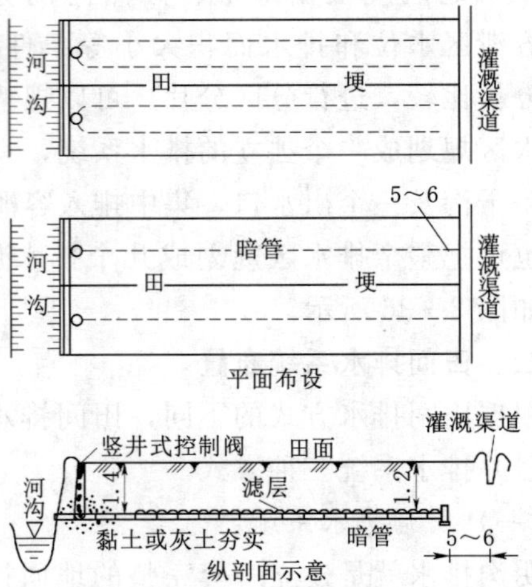

图2-38　排水暗管田间布置图（单位：m）

(2) 斜交型。吸水管与集水管（沟）呈锐角斜交连接，如图 2-39（a）所示，集水管沿洼地或山冲的轴线布置，吸水管与集水管（沟）保持一定的交角，使吸水管获得适宜的纵坡。适用于地形较开阔，冲谷两侧坡度较一致的山丘区。

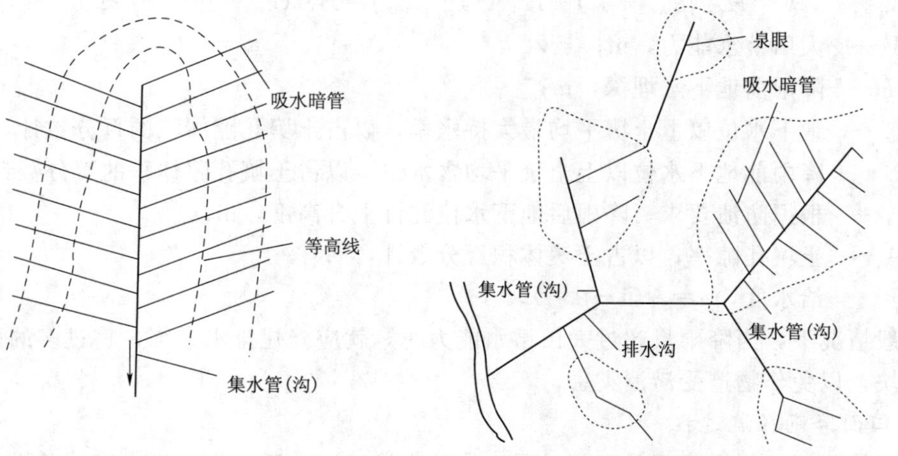

（a）斜交型　（b）不规则布置

图 2-39 吸水管与集水管布置

(3) 不规则布置。在渍害田面较小，分布较分散，需要进行排水时，根据地形、水文地质和土壤条件布置暗管，形成不规则布置形式。如图 2-39（b）所示。

3. 暗管的管材

我国采用的暗管的管材有水泥土管、石屑水泥管、陶土管、无沙混凝土管、水泥粉煤灰管、灰土管、砖石砌管等，但应用较广泛、有发展前途的是瓦管、水泥土管和塑料管。目前浙江省推广应用的是塑料管。

塑料管具有管壁薄、重量轻、强度高、耐腐蚀、抗盐碱、经久耐用、在土质松软地段不易沉陷变形等优点。

（三）竖井排水系统

通过井排除地下水，降低地下水位的措施，叫竖井排水。在我国北方易旱易碱地区，具有广阔的前景。本书对此部分不做重点介绍，具体可参考有关资料。

三、排水沟的埋深与间距

合理确定田间排水沟的深度和间距，是田间排水系统规划设计的主要内容。

（一）除涝田间排水沟

降雨后，在作物允许耐淹历时内及时排出多余地表径流，是除涝田间排水沟的主要任务。从地表径流形成的过程分析，影响田间排水系统布置的因素有大田蓄水能力、田面降雨径流过程及排水沟的深度和间距等。下面对大田蓄水能力、田面降雨径流过程和田间排水沟的间距等问题分别加以讲述。

1. 大田蓄水能力

降雨时，田块内部的沟畦和格田等能拦蓄一部分降雨径流，另外，旱作田块的土壤，通过降雨入渗，也有拦蓄雨水的能力。为了防止作物受渍，地下水位的升高应有一定的限度，因此，田块内部拦蓄雨水的能力也应有一定的限度。这种有限度的拦蓄雨水能力称为大田蓄水能力。大田蓄水能力一般由存蓄在地下水面以上土层中的水量和使地下水位升高到允许高度所需要的水量两部分组成，可以表示为

$$V=HA(\beta_{max}-\beta_0)+H_1A(1-\beta_{max})=HA(\beta_{max}-\beta_0)+\mu H_1 \tag{2-12}$$

式中　V——大田蓄水能力，m；

H——降雨前地下水埋深，m；

β_{max}——地下水位以上土壤平均最大持水率，以占土壤孔隙体积的百分数计，%；

β_0——降雨前地下水位以上土壤平均含水率，以占土壤孔隙体积的百分数计，%；

H_1——根据防渍要求，降雨后地下水位允许上升高度，m；

A——土壤孔隙率，以占土壤体积百分数计，%；

μ——给水度，$\mu=A(1-\beta_{max})$。

一般情况下，当降雨量超过大田蓄水能力时，就应修建排水系统，将过多的雨水及时排出田块，以免作物遭受涝渍灾害。

2. 田面降雨径流过程

对于旱作区，如果降雨强度超过了土壤的入渗速度，田面将产生水层，并沿着田面坡度方向向下游流动。在地面坡度和地面覆盖等条件相同的情况下，田块越长，田块末端的淹水深度越大，积水量越多，排除积水所需要的时间越长，这对作物的生长是不利的。若在田间开挖排水沟，可减少集流长度、集水面积和积水量，从而减少了淹水深度和淹水时间，使田面积水能及时排除。图 2-40 为排水沟对田面水层调节作用示意图，从图中可以看出，增开中间的排水沟，不仅减小了田块末端的水层深度，同时也缩短了淹水时间。

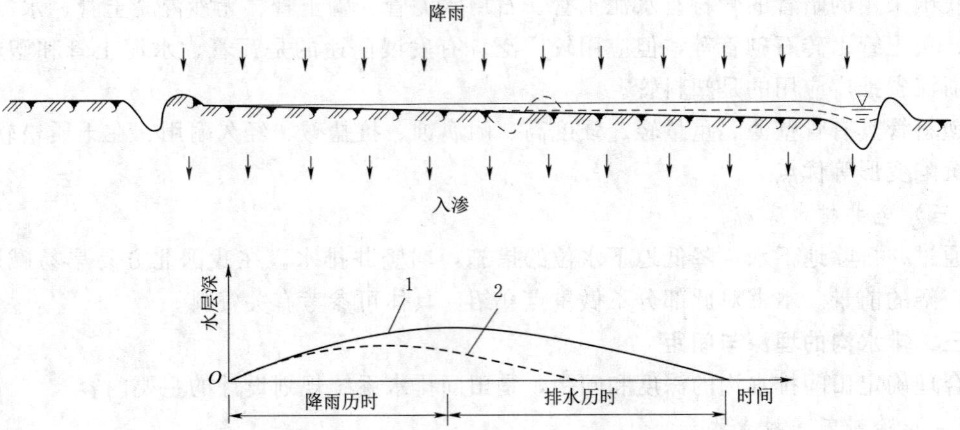

图 2-40　排水沟对田面水层调节作用示意图

1—增开排水沟前；2—增开排水沟后

3. 田间排水沟的间距

田间排水沟的间距，一般是指末级固定排水沟的间距。田间排水沟间距越小，排水效果越好，但沟道过密，机耕不便，占地增多；沟距过大，淹水时间过长，对作物生长不利。因此，田间排水沟的间距必须适宜。

作物的允许淹水历时和田间排水沟的排水历时应同时满足除涝和防渍两方面的要求。

为了除涝，排水沟应在作物的允许耐淹历时内将田面多余水量排走。为了防渍，可以根据大田蓄水能力和土壤的渗吸水量，计算出作物不致受渍的相应允许淹水时间，排水历时小于或等于这一历时，作物将不致受渍。所以，排水沟的排水历时应取除涝和防渍两个允许淹水历时中的较小者。排水历时确定后即可计算排水沟间距。但是，由于影响田间排水沟间距的因素很多，又非常复杂，目前还没有完善的理论计算公式。生产实践中，一般根据定点试验资料结合经验数据分析确定。以排除地面水防止作物受涝为主的平原旱作区，排水沟间距采用200～300m，一般可达到良好的排水效果。表2-13为部分地区采用的田间排水沟的规格，可供参考。

表2-13　江苏、安徽地区末级排水沟规格　单位：m

地　区	间距	沟深	底宽
徐淮平原	100～200	2	1～2
南通、太湖地区	200	2	1
安徽固镇	150	1.5	1

（二）控制地下水位的田间排水沟

为了防治渍害和盐害，在地下水位较高的地区，必须修建控制地下水位的田间排水沟，使地下水位经常控制在适宜深度以下。

1. 排水沟对地下水位的调控作用

下面以降雨为主，说明排水沟对地下水位的调节控制作用。

降雨时渗入地下的水量，一部分蓄存在原地下水位以上的土层中，另一部分将透过土层补给地下水，使地下水位上升。在没有田间排水沟时，雨停后地下水位的回降主要依靠地下水的蒸发，而回降速度取决于蒸发的强度。当地下水位降到一定深度后，水位回降速度十分缓慢，如图2-41中的实线所示。在有田间排水沟时，降雨入渗量的一部分自排水沟排走，减少了对地下水的补给，从而使地下水位的上升高度减小，而雨停后地下水位的回降深度和速度增大，如图2-41中的虚线所示。

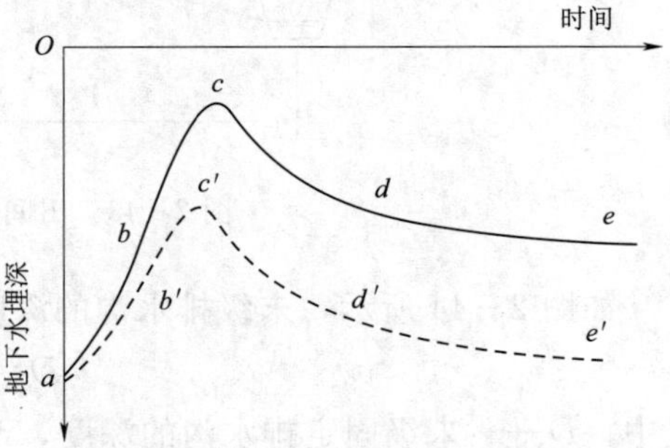

图2-41　地下水位升降过程图

排水沟对地下水位的调控作用还与排水沟的沟距有关。离排水沟越近，调控作用越强，地下水位降得越低；离排水沟越远，调控作用越弱，地下水位降得越少。因而两沟中间一点地下水位最高，如图2-42所示。图中水平线表示没有排水沟时，地下水位在降雨时和雨停后的升降情况，而曲线则表示有排水沟时，两沟之间的地下水位升降过程。由此可见，田间排水沟在降雨时可以减少地下水位的上升高度，雨停后又可以加速地下水的排除和地下水位的回降，对调控地下水位起着重要作用。

2. 田间排水沟的深度和间距

设计排水沟时，首先确定末级固定沟道（一般为农沟）的深度，然后再确定相应的

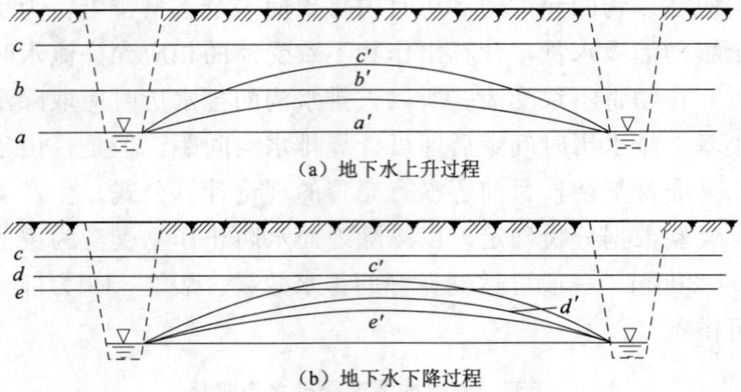

图 2-42　排水沟对地下水位的调控作用示意图

沟距。

田间排水沟的深度和间距之间有着密切的关系。在沟深一定时，沟距越小，地下水位下降速度越快，在一定时间内地下水位的下降值也越大；反之，则地下水位下降速度越慢，在规定时间内地下水下降值也越小。而沟距一定时，沟深越大，地下水位下降速度越快，下降值越大；反之，则地下水位下降速度越慢，下降值也越小。在允许时间内要求达到的地下水埋深 ΔH 一定时，沟距越大，需要的沟深也越大；反之，沟距越小，要求的沟深也越小，如图 2-43 所示。可见，沟深和沟距互相影响，不能孤立地进行确定。

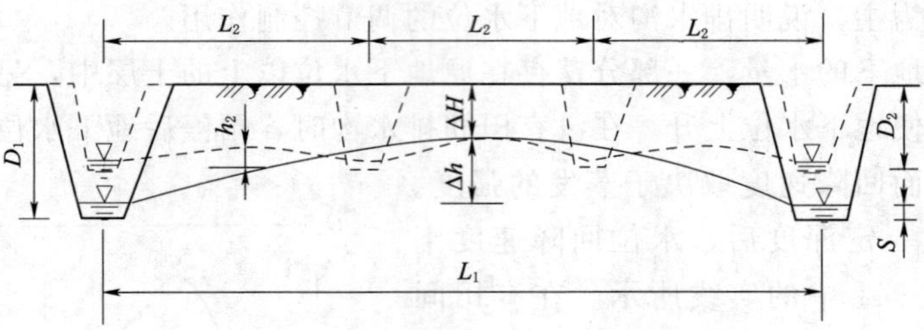

图 2-43　田间排水沟的深度和间距关系图

如图 2-44 所示，末级排水沟的深度可用式（2-13）计算：

$$D=\Delta H+\Delta h+S \tag{2-13}$$

式中　D——末级固定排水沟的深度，m；

ΔH——作物要求的地下水埋深，m；

Δh——两条排水沟中间处的稳定地下水位与沟中水位的差值，m，一般取 0.2～0.3m；

S——排地下水时沟中的日常水深或暗管的半径，m，一般取 0.1～0.2m。

由于影响田间排水沟间距的因素错综复杂，目前我国大多数地区主要是根据试验资料和实践经验，因地制宜地加以确定。在缺乏实测及调查资料时，田间排水沟（或暗管）的间距也可用公式计算方法进行估算。

(1) 结合除涝的田间排水沟。结合除涝的田间排水沟，一般采用明沟形式。因此，沟距的大小，既要满足除涝排渍的要求，又要考虑沟道占地和机械耕作的要求，综合分析确

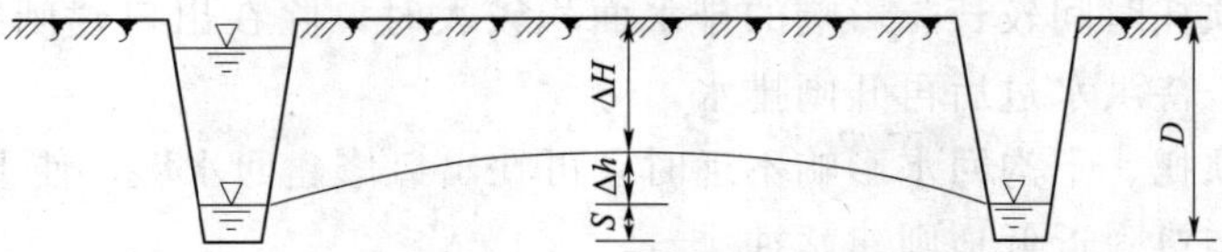

图 2-44　末级固定排水沟的深度示意图

定。一般农沟沟深 1.5～2.0m，间距可采用 100～200m；沟深 2～3m，间距可采用 200～400m。

（2）根据地下水位的田间排水沟。根据一些地区的试验资料和经验数据分析，在不同土质、不同沟深时，控制地下水位的排水沟深度和间距依据《灌溉与排水工程设计标准》（GB 50288—2018）提供的参考值确定，见表 2-14。

表 2-14　调控地下水位的末级固定沟深度和间距经验参考值　单位：m

沟　深	黏土、重壤土	中壤土	轻壤土、沙壤土
0.8～1.3	15～30	30～50	50～70
1.3～1.5	30～50	50～70	70～100
1.5～1.8	50～70	70～100	100～150
1.8～2.3	70～100	100～150	—

注　轻、沙壤土地区较深的明沟极易发生边坡坍塌，而末级固定沟面广量大，不宜采用放缓边坡而过多增大断面的办法，可以选用其他排水措施，如暗管排水等。

（3）田间排水暗管。田间排水暗管与暗管埋深密切相关，埋深大时其间距亦可大些。暗管的埋深应根据当地的自然条件和作物对地下水埋深的要求确定。在防治渍害地区一般为 0.8～1.5m，在改良盐碱地地区为 1.5～2.5m。

四、容泄区的规划

排水系统的容泄区是指位于排水区域以外，承纳排水系统排出水量的河流、湖泊或海洋等。容泄区一般应满足下列要求：①在排水地区排除日常流量时，容泄区的水位应不使排水系统产生壅水，保证正常排渍；②在汛期，容泄区应具有足够的输水能力或容蓄能力，能及时排泄或容纳由排水区排出的全部水量，此时，不能因容泄区水位高而淹没农田，或者虽然局部产生浸没或淹没，但淹水深度和淹水历时不得超过耐淹标准；③具有稳定的河槽和安全的堤防。

容泄区的规划一般涉及排水系统排水口位置的选择和容泄区的整治。

（一）排水口位置的选择

排水口的位置应选在排水区的最低处或其附近，以便涝水易于集中；同时还要使排水口靠近容泄区水位低的位置，争取自排。在确定排水口的位置时，还应考虑排水口是否会发生泥沙淤积，阻碍排水；排水口基础是否适于筑闸建站；抽排时排水口附近能否设置调蓄池等。

由于容泄区水位和排水区之间往往存在矛盾，一般可采取以下措施处理：

（1）当外河洪水历时较短或排涝设计流量与洪水并不相遇时，可在出口建闸，防止洪水侵入排水区，洪水过后再开闸排水。

（2）当洪水顶托时间较长、影响的排水面积较大时，除在出口建闸控制洪水倒灌外，还须建泵站排水，待洪水过后再开闸排水。

（3）当洪水顶托、干沟回水影响不远时，可在出口修建回水堤，使上游大部分排水区仍可自流排水，沟口附近低地则建站抽排。

（4）如地形条件许可，将干沟排水口沿容泄区下游移动，争取自排。

（二）容泄区的整治

（1）疏浚排洪通道，提高蓄洪能力。对于天然排洪能力低的弯曲沟道，常综合整治和疏浚，或裁弯取直工程以增加排洪能力。

（2）加固堤防，提高防洪标准。当疏浚不能降低足够的水位以满足排水系统的排水要求时，可采取退堤措施，扩大河道过水断面。退建堤段应尽量减少挖压农田和拆迁房屋，退堤一般以一侧退建为宜，另一侧利用旧堤，以节省工程量。

（3）治理湖泊、改善蓄泄条件。如调蓄能力不足，可整治湖泊的出流河道，改善泄流条件，降低湖泊水位。在湖泊过度围垦的地区，则应考虑退田还湖，恢复湖泊蓄水容积。

【知识训练】

2.19　项目二
任务三
知识训练

【技能训练】

2.20　项目二
任务三
技能训练

项目三　灌溉与排水工程设计

【知识目标】

1. 掌握灌溉渠道流量的推求方法。
2. 掌握渠道断面设计的原理与方法。
3. 掌握排水沟道的流量设计方法。
4. 掌握排水沟道断面设计的方法。

【技能目标】

1. 能推求渠道的流量。
2. 能合理设计渠道断面。
3. 能推求排水沟道的流量。
4. 能合理设计排水沟道断面。

3.0　课程导学

任务一　灌溉渠道流量设计

【任务目标】

1. 了解渠道的几种流量。
2. 掌握渠道设计流量的推算方法。

一、渠道流量概述

灌溉渠道系统设计时，常用渠道设计流量、最小流量、加大流量三种流量涵盖流量变化的范围，以下主要介绍这三种流量。

1. 设计流量

渠道设计流量是指在设计标准条件下，灌水期间需要渠道输送的最大流量。一般用 Q 表示，单位为 m^3/s。作用是确定渠道设计断面以及建筑物规模尺寸的主要依据。

在渠道设计流量计算中，涉及以下几个相关的术语：

(1) 渠道田间净流量。该流量是指渠道应该送到田间的流量，或者说田间实际需要的渠道流量，用 $Q_{田净}$ 表示。

(2) 渠道净流量和毛流量。对一个渠段而言，段首处的流量为毛流量，段末处的流量为净流量；对一条渠道来说，该渠道引水口处的流量为毛流量，同时自该渠道引水的所有下一级渠道分水口的流量之和为净流量。毛流量和净流量分别用 Q_d 和 Q_{dj} 表示。渠道的设计流量是毛流量。

(3) 渠道损失流量。该流量是指渠道在输水过程中损失掉的流量，用 Q_L 表示。

综上，渠道流量计算时，一般已知渠道的净流量，求设计流量（毛流量）。

渠道的设计流量（毛流量）为净流量和损失流量之和，见式（3-1）。计算设计流量的关键是计算损失流量。

$$Q_d = Q_{dj} + Q_L \tag{3-1}$$

2. 最小流量

渠道最小流量是指在设计标准条件下，渠道在正常工作中输送的最小灌溉流量。

作用：渠道最小流量可以校核对下一级渠道的水位控制条件和不淤流速，并确定节制闸的位置。

用修正灌水率图上的最小灌水率值和设计灌溉面积为依据进行计算，即

$$Q_{min} = q_{min} A \tag{3-2}$$

对于同一条渠道，其设计流量和最小流量相差不要过大，否则在用水过程中，有可能因水位不够而造成引水困难。为了保证对下级渠道正常供水，根据《灌溉与排水工程设计标准》（GB 50288—2018）规定，续灌渠道的最小流量以不低于渠道设计流量的40%为宜，相应的最小水深等于或大于60%的设计水深。

3. 加大流量

通常把在短时增加输水的情况下，渠道需要通过的最大灌溉流量称为渠道的加大流量。考虑到在灌溉工程运行过程中，可能会出现规划设计时未能预料到的情况，如作物种植比例变更、灌溉面积扩大、气候特别干旱、渠道发生事故后需要短时间加大输水等，都要求渠道通过比设计流量更大的加大流量。

作用：加大流量是设计渠道堤顶高程的依据，即

渠堤堤顶高程＝渠道通过加大流量时的水位＋堤顶超高。并以此校核渠道输水能力和不冲流速。用设计流量乘以加大系数计算，即

$$Q_{max} = J Q_d \tag{3-3}$$

式中　Q_{max}——渠道加大流量，m^3/s；

J——渠道流量加大系数，见表3-1；

Q_d——渠道设计流量，m^3/s。

轮灌渠道控制面积较小，轮灌组内各条渠道的输水时间和输水流量可以适当调剂，因此轮灌渠道不考虑加大流量。

表3-1　续灌渠道流量加大系数

设计流量/(m^3/s)	<1	1～5	5～20	20～50	50～100	100～300	>300
加大系数 J	1.35～1.30	1.30～1.25	1.25～1.20	1.20～1.15	1.15～1.10	1.10～1.05	<1.05

注　1. 表中加大系数，湿润地区可取小值，干旱地区可取大值。

2. 泵站供水的续灌渠道加大流量应为包括备用机组在内的全部装机流量。

二、渠道的输水损失

渠道输水损失包括水面蒸发损失、漏水损失和渗水损失三部分。水面蒸发损失一般只占输水损失的1.5%左右，可以忽略不计。漏水损失是由于地质条件不良、施工质量较差、管理维修不善以及生物作用等因素而形成的漏洞、裂隙或渠堤决口和建筑物漏水等所损失的水量，约占输水损失的15%，一般也不予计入。经渠床土壤的渗水损失是渠道输水损失的主

要部分，一般占输水损失的80%以上，在计算时把它近似作为渠道的总输水损失。

渠道输水损失在已成灌区的管理运用中，应通过实测确定；在新建灌区的规划设计中，可用经验公式或经验系数估算输水损失。下面介绍计算输水损失的方法。

渠道输水损失流量按式（3-4）计算：

$$Q_L=\sigma LQ_{dj} \tag{3-4}$$

式中 Q_L——渠道输水损失流量，m^3/s；

σ——渠道单位长度水量损失率，%/km，应根据渠道渗流条件和渠道衬砌防渗措施分别确定；

L——渠道长度，km；

Q_{dj}——渠道净流量，m^3/s。

（1）土渠不受地下水顶托的条件下，可采用式（3-5）估算：

$$\sigma=\frac{K}{Q_{dj}^m} \tag{3-5}$$

式中 K——渠床土壤透水性系数；

m——渠床土壤透水性指数。

土壤透水性参数 K、m，应根据实测资料分析确定，在缺乏实测资料的情况下，可采用表3-2中的数值。

表3-2　土壤透水性参数

渠床土质	透水性	K	m	渠床土质	透水性	K	m
黏土	弱	0.70	0.30	轻壤土	中强	2.65	0.45
重壤土	中弱	1.30	0.35	沙壤土	强	3.40	0.50
中壤土	中	1.90	0.40				

（2）土渠渗水受地下水顶托的条件下，可按式（3-6）修正，即

$$\sigma'=\varepsilon'\sigma \tag{3-6}$$

式中 σ'——受地下水顶托的渠道单位长度水量损失率，%/km；

ε'——受地下水顶托的渗水损失修正系数，可从表3-3中查得。

表3-3　土渠渗水损失修正系数

渠道净流量/(m^3/s)	地下水埋深/m							
	<3	3	5	7.5	10	15	20	25
	修正系数							
1	0.63	0.79	—	—	—	—	—	—
3	0.50	0.63	0.82	0.82	—	—	—	—
10	0.41	0.50	0.65	0.65	0.91	—	—	—
20	0.36	0.45	0.57	0.57	0.82	—	—	—
30	0.35	0.42	0.54	0.54	0.77	0.94	—	—
50	0.32	0.37	0.49	0.49	0.69	0.84	0.97	—
100	0.28	0.33	0.42	0.42	0.58	0.73	0.84	0.94

（3）衬砌渠道可用式（3－7）修正，即

$$\sigma_0=\varepsilon_0\sigma \tag{3-7}$$

式中　σ_0——衬砌渠道单位长度水量损失率，%/km；

ε_0——衬砌渠道渗水损失修正系数，可从表3－4中查得。

表3－4　衬砌渠道渗水损失修正系数

防渗措施	衬砌渠道渗水损失修正系数
渠槽翻松夯实（厚度大于0.5m）	0.30～0.20
渠槽原土夯实（影响深度不小于0.4m）	0.70～0.50
灰土夯实（或三合土夯实）	0.15～0.10
混凝土护面	0.15～0.05
黏土护面	0.40～0.20
浆砌石护面	0.20～0.10
沥青材料护面	0.10～0.05
塑料薄膜	0.10～0.05

三、水的利用系数

总结已成灌区的水量量测资料，可以得到各条渠道的毛流量和净流量以及灌入农田的有效水量，经分析计算，可以得出以下几个反映水量损失情况的经验系数。

1．渠道水利用系数

某条渠道的净流量与毛流量的比值称为该渠道的渠道水利用系数，用符号η_0表示，即

$$\eta_0=\frac{Q_{dj}}{Q_d} \tag{3-8}$$

渠道水利用系数反映一条渠道的水量损失情况，或反映同一级渠道水量损失的平均情况。

2．渠系水利用系数

灌溉渠系的净流量与毛流量的比值称为渠系水利用系数，用符号η_s表示。渠系水利用系数的数值等于各级渠道水利用系数的乘积，即

$$\eta_s=\eta_{干}\eta_{支}\eta_{斗}\eta_{农} \tag{3-9}$$

渠系水利用系数反映整个渠系的水量损失情况。它不仅反映出灌区的自然条件和工程技术状况，还反映出灌区的管理工作水平。《灌溉与排水工程设计规范》（GB 50288—2018）规定，全灌区渠系水利用系数设计值不应低于表3－5，否则采取措施予以提高。

表3－5　渠系水利用系数

灌区面积/hm^2	≥20000	＜20000，且≥667	＜667
渠系水利用系数	0.55	0.65	0.75

3．田间水利用系数

田间水利用系数是实际灌入田间的有效水量（对旱作农田，指蓄存在计划湿润层中的灌溉水量；对水稻田，指蓄存在格田内的灌溉水量）和末级固定渠道（农渠）放出水量的

比值，用符号 η_{f} 表示，即

$$\eta_{\mathrm{f}}=\frac{m_n A_{农}}{w_{农净}} \tag{3-10}$$

式中 $A_{农}$——农渠的灌溉面积，hm^2；

m_n——净灌水定额，m^3/hm^2；

$w_{农净}$——农渠供给田间的水量，m^3。

田间水利用系数是衡量田间工程状况和灌水技术水平的重要指标。旱作农田的田间水利用系数设计值不应低于 0.90，水稻田的田间水利用系数设计值不应低于 0.95。

4. 灌溉水利用系数

灌溉水利用系数是实际灌入农田的有效水量和渠首引入水量的比值，用符号 η 表示。它是反映灌区管理水平、评价渠系工作状况、灌水技术水平的综合指标，可按式（3-11）和式（3-12）计算：

$$\eta=\eta_{\mathrm{s}}\eta_{\mathrm{f}} \tag{3-11}$$

或

$$\eta=\frac{A m_{\mathrm{j}}}{W} \tag{3-12}$$

式中 A——某次灌水全灌区的灌溉面积，hm^2；

m_{j}——净灌水定额，m^3/hm^2；

W——某次灌水渠首引入的总水量，m^3；

其他符号意义同前。

四、渠道的工作制度

渠道的工作制度就是渠道的输水工作方式，分为轮灌和续灌两种。

3.1 渠道轮灌工作制度

（一）轮灌

同级渠道在一次灌水延续时间分组依次轮流灌溉叫轮灌。

1. 优缺点

轮灌的优点是：渠道流量集中，同时工作的渠道长度短，输水时间短，输水损失小，有利于与农业措施结合和提高灌水工作效率。

缺点是：渠道流量大，渠道和建筑物工程量大；流量过于集中，会造成灌水和耕作时劳力紧张；在干旱季节还会影响各用水单位受益均衡。

2. 方式

轮灌的方式有如下两种：

（1）分组集中轮灌。按相邻的渠道进行编组，上级渠道自下而上按组依次轮流供水，如图 3-1（a）所示。

（2）分组插花轮灌。将渠道插花交叉编组，上级渠道按组轮流供水，如图 3-1（b）所示。

分组集中轮灌时，上级渠道的工作长度短，输水损失小，但可能引起劳力紧张和用水单位受益不均衡，分组插花轮灌的优缺点与集中轮灌的相反。

3. 原则

划分轮灌组的原则是：

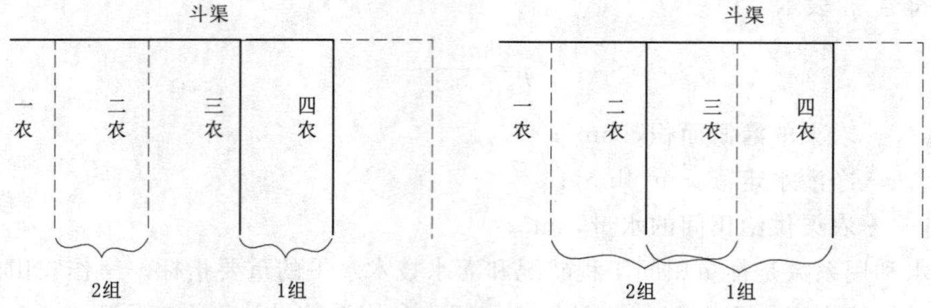

（a）分组集中轮灌　　（b）分组插花轮灌

图 3-1　轮灌方式示意图

（1）应使各轮灌组的灌溉面积基本相等，供水量宜协调一致，以利于配水。

（2）应使轮灌组内的渠道相对集中，以缩短渠道工作长度，减少输水损失，提高水的利用系数。

（3）尽量使各用水单位受益均衡。

（4）避免渠道流量过大，以减少工程量和降低工程造价。

3.2　渠道续灌工作制度

（5）尽量把一个生产单位的渠道划分在一个轮灌组内，以利于与农业措施和灌水工作配合，便于调配劳力和组织灌水。

（6）对已成灌区，还应与渠道的输水能力相适应。轮灌组的数目不宜过多或过少，一般以 2～3 组为宜。

（二）续灌

在一次灌水延续时间内，上级渠道同时向下级分水灌溉称为续灌。

为了各用水单位受益均衡，避免因水量过分集中而造成灌水组织和生产安排的困难，一般灌溉面积较大的灌区，干、支渠多采用续灌。续灌的优缺点与轮灌相反。

（三）配水方式的选择

配水方式的选择应根据灌区实际情况，因地制宜地确定。在规划设计阶段，为了减少输水损失、节省工程量、便于管理和满足各用水单位的用水要求，一般万亩以上灌区应采用干、支渠续灌，斗、农渠轮灌。在管理运用阶段，若遇天气干旱，水源供水不足，干、支渠也可实行轮灌，一般当渠首引水流量低于正常流量的 40%～50%时，干、支渠应进行轮灌。

五、渠道设计流量推算

渠道的工作制度不同，设计流量的推算方法也不同，下面分别予以介绍。

1. 轮灌渠道设计流量的推算

由于轮灌渠道不是在整个作物灌水延续时间内连续输水，而是集中过水，所以它的设计流量大小不仅取决于它本身灌溉面积的大小，而且还取决于上一级渠道供水流量的大小和轮灌组内的渠道数目多少。因此，轮灌渠道的设计流量不能用灌水率乘灌溉面积求田间净流量，再逐级加损失流量求毛流量的方法来推算，而只能采用自上而下逐级分配田间净流量，再自下而上逐级加损失流量求毛流量的方法进行推算。

现以干、支渠续灌，斗、农渠轮灌，斗渠轮灌组内有 n 条斗渠，农渠轮灌组内有 k

条农渠的情况，说明轮灌渠道设计流量的推算方法。

(1) 自上而下分配末级续灌渠道的田间净流量。

1) 计算支渠田间净流量。公式为

$$Q_{支田净}=A_{支}\ q_s \tag{3-13}$$

2) 计算斗渠田间净流量。斗渠轮灌组内 n 条斗渠的灌溉面积相等时，公式为

$$Q_{斗田净}=\frac{Q_{支田净}}{n} \tag{3-14}$$

斗渠轮灌组内各斗渠的灌溉面积不相等时，为使各斗渠的灌水时间相等，应按各斗渠的灌溉面积大小分配支渠田间净流量，即

$$Q_{斗田净}=\frac{Q_{支田净}}{A_{斗组}}A_{斗} \tag{3-15}$$

3) 计算农渠田间净流量。

$$Q_{农田净}=\frac{Q_{斗田净}}{k}=\frac{Q_{支田净}}{nk} \tag{3-16}$$

或

$$Q_{农田净}=\frac{Q_{斗田净}}{A_{农组}}A_{农}=\frac{Q_{支田净}A_{斗}A_{农}}{A_{斗组}A_{农组}} \tag{3-17}$$

式中　$A_{支}$、$A_{斗组}$、$A_{斗}$、$A_{农组}$、$A_{农}$——支渠、斗渠轮灌组、某条斗渠、农渠轮灌组、某条农渠的灌溉面积；

q_s——设计灌水率；

n、k——轮灌组内斗渠和农渠的条数。

(2) 自下而上推算各级渠道的设计流量。

1) 计算农渠的净流量。先由农渠的田间净流量计入田间损失水量，求得田间毛流量，即农渠的净流量。

$$Q_{农净}=\frac{Q_{农田净}}{\eta_f} \tag{3-18}$$

式中符号意义同前。

2) 推算各级渠道的设计流量（毛流量）。根据农渠的净流量自下而上逐级计入渠道输水损失，得到各级渠道的毛流量，即设计流量。

$$Q_d=Q_{dj}+\sigma LQ_{dj}=Q_{dj}(1+\sigma L) \tag{3-19}$$

式中　L——最下游一轮灌组灌水时渠道的平均工作长度，km。

L 的确定方法如下：①计算农渠毛流量时，可取农渠长度的 1/2 进行估算；②计算斗渠毛流量时，L 为斗渠内最下游一轮灌组前至斗口的渠长加该轮灌组所占斗渠长度的 1/2；③计算支渠毛流量时，支渠工作长度 $L=L_1+\alpha L_2$，其中 L_1 为支渠引水口至第一个斗口的长度，L_2 为第一个斗口至最末一个斗口的长度，α 为长度折算系数，可视支渠灌溉面积的平面形状而定（面积重心在上游时，$\alpha=0.60$；在中游时，$\alpha=0.80$；在下游时，$\alpha=0.85$）。

在灌区流量计算时，通常选择一条有代表性的典型支渠按上述方法推算该支渠范围内的斗、农渠的设计流量，并计算该支渠内的灌溉水利用系数 η_s，以此作为扩大指标，用式 (3-20) 来计算其他支渠的设计流量。典型支渠在选择时，考虑作物种植、土壤性质、

灌溉面积等影响渠道流量的主要因素具有代表性。

$$Q_s=\frac{q_s A_{支}}{\eta_s} \tag{3-20}$$

式中　Q_s——支渠的设计流量，m^3/s；

q_s——设计灌水率，$m^3/(s\cdot hm^2)$；

$A_{支}$——该支渠灌溉面积，hm^2；

η_s——支渠至田间的灌溉水利用系数。

2. 续灌渠道设计流量计算

续灌渠道一般干渠流量较大，上下游流量相差悬殊，这就要求分段推算设计流量，以便各渠段设计不同的断面尺寸，以节省工程量。

由于渠道水利用系数的经验值是根据渠道全部长度的输水损失情况统计出来的，它反映出不同流量在不同渠段上运行时输水损失的综合情况，而不能代表某个具体渠段的水量损失情况。所以，在分段推算干渠设计流量时，一般不用经验系数估算输水损失水量，而用经验公式估算，即

$$Q_{段设}=Q_{段净}(1+\sigma L_{段}) \tag{3-21}$$

【例3-1】 某灌区灌溉面积 $A=2110hm^2$，灌区有一条干渠，长5.7km，下设3条支渠，各支渠的长度及灌溉面积见表3-6。全灌区土壤、水文地质等自然条件和作物种植情况相近，第三支渠灌溉面积适中，可作为典型支渠，该支渠有6条斗渠，斗渠间距800m，长1800m。每条斗渠有10条农渠，农渠间距200m，长800m。干、支渠实行续灌，斗、农渠实行轮灌。渠系布置及轮灌组划分情况如图3-2所示。该灌区位于我国南方，实行稻麦轮作，因降雨较多，小麦一般不需要灌溉，主要灌溉作物是水稻，设计灌水率 $q_s=0.0012m^3/(s\cdot hm^2)$。灌区土壤为中壤土。试推求干、支渠道的设计流量。

表3-6　支渠长度及灌溉面积

渠别	一支	二支	三支	合计
长度/km	4.2	4.6	4.0	
灌溉面积/hm^2	563	827	720	2110

解： 1. 推求典型支渠（三支渠）及其所属斗、农渠的设计流量

(1) 计算农渠的设计流量。三支渠的田间净流量为

$$Q_{3支田净}=A_{3支}\times q_s=720\times 0.0012=0.864(m^3/s)$$

因为斗、农渠分两组轮灌，同时工作的斗渠有3条，同时工作的农渠有5条，且同级渠道控制面积相同，所以农渠的田间净流量为

$$Q_{农田净}=\frac{Q_{支田净}}{nk}=\frac{0.864}{3\times 5}=0.0576(m^3/s)$$

取田间水利用系数 $\eta_f=0.95$，则农渠的净流量为

$$Q_{农净}=\frac{Q_{农田净}}{\eta_f}=\frac{0.0576}{0.95}=0.061(m^3/s)$$

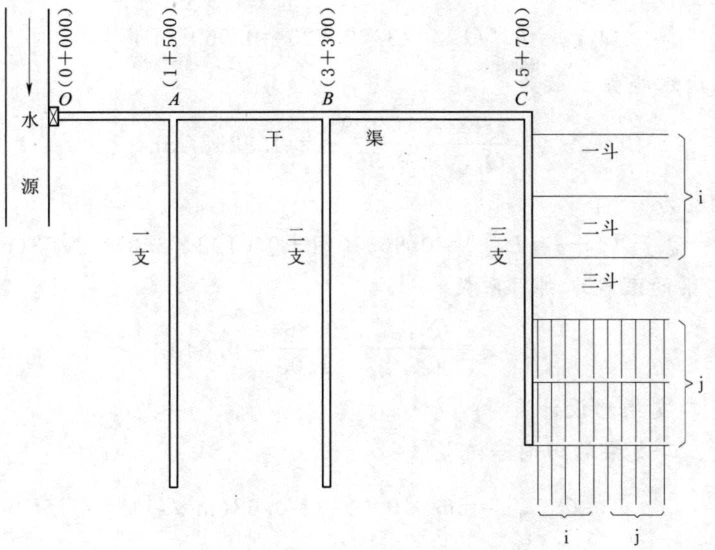

图 3-2 灌溉渠系布置图

灌区土壤属中壤土，从表 3-2 中可查出相应的土壤透水性参数：$K=1.9$，$m=0.4$。据此可计算农渠每千米输水损失系数为

$$\sigma_{农}=\frac{K}{Q_{农净}^{m}}=\frac{1.9}{0.061^{0.4}}=5.82\%/\text{km}$$

农渠的毛流量或设计流量为

$$Q_{农毛}=Q_{农净}(1+\sigma_{农}L_{农})=0.061\times(1+0.0582\times0.4)=0.062(\text{m}^3/\text{s})$$

(2) 计算斗渠的设计流量。因为一条斗渠内同时工作的农渠有 5 条，所以斗渠的净流量等于 5 条农渠的毛流量之和，即

$$Q_{斗净}=5\times0.062=0.31(\text{m}^3/\text{s})$$

农渠分两组轮灌，各组要求斗渠供给的净流量相等。但是，第Ⅱ轮灌组距斗渠进水口较远，输水损失水量较多，据此求得的斗渠毛流量较大，因此以第Ⅱ轮灌组灌水时需要的斗渠毛流量作为斗渠的设计流量。斗渠的平均工作长度 $L_{斗}=1.4\text{km}$。

斗渠每千米输水损失系数为

$$\sigma_{斗}=\frac{K}{Q_{斗净}^{m}}=\frac{1.9}{0.31^{0.4}}=3.04\%/\text{km}$$

斗渠的毛流量（设计流量）为

$$Q_{斗毛}=Q_{斗净}(1+\sigma_{斗}L_{斗})=0.31\times(1+0.0304\times1.4)=0.323(\text{m}^3/\text{s})$$

(3) 计算三支渠的设计流量。斗渠也是分两组轮灌，以第Ⅱ轮灌组要求的支渠毛流量作为支渠的设计流量。支渠的工作长度因其控制面积重心在中部，则长度折算系数 α 取 0.8。

$$L_{3支}=4\times0.8=3.2(\text{km})$$

支渠的净流量为

$$Q_{3支净}=3\times Q_{斗毛}=3\times 0.323=0.969(m^3/s)$$

支渠每千米输水损失系数为

$$\sigma_{3支}=\frac{K}{Q_{3支净}^m}=\frac{1.9}{0.969^{0.4}}=1.92\%/km$$

支渠的毛流量为

$$Q_{3支毛}=Q_{3支净}(1+\sigma_{3支}L_{3支})=0.969\times(1+0.0192\times 3.2)=1.03(m^3/s)$$

2. 计算三支渠的灌溉水利用系数

$$\eta_{3支水}=\frac{Q_{3支田净}}{Q_{3支毛}}=\frac{0.864}{1.03}=0.84$$

3. 计算一、二支渠的设计流量

(1) 计算一、二支渠的田间净流量。

$$Q_{1支田净}=563\times 0.0012=0.68(m^3/s)$$

$$Q_{2支田净}=827\times 0.0012=0.99(m^3/s)$$

(2) 计算一、二支渠的设计流量。以典型支渠（三支渠）的灌溉水利用系数作为扩大指标，用来计算其他支渠的设计流量。

$$Q_{1支毛}=\frac{Q_{1支田净}}{\eta_{3支水}}=\frac{0.68}{0.84}=0.81(m^3/s)$$

$$Q_{2支毛}=\frac{Q_{2支田净}}{\eta_{3支水}}=\frac{0.99}{0.84}=1.18(m^3/s)$$

4. 推求干渠各段的设计流量

(1) BC 段的设计流量。

$$Q_{BC净}=Q_{3支毛}=1.03\ (m^3/s)$$

$$\sigma_{BC}=\frac{1.9}{1.03^{0.4}}=1.9\%/km$$

$$Q_{BC毛}=Q_{BC净}(1+\sigma_{BC}L_{BC})$$
$$=1.03\times(1+0.019\times 2.4)=1.08(m^3/s)$$

(2) AB 段的设计流量。

$$Q_{AB净}=Q_{BC毛}+Q_{2支毛}=1.08+1.18=2.26(m^3/s)$$

$$\sigma_{AB}=\frac{1.9}{2.26^{0.4}}=1.37\%/km$$

$$Q_{AB毛}=Q_{AB净}(1+\sigma_{AB}L_{AB})=2.26\times(1+0.0137\times 1.8)=2.32(m^3/s)$$

(3) OA 段的设计流量。

$$Q_{OA净}=Q_{AB毛}+Q_{1支毛}=2.32+0.81=3.13(m^3/s)$$

$$\sigma_{OA}=\frac{1.9}{3.13^{0.4}}=1.2\%/km$$

$$Q_{OA}=Q_{OA净}(1+\sigma_{OA}L_{OA})=3.13\times(1+0.012\times 1.5)=3.19(m^3/s)$$

【知识训练】

3.3　项目三
任务一
知识训练

【技能训练】

3.4　项目三
任务一
技能训练

任务二　灌溉渠道纵横断面设计

【任务目标】

1. 掌握渠道横断面设计的方法，会绘制渠道横断面图。
2. 掌握渠道纵断面设计的方法，会绘制渠道纵断面图。

渠道断面设计的主要任务是确定满足灌溉要求的渠道断面形状、尺寸、结构和空间位置。对渠道断面设计的具体要求如下：

（1）有足够的输水能力，以满足作物的需水要求。

（2）有足够的水位，各级渠道之间和渠道各分段之间以及重要建筑物上下游水面衔接要平顺，以满足自流灌溉对水位的要求。

（3）流速适宜，不冲不淤或周期性冲淤平衡。

（4）边坡稳定，不坍塌、不滑坡、不发生冻胀破坏。

（5）渗漏损失小，灌溉水利用系数高，适当满足综合利用要求。

（6）占地少，工程量小，总投资少，施工容易，管理方便。

渠道的纵断面和横断面设计是相互联系、互为条件的。在设计实践中，不能把它们截然分开，而要通盘考虑、交替进行、反复调整，最后确定合理的设计方案。但为了叙述方便，现将纵、横断面设计方法分别予以介绍。

一、渠道横断面设计

灌溉渠道一般都是正坡明渠，灌溉渠道可以按明渠均匀流公式设计计算，即

$$Q=AC\sqrt{Ri} \tag{3-22}$$

式中　Q——渠道设计流量，m^3/s；

A——渠道过水断面面积，m^2；

C——谢才系数，$m^{0.5}/s$，常用曼宁公式计算：$C=\frac{1}{n}R^{1/6}$；

R——水力半径，m；

i——渠底比降；

n——渠床糙率系数。

（一）梯形渠道横断面设计

1. 渠道设计参数的确定

（1）渠底比降 i。渠底比降是指单位渠长的渠底降落值。由式（3-22）可知，当渠道流量一定时，渠底比降大，过水断面面积小，工程量小。但比降大，渠道水位降落大，控制灌溉面积减少，而且流速大，还可能引起渠道冲刷。反之，情况相反。可见，渠底比降不仅决定着渠道输水能力的大小、控制灌溉面积的多少和工程量的大小，而且还关系着渠道的冲淤、稳定和安全。因此，必须慎重选择确定。

选择比降的一般原则如下：

1）渠底比降应尽量接近地面比降，以避免深挖高填。

2）流量大的渠道，为控制较多的自流灌溉面积和防止冲刷，比降应小些；流量小的渠道，为加大流速，减少渗漏和防止淤积，比降可大些。

3）渠床土质松散易冲时，比降应小些；反之可大些。

4）渠水含沙量大时，为防止淤积，比降应大些；反之应小些。

5）水库灌区和扬水灌区，水头宝贵，比降应尽量小些；自流灌区，水头富裕时，可大些。

在设计工作中，渠底比降应根据渠道沿线地面坡度、下级渠道分水口要求水位、渠床土质、渠道流量、渠水含沙量等情况，参照相似灌区的经验数值（表3-7）初选一个渠底比降，进行水力计算和流速校核，若满足水位和不冲不淤要求，便可采用，否则应重新选择比降，再行计算校核，直至满足要求。

表3-7　渠底比降一般数值表

渠道级别	干　渠	支　渠	斗　渠	农　渠
平原灌区	$\frac{1}{5000}\sim\frac{1}{10000}$	$\frac{1}{3000}\sim\frac{1}{7000}$	$\frac{1}{2000}\sim\frac{1}{5000}$	$\frac{1}{1000}\sim\frac{1}{3000}$
丘陵灌区	$\frac{1}{2000}\sim\frac{1}{5000}$	$\frac{1}{1000}\sim\frac{1}{3000}$	土渠$\frac{1}{2000}$，石渠$\frac{1}{500}$	土渠$\frac{1}{1000}$，石渠$\frac{1}{300}$
滨湖灌区	$\frac{1}{8000}\sim\frac{1}{15000}$	$\frac{1}{6000}\sim\frac{1}{8000}$	$\frac{1}{4000}\sim\frac{1}{5000}$	$\frac{1}{2000}\sim\frac{1}{3000}$

干渠及较大支渠、上下游渠段流量变化较大时，可分段选择比降，而且下游段的比降应大些。支渠以下的渠道一般一条渠道只采用一个比降。在满足渠道不冲不淤的条件下，宜采用较缓的渠底比降。

（2）渠床糙率 n。渠床糙率是反映渠床粗糙程度的指标。由 $C=\frac{1}{n}R^{1/6}$ 可知，n 值小，C 值大，渠道过水能力大；反之，则过水能力小。

设计时如果 n 值偏大，设计的渠道断面就偏大，则会增加断面工程量，而且会因实际水位低于设计水位而影响下级渠道进水。如果 n 值取得偏小，设计的渠道断面就偏小，输水能力不足，影响灌溉用水。渠床糙率值的选择要考虑渠床土质和施工质量，还要估计到建成后的管理养护情况，可参考表 3-8 选用。

表 3-8　　**渠床糙率表**

1. 土 渠 糙 率

渠道流量/(m^3/s)	渠槽特征	灌溉渠道	泄（退）水渠道
>20	平整顺直，养护良好	0.0200	0.0225
	平整顺直，养护一般	0.0225	0.0250
	渠床多石，杂草丛生，养护较差	0.0250	0.0275
1～20	平整顺直，养护良好	0.0225	0.0250
	平整顺直，养护一般	0.0250	0.0275
	渠床多石，杂草丛生，养护较差	0.0275	0.0300
<1	渠床弯曲，养护一般	0.0250	0.0275
	支渠以下的固定渠道	0.0275	0.0300
	渠床多石，杂草丛生，养护较差	0.0300	0.0350

2. 石 渠 糙 率

渠槽表面的特征	糙　率
经过良好修整	0.0250
经过中等修整无凸出部分	0.0300
经过中等修整有凸出部分	0.0330
未经修整有凸出部分	0.0350～0.0450

3. 防渗衬砌渠槽糙率

防渗衬砌结构类别	渠槽特征	糙　率
黏土、黏沙混合土、膨润混合土	平整顺直，养护良好	0.0225
	平整顺直，养护一般	0.0250
	平整顺直，养护较差	0.0275
灰土、三合土、四合土	平整，表面光滑	0.0150～0.0170
	平整，表面较粗糙	0.0180～0.0200
水泥土	平整，表面光滑	0.0140～0.0160
	平整，表面较粗糙	0.0160～0.0180
砌石	浆砌料石、石板	0.0150～0.0230
	浆砌块石	0.0200～0.0250
	干砌块石	0.0250～0.0330
	浆砌卵石	0.0230～0.0275
	干砌卵石，砌工良好	0.0250～0.0325
	干砌卵石，砌工一般	0.0275～0.0375
	干砌卵石，砌工粗糙	0.0325～0.0425
沥青混凝土	机械现场浇筑，表面光滑	0.0120～0.0140
	机械现场浇筑，表面粗糙	0.0150～0.0170
	预制板砌筑	0.0160～0.0180

续表

3. 防渗衬砌渠槽糙率		
混凝土	抹光的水泥砂浆面	0.0120～0.0130
	金属模板浇筑，平整顺直，表面光滑	0.0120～0.0140
	刨光木模板浇筑，表面一般	0.0150
	表面粗糙，缝口不齐	0.0170
	修整及养护较差	0.0180
	预制板砌筑	0.0160～0.0180
	预制渠槽	0.0120～0.0160
	平整的喷浆面	0.0150～0.0160
	不平整的喷浆面	0.0170～0.0180
	波状断面的喷浆面	0.0180～0.0250

(3) 渠道的边坡系数 m。渠道的边坡系数是表示渠道边坡倾斜程度的指标。它的大小关系到渠道的工程量、占地、输水损失和稳定。m 太大，渠道工程量大，占地多，输水损失大；m 太小，边坡不稳定，容易坍塌，影响渠道正常输水。

一般梯形断面水深不大于 3m 的挖方渠道，或填方渠道的渠堤填方高度不大于 3m 时，可根据沿渠土质、挖填方深度、渠道流量、渠中水深等因素按表 3-9 和表 3-10 选定。对水深大于 3m 或地下水位较高的挖方渠道，或填方高度大于 3m 时的填方渠道的内外边坡系数都应通过土工试验和稳定分析确定。

表 3-9　　挖方渠道的最小边坡系数

土　质	渠道水深/m		
	<1	1～2	>2
稍胶结的卵石	1.00	1.00	1.00
夹沙的卵石或砾石	1.25	1.50	1.50
黏土、重壤土	1.00	1.00	1.25
中壤土	1.25	1.25	1.50
轻壤土、沙壤土	1.50	1.50	1.75
沙土	1.75	2.00	2.25

表 3-10　　填方渠道的最小边坡系数

土　质	渠道水深/m					
	<1		1～2		>2	
	内坡	外坡	内坡	外坡	内坡	外坡
黏土、重壤土	1.00	1.00	1.00	1.00	1.25	1.00
中壤土	1.25	1.00	1.25	1.00	1.50	1.25
轻壤土、沙壤土	1.50	1.25	1.50	1.25	1.75	1.50
沙土	1.75	1.50	2.00	1.75	2.25	2.00

(4) 渠道断面的宽深比 β。渠道断面的宽深比是指底宽 b 和水深 h 的比值，即 $\beta=b/h$，宽深比对渠道工程量和渠床稳定等有较大影响，在设计时应慎重选择。

渠道宽深比的选择要考虑以下要求：

1) 工程量最小。在渠道比降和渠床糙率一定的条件下，通过设计流量所需要的最小过水断面称为水力最优断面，采用水力最优断面的宽深比可使渠道工程量最小。梯形渠道水力最优断面的宽深比按式 (3-23) 计算：

$$\beta_0=2(\sqrt{1+m^2}-m) \tag{3-23}$$

式中　β_0——梯形渠道水力最优断面的宽深比 (b_0/h_0)；

　　　m——梯形渠道的边坡系数。

根据式 (3-23) 可算出不同边坡系数相应的水力最优断面的宽深比，见表 3-11。

表 3-11　　$m-\beta_0$ 关系

边坡系数 m	0	0.25	0.50	0.75	1.00	1.25	1.50	1.75	2.00	3.00
β_0	2.00	1.56	1.24	1.00	0.83	0.70	0.61	0.53	0.47	0.32

水力最优断面具有工程量最小的优点，小型渠道和石方渠道可以采用。对大型渠道来说，因为水力最优断面比较窄深，开挖深度大，可能受地下水影响，施工困难，劳动效率较低，而且渠道流速可能超过允许不冲流速，影响渠床稳定，大型渠道常采用宽浅断面。可见，水力最优断面仅仅指输水能力最大的断面，不一定是最经济的断面，渠道设计断面的最佳形式还要根据渠床稳定要求、施工难易等因素确定。

2) 断面稳定。渠道断面过于窄深，容易产生冲刷；过于宽浅，又容易淤积，都会使渠床变形。稳定断面的宽深比应满足渠道不冲、不淤要求，它与渠道流量、水流含沙情况、渠道比降等因素有关，应在总结当地已成渠道运行经验的基础上研究确定。比降小的渠道应选较小的宽深比，以增大水力半径，加快水流速度；比降大的渠道应选较大的宽深比，以减小流速，防止渠床冲刷。为使渠道断面稳定，表 3-12 数值可供选用。

表 3-12　　渠道稳定断面宽深比

设计流量/(m^3/s)	<1	1～3	3～5	5～10
宽深比 β	1～2	1～3	2～4	3～5

3) 有利通航。有通航要求的渠道，应根据船舶吃水深度、错船所需的水面宽度以及通航的流速要求等确定渠道的断面尺寸。渠道水面宽度应大于船舶宽度的 2.6 倍，船底以下水深应不小于 15cm。

在实际工作中，要按照具体情况，初选一个 β 值，作为计算断面尺寸的参数，再结合有关要求进行校核而确定。

(5) 渠道的不冲不淤流速。在稳定渠道中，允许的最大平均流速称为临界不冲流速，简称不冲流速，用 V_{cs} 表示；允许的最小平均流速称为临界不淤流速，简称不淤流速，用 V_{cd} 表示。为了维持渠床稳定，渠道通过设计流量时的平均流速（设计流速）V_d 应满足以下条件：

$$V_{cd}<V_d<V_{cs} \tag{3-24}$$

1）渠道不冲流速。水在渠道中流动时，当流速增加到一定程度时，渠床上的土粒就会随水流移动，土粒将要移动而尚未移动时的水流速度就是临界不冲流速，简称不冲流速。

重要的干、支渠允许不冲流速应根据渠床土壤性质、水流含沙情况、渠道断面水力要素等因素通过试验研究或总结已成渠道的运用经验而定。黏性土渠道可按表 3-13 中的数值选用，非黏性土渠道的数值可查规范，防渗衬砌渠道的允许不冲流速可按表 3-14 选取。

表 3-13　黏性土渠道允许不冲流速

土质	允许不冲流速/(m/s)	土质	允许不冲流速/(m/s)
轻壤土	0.60～0.80	重壤土	0.70～0.95
中壤土	0.65～0.85	黏土	0.75～1.00

注　表中所列允许不冲流速值为水力半径 $R=1.0$m 时的情况；当 $R\neq1.0$m 时，表中所列数值应乘以 R^a。指数 a 值可按下列情况采用：①疏松的壤土、黏土 $a=1/4\sim1/3$；②中等密实和密实的壤土、黏土 $a=1/5\sim1/4$。

表 3-14　防渗衬砌渠道允许不冲流速

防渗衬砌结构类别			允许不冲流速/(m/s)
土料	黏土、黏砂混合土		0.75～1.00
	灰土、三合土、四合土		<1.00
水泥土	现场填筑		<2.50
	预制铺砌		<2.00
砌石	干砌卵石（挂淤）		2.50～4.00
	浆砌块石	单层	2.50～4.00
		双层	3.50～5.00
	浆砌料石		4.00～6.00
	浆砌石板		<2.50
膜料（土料保护层）	沙壤土、轻壤土		<0.45
	中壤土		<0.60
	重壤土		<0.65
	黏土		<0.70
	沙砾料		<0.90
沥青混凝土	现场浇筑		<3.00
	预制铺砌		<2.00
混凝土	现场浇筑		<8.00
	预制铺砌		<5.00
	喷射法施工		<10.00

注　表中土料类和膜料类（土料保护层）防渗衬砌结构允许不冲流速值为水力半径 $R=1.0$m 时的情况；当 $R\neq1.0$m 时，表中所列数值应乘以 R^a。指数 a 值可按下列情况采用：①疏松的土料或土料保护层 $a=1/4\sim1/3$；②中等密实和密实的土料或土料保护层 $a=1/5\sim1/4$。

2）渠道不淤流速。渠道水流的挟沙能力随流速减小而减少，当流速小到一定程度时，部分泥沙就开始在渠道内淤积。泥沙将要沉积而尚未沉积时的流速就是临界不淤流速。渠道不淤流速主要取决于渠道含沙情况和断面水力要素，也应通过试验研究而定。在缺乏实际研究成果时，可选用有关经验公式进行计算。

南方地区渠道多含沙量小，虽无泥沙淤积威胁，但为了防止渠道长草，影响输水能力，对渠道的最小流速仍有一定限制，通常要求大型渠道的平均流速不小于 0.5m/s，小型渠道的平均流速不小于 0.3～0.4m/s。寒冷地区冬春季灌溉用的渠道，为了防止水面结冰，设计平均流速控制不小于 1.5m/s。

2. 渠道水力计算

渠道水力计算的任务是根据上述设计依据，通过计算确定渠道过水断面的水深 h 和底宽 b。下面主要介绍梯形渠道断面水力计算的常用方法。

（1）一般断面的水力计算。此方法是广泛使用的渠道设计方法，步骤如下。

1）假设 b、h 值。先假设一个整数的 b 值，再选择适当的宽深比 β，用公式 $h=b/\beta$ 计算相应的水深值。为了施工方便，底宽 b 应取整数。

2）计算渠道过水断面的水力要素。根据假设的 b、h 值计算相应的过水断面面积 A、湿周 χ、水力半径 R 和谢才系数 C，计算公式如下：

$$A=(b+mh)h \tag{3-25}$$

$$\chi=b+2(1+m^2)^{1/2}h \tag{3-26}$$

$$R=A/\chi \tag{3-27}$$

C 值按曼宁公式计算。

3）计算渠道流量。按式（3-22）计算。

4）校核渠道输水能力。上述计算出来的 $Q_{计算}$ 为假设的 b、h 值相应的输水能力，一般不等于渠道的设计流量 Q，需要通过反复试算，反复修改 b、h 值，直至渠道计算流量等于或接近渠道设计流量为止。要求误差不超过 5%，即

$$\left|\frac{Q-Q_{计算}}{Q}\right|\leqslant 5\% \tag{3-28}$$

试算过程中，当计算流量与设计流量相差不大时，只需修改 h 值；当二者相差很大时，需要修改 b、h 值，再进行试算。

5）校核渠道流速。渠道的设计流速 v_d，应满足不冲不淤的校核条件，即

$$v_{cd}<v_d<v_{cs} \tag{3-29}$$

如果流速条件不满足，则需要改变渠道的底宽 b 值和渠道断面宽深比 β，重复上述计算步骤，直至既满足流量校核条件，又满足流速校核条件为止。

（2）水力最优梯形断面的水力计算。计算渠道的设计水深。由梯形渠道水力最优断面的宽深比公式［式（3-23）］和明渠均匀流流量计算公式［式（3-22）］推得水力最优断面的渠道水力要素计算公式。

$$h_0=1.189\left\{\frac{nQ}{[2(1+m^2)^{1/2}-m]\sqrt{i}}\right\}^{3/8} \tag{3-30}$$

$$b_0=2[(1+m^2)^{1/2}-m]h_0 \tag{3-31}$$

$$A_0=(b_0+mh_0)h_0 \tag{3-32}$$

$$\chi_0=b_0+2(1+m^2)^{1/2}h_0 \tag{3-33}$$

$$R_0=A_0/\chi_0 \tag{3-34}$$

$$V_0=Q/A_0 \tag{3-35}$$

式中　h_0——水力最优断面水深，m；

n——渠床糙率；

Q——渠道设计流量，m^3/s；

m——渠道内边坡系数；

i——渠底比降；

b_0——最优断面底宽，m；

A_0——水力最优断面的过水断面面积，m^2；

χ_0——水力最优断面湿周，m；

R_0——水力最优断面的水力半径，m；

V_0——水力最优断面流速，m/s。

（3）实用经济断面的水力计算。水力最优断面虽然过水断面小，但由于其断面比较窄深，对大型渠道并不适用。为克服最优水力断面的缺点，同时又使过水断面面积不会增加太多，因而提出一种比较宽浅的断面，这种断面称为实用经济断面。下面介绍该计算方法。

梯形渠道实用经济断面与水力最优断面的水力要素关系式为

$$\alpha=V_0/V=A/A_0=(R_0/R)^{2/3}=(A_0\chi/A\chi_0)^{2/3} \tag{3-36}$$

$$(h/h_0)^2-2a^{2.5}(h/h_0)+a=0 \tag{3-37}$$

$$\beta=b/h=[a/(h/h_0)^2][2(1+m^2)^{1/2}-m]-m \tag{3-38}$$

式中　α——水力最佳断面流速（或过水断面面积）与实用经济断面流速（或过水断面面积）的比值；

h——实用经济断面水深，m；

V——实用经济断面流速，m/s；

A——实用经济断面的过水断面面积，m^2；

χ——实用经济断面湿周，m；

R——实用经济断面的水力半径，m；

b——实用经济断面底宽，m；

β——实用经济断面底宽与水深的比值。

β 与 α、m、h/h_0 关系见表 3-15。

表 3-15　　β 与 α、m、h/h_0 关系

m \ α	1.00	1.01	1.02	1.03	1.04
h/h_0	1.000	0.823	0.761	0.717	0.683
0.00	2.000	2.985	3.525	4.005	4.453
0.25	1.562	2.453	2.942	3.378	3.792

续表

m \ α	1.00	1.01	1.02	1.03	1.04
$\frac{h}{h_0}$	1.000	0.823	0.761	0.717	0.683
0.50	1.236	2.091	2.559	2.997	3.374
0.75	1.000	1.862	2.334	2.755	3.155
1.00	0.829	1.729	2.222	2.662	3.080
1.25	0.702	1.662	2.189	2.658	3.104
1.50	0.606	1.642	2.211	2.717	3.198
1.75	0.532	1.654	2.270	2.818	3.340
2.00	0.472	1.689	2.357	2.951	3.516
2.25	0.425	1.741	2.463	3.106	3.717
2.50	0.386	1.806	2.584	3.278	3.938
2.75	0.353	1.880	2.717	3.463	4.172
3.00	0.325	1.961	2.859	3.658	4.418
3.25	0.301	2.049	3.007	3.861	4.673
3.50	0.281	2.141	3.162	4.070	4.934
3.75	0.263	2.232	3.320	4.285	5.202
4.00	0.247	2.337	3.483	4.504	5.474

计算步骤：

1）已知 Q、n、m、i，按式（3-30）计算 h_0 值。

2）按式（3-31）计算 b_0 值。

3）按式（3-32）～式（3-34）计算 A_0、χ_0、R_0 值。

4）按式（3-35）计算 V_0 值。

5）由表 3-15 查出与 α=1.00、1.01、1.02、1.03、1.04 相应的 h/h_0 值，以及与 α、m 相应的 β 值，并分别计算相应的 h 和 b 的值。

6）按式（3-36）分别计算与 a=1.00、1.01、1.02、1.03、1.04 相应的 V、A 和 R 值。

7）将以上 5 组 α、h/h_0、β、h、b、V、A、R 值列入表 3-16。

表 3-16　　实用经济断面水力要素计算表

α	h/h_0	β	h	b	V	A	R
(1)	(2)	(3)	(4)	(5)	(6)	(7)	(8)

8）根据表列数据绘制 $b=f(h)$ 和 $V=f(h)$ 渠道特性曲线。

9）根据渠段地形、地质等条件，由渠道特性曲线图上选定设计所需的 h、b、V 值。

10）计算与设计选定的 h、b 值相应的 A、χ、R 值。

3. 渠道过水断面以上部分的有关尺寸

（1）安全超高。为了防止风浪引起渠水漫溢，保证渠道安全运行，挖方渠道的渠岸和填方渠道的堤顶应高于渠道的加大水位，要求高出的数值称为渠道的安全超高。土渠通常按式（3-39）计算渠道的安全超高 F_b，但最小不宜小于 0.5m；石渠的安全超高可比相同条件下的土渠超高值稍小，但最小不宜小于 0.3m。从多泥沙河流取水的渠道，还应考虑渠底产生泥沙淤积的影响。

$$F_b=\frac{1}{4}h_b+0.2 \tag{3-39}$$

式中　F_b——渠道岸顶安全超高，m；

h_b——渠道通过加大流量时的水深，m。

（2）堤顶高程。挖方渠道的渠岸和填方渠道的堤顶高程，可由式（3-40）计算：

$$Z=Z_{渠底}+h_b+F_b \tag{3-40}$$

式中　Z——渠岸或堤顶的高程，m；

$Z_{渠底}$——渠底的高程，m；

其他符号意义同前。

（3）堤顶宽度。为了便于管理和保证渠道安全运行，挖方渠道的渠岸和填方渠道的堤顶应有一定的宽度，以满足交通和渠道稳定的需要。万亩以上灌区干、支渠岸顶宽度不应小于 2m，斗、农渠不宜小于 1m；万亩以下灌区可适当减小。渠岸或堤顶的宽度亦可按式（3-41）计算：

$$D=h_b+0.3 \tag{3-41}$$

式中　D——渠岸或堤顶宽度，m；

h_b——渠道的加大水深，m。

如果渠堤与主要交通道路结合，渠岸或堤顶的宽度应根据交通要求确定。

（二）U 形渠道设计

U 形断面接近水力最优断面，具有较大的输水输沙能力，占地较少，省工省料，整体性好，抵抗基土冻胀破坏的能力较强，因此 U 形断面受到普遍欢迎，在我国已广泛使用，有混凝土现场浇筑或者预制 U 形槽两种形式。

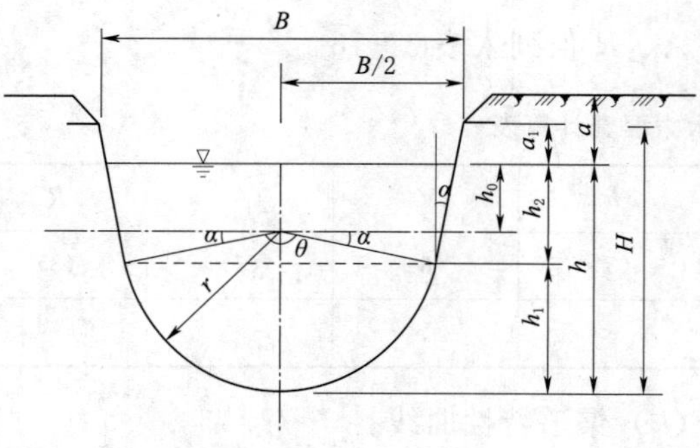

图 3-3　U 形断面

图 3-3 为 U 形断面示意图，下部为半圆形，上部为稍向外倾斜的直线段。直线段下切于半圆，外倾角 $\alpha=5°\sim20°$，随渠槽加深而增大。较大的 U 形渠道采用较宽浅的断面，深宽比 $H/B=0.65\sim0.75$，较小的 U 形渠道则宜窄深一点，深宽比 H/B 可增大至 1.0。

U 形渠道的衬砌超高 a_1 和渠堤超高 a（堤顶或岸边到加大水位的垂直距离）可参考表 3-17 确定。

表 3-17　　U 形渠道衬砌超高 a_1 和渠堤超高 a 值表

加大流量/(m^3/s)	<0.5	0.5～1.0	1.0～10	10～30
a_1/m	0.1～0.15	0.15～0.2	0.2～0.35	0.35～0.5
a/m	0.2～0.3	0.3～0.4	0.4～0.6	0.6～0.8

注　衬砌顶端以上土堤超高一般用 0.2～0.3m。

U 形渠道断面各部分尺寸间关系复杂，计算烦琐，为便于查用，将常用的小型混凝土 U 形断面的水力计算成果列于表 3-18 中，以供查用。

表 3-18　　混凝土 U 形渠道断面水力查算表

直径 d /cm	水深 h /cm	槽深 H /cm	不同比降 i 的流量 Q/(m^3/s)											混凝土衬砌厚度 /cm
			$\frac{1}{100}$	$\frac{1}{300}$	$\frac{1}{500}$	$\frac{1}{800}$	$\frac{1}{1000}$	$\frac{1}{1500}$	$\frac{1}{2000}$	$\frac{1}{2500}$	$\frac{1}{3000}$	$\frac{1}{4000}$	$\frac{1}{5000}$	
40	25	35	0.13	0.07	0.06	0.04	0.04	0.03	0.03	0.03	0.02	0.02	0.02	4
	30	40	0.17	0.10	0.08	0.06	0.05	0.04	0.04	0.03	0.03	0.03	0.02	
50	35	45	0.28	0.16	0.12	0.10	0.09	0.07	0.06	0.06	0.05	0.04	0.04	5
	40	50	0.34	0.20	0.15	0.12	0.11	0.09	0.08	0.07	0.06	0.05	0.05	
60	40	50	0.41	0.24	0.19	0.15	0.13	0.11	0.09	0.08	0.08	0.07	0.06	5
	45	55	0.50	0.29	0.22	0.18	0.16	0.13	0.11	0.10	0.09	0.08	0.07	
	50	60	0.59	0.34	0.26	0.21	0.19	0.15	0.13	0.12	0.11	0.10	0.08	
70	45	55	0.59	0.34	0.26	0.21	0.19	0.15	0.13	0.12	0.11	0.10	0.08	6
	50	60	0.70	0.40	0.31	0.25	0.22	0.18	0.16	0.14	0.13	0.11	0.10	
	55	65	0.81	0.70	0.36	0.29	0.26	0.21	0.18	0.16	0.15	0.13	0.12	
80	45	55	0.68	0.39	0.30	0.24	0.22	0.18	0.15	0.14	0.12	0.11	0.10	6
	50	60	0.81	0.47	0.36	0.29	0.26	0.21	0.18	0.16	0.15	0.13	0.11	
	55	65	0.94	0.59	0.42	0.33	0.30	0.24	0.21	0.19	0.17	0.15	0.13	
	60	70	1.08	0.62	0.48	0.38	0.34	0.28	0.24	0.22	0.20	0.17	0.15	
	65	75	1.23	0.71	0.55	0.43	0.39	0.32	0.27	0.25	0.22	0.19	0.17	
90	55	70	1.07	0.62	0.48	0.38	0.34	0.28	0.24	0.21	0.20	0.17	0.15	6
	60	75	1.23	0.71	0.55	0.44	0.39	0.32	0.28	0.25	0.22	0.20	0.17	
	65	80	1.40	0.81	0.63	0.49	0.44	0.36	0.31	0.28	0.26	0.22	0.20	
	70	85	1.57	0.91	0.70	0.56	0.50	0.41	0.35	0.31	0.29	0.25	0.22	
	75	90	1.75	1.01	0.78	0.62	0.55	0.45	0.39	0.35	0.32	0.28	0.25	
100	60	75	1.38	0.80	0.62	0.49	0.44	0.36	0.31	0.28	0.25	0.22	0.19	7
	65	80	1.57	0.90	0.70	0.55	0.50	0.40	0.35	0.31	0.29	0.25	0.22	
	70	85	1.76	1.02	0.79	0.62	0.56	0.46	0.39	0.35	0.32	0.28	0.25	
	75	90	1.97	1.14	0.88	0.70	0.62	0.51	0.44	0.39	0.36	0.31	0.28	
	80	95	2.18	1.26	0.98	0.77	0.69	0.56	0.49	0.44	0.40	0.35	0.31	

续表

直径 d/cm	水深 h/cm	槽深 H/cm	不同比降 i 的流量 $Q/(m^3/s)$											混凝土衬砌厚度/cm
			$\frac{1}{100}$	$\frac{1}{300}$	$\frac{1}{500}$	$\frac{1}{800}$	$\frac{1}{1000}$	$\frac{1}{1500}$	$\frac{1}{2000}$	$\frac{1}{2500}$	$\frac{1}{3000}$	$\frac{1}{4000}$	$\frac{1}{5000}$	
110	65	80	1.73	1.00	0.78	0.61	0.55	0.45	0.39	0.35	0.32	0.27	0.25	7
	70	85	1.95	1.13	0.87	0.69	0.62	0.51	0.44	0.39	0.36	0.31	0.28	
	75	90	2.19	1.26	0.98	0.77	0.69	0.56	0.49	0.44	0.40	0.35	0.31	
	80	95	2.42	1.40	1.08	0.86	0.77	0.63	0.54	0.48	0.44	0.38	0.34	
	85	100	2.67	1.54	1.19	0.94	0.84	0.69	0.60	0.53	0.49	0.42	0.38	
120	70	85	2.14	1.24	0.96	0.76	0.68	0.55	0.48	0.43	0.39	0.34	0.30	8
	75	90	2.48	1.38	1.07	0.85	0.76	0.62	0.54	0.48	0.44	0.38	0.34	
	80	95	2.66	1.54	1.19	0.94	0.84	0.69	0.60	0.53	0.49	0.42	0.38	
	85	100	2.99	1.69	1.31	1.04	0.93	0.76	0.66	0.59	0.54	0.46	0.41	
	91	105	3.21	1.85	1.44	1.14	1.02	0.83	0.72	0.64	0.59	0.51	0.45	
130	75	90	2.61	1.51	1.17	0.92	0.82	0.67	0.58	0.52	0.48	0.41	0.37	8
	80	95	2.90	1.67	1.30	1.03	0.92	0.75	0.65	0.58	0.53	0.46	0.41	
	85	100	3.20	1.85	1.43	1.13	1.01	0.83	0.72	0.64	0.58	0.51	0.45	
	90	105	3.50	2.02	1.57	1.24	1.11	0.91	0.78	0.70	0.64	0.55	0.50	
	95	110	3.82	2.21	1.71	1.35	1.21	0.99	0.85	0.76	0.70	0.60	0.54	
140	80	95	3.13	1.81	1.40	1.11	0.99	0.81	0.70	0.63	0.58	0.50	0.44	8
	85	100	3.46	2.00	1.55	1.22	1.09	0.89	0.77	0.69	0.63	0.55	0.49	
	90	105	3.79	2.19	1.70	1.34	1.20	0.98	0.85	0.76	0.69	0.60	0.54	
	95	110	4.14	2.39	1.85	1.46	1.31	1.07	0.93	0.83	0.76	0.66	0.59	
	100	115	4.49	2.60	2.01	1.59	1.42	1.16	1.01	0.90	0.82	0.71	0.64	

注　此表适用范围为 $r=20\sim70\text{cm}$，$i=\frac{1}{100}\sim\frac{1}{5000}$，$\alpha=8.5°$，$n=0.015$，常用的小型混凝土U形渠道。

（三）横断面结构形式

由于渠道过水断面和渠道沿线地面的相对位置不同，渠道断面有挖方断面、填方断面和半挖半填断面三种形式，其结构各不相同。

1. 挖方渠道断面结构

挖方渠道横断面结构示意图如图3-4所示。

对于挖方渠道，为了防止坡面径流的侵蚀、渠坡坍塌以及便于施工和管理，除正确选择边坡系数外，当渠道挖深大于5m时，应每隔3～5m高度设置一级平台。第一级平台的高程和渠岸（顶）高程相同，平台宽度为1～2m。若平台兼作道路，则按道路标准确定平台宽度。在平台内侧应设置集水沟，汇集坡面径流，并使之经过沉沙井和陡槽集中进入渠道。挖深大于10m时，不仅施工困难，边坡也不易稳定，应改用隧洞等。第一级平台以上的渠坡根据干土的抗剪强度而定，可尽量陡一些。

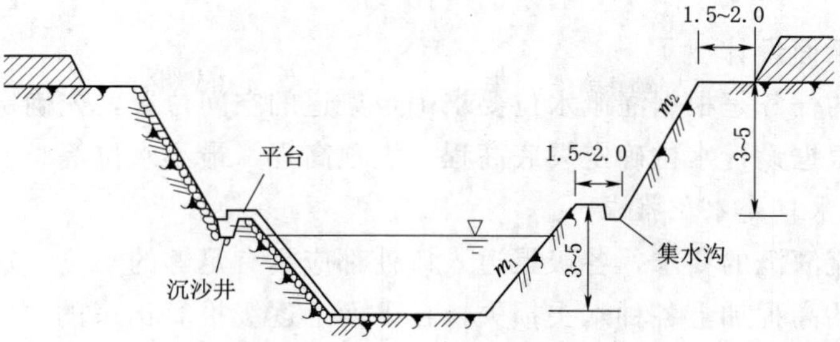

图 3-4　挖方渠道横断面结构示意图（单位：m）

2. 填方渠道断面结构

填方渠道断面结构示意图如图 3-5 所示。

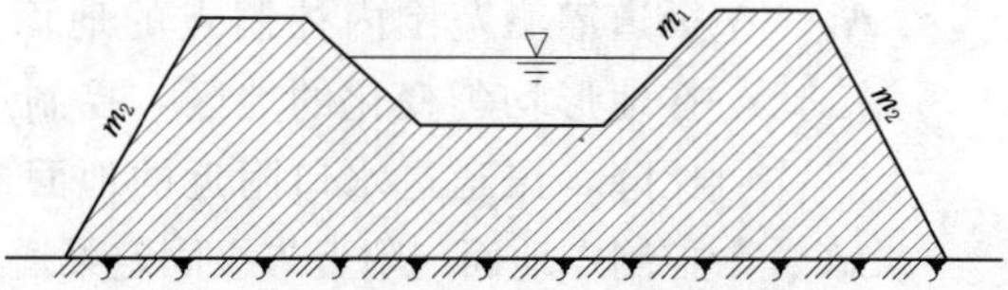

图 3-5　填方渠道横断面结构示意图

填方渠道易于溃决和滑坡，要认真选择内、外边坡系数。填方高度大于 3m 时，应通过稳定分析确定边坡系数，有时需在外坡脚处设置排水的滤体。填方高度很大时，需在外坡设置平台。位于不透水层上的填方渠道，当填方高度大于 5m 或高于 2 倍设计水深时，一般应在渠堤内加设纵、横排水槽。填方渠道会发生沉陷，施工时应预留沉陷高度，一般增加设计填高的 10%。在渠底高程处，堤宽应等于 $(5\sim10)h$（h 为渠道水深)，根据土壤的透水性能而定。

3. 半挖半填渠道断面结构

半挖半填渠道的挖方部分可为筑堤提供土料，而填方部分则为挖方弃土提供场所。农渠及其以下的田间渠道，为使灌水方便，应尽量采用半挖半填断面或填方断面。

当挖方量等于填方量时，工程费用最少。挖填土方相等时的挖方深度 x 可按式（3-42）计算：

$$(b+m_1x)x=(1.1\sim1.3)2a\left(d+\frac{m_1+m_2}{2}a\right) \tag{3-42}$$

式中符号的意义如图 3-6 所示。系数 1.1～1.3 是考虑土体沉陷而增加的填方量，沙质土取 1.1，壤土取 1.15，黏土取 1.2，黄土取 1.3。

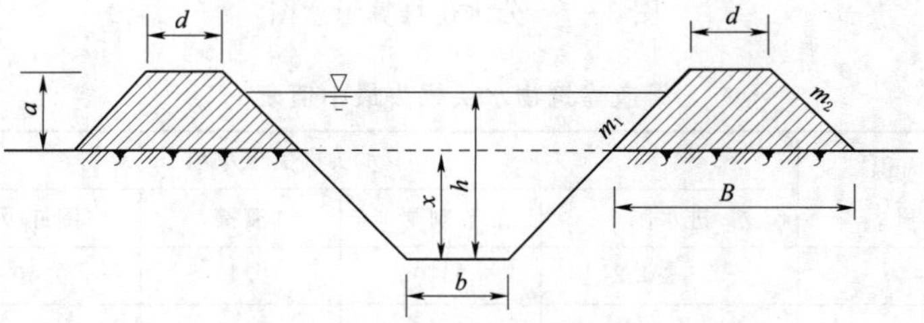

图 3-6　半挖半填渠道横断面结构示意图

为了保证渠道的安全稳定，半挖半填渠道堤底的宽度 B 应满足以下条件：

$$B \geqslant (5 \sim 10)(h - x) \tag{3-43}$$

二、渠道纵断面设计

纵断面设计的任务是根据灌溉水位要求确定渠道的空间位置，先确定不同桩号处的设计水位高程，再根据设计水位确定渠底高程、堤顶高程、最小水位等。

（一）渠道进水口处水位推求

为了满足自流灌溉的要求，各级渠道入口处都应具有足够的水位。这个水位是根据灌溉面积上控制点的高程加上各种水头损失，自下而上逐级推算出来的（图 3-7）。水位公式如下：

$$H_{进} = A_0 + \Delta h + \sum_{i=1}^{n} L_i i_i + \sum_{i=1}^{n} \psi_i \tag{3-44}$$

式中　$H_{进}$——渠道进水口处的设计水位，m；

A_0——渠道灌溉范围内控制点的地面高程，m，控制点是指较难灌到水的地面，在地形均匀变化的地区，控制点选择的原则是：如沿渠地面坡度大于渠道比降，渠道进水口附近的地面最难控制，反之，渠尾地面最难控制；

Δh——控制点地面与附近末级固定渠道设计水位的高差，m，一般取 0.1～0.2m；

L_i——渠道的长度，m；

i_i——渠道的比降；

ψ_i——水流通过渠系建筑物的水头损失，m，可参考表 3-19 所列数值选用。

式（3-44）可用来推算任意一条渠道进水口处的设计水位，推算不同渠道进水口设计水位时所用的控制点不一定相同，要在各条渠道控制的灌溉面积范围内选择相应的控制点。

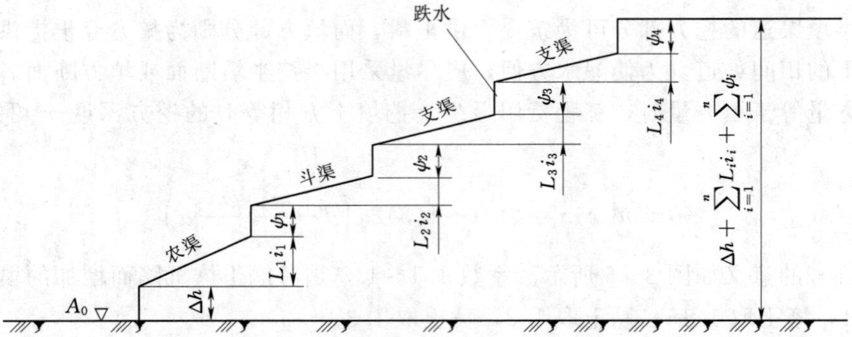

图 3-7　分水位推算示意图

表 3-19　　　　渠道建筑物水头损失最小值表

渠别	控制面积/万亩	水头损失最小值/m				
		进水闸	节制闸	渡槽	倒虹吸	公路桥
干渠	10～40	0.1～0.2	0.10	0.15	0.40	0.05
支渠	1～6	0.1～0.2	0.07	0.07	0.30	0.03
斗渠	0.3～0.4	0.05～0.15	0.05	0.05	0.20	0
农渠		0.05				

（二）干渠水位的确定

干渠水位应满足各支渠自流引水对水位的要求，它受渠道水位、渠道比降、渠线布置、灌区地形、面积、工程量等多种因素影响，应采取多方案比较慎重确定。

若一条干渠上有4条支渠，当各支渠分水口要求的水位 H_1、H_2、H_3 和 H_4 确定以后，便可结合水源水位、干渠沿线地形和土壤条件等分析确定干渠的比降和水位线，如图3-8所示。

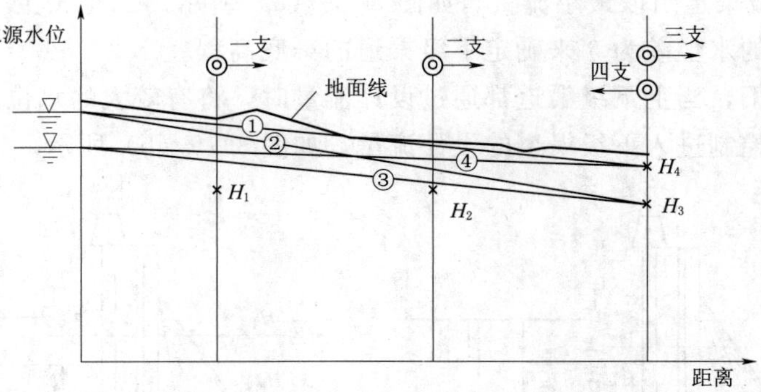

图3-8 干渠设计水位线分析确定示意图

为了满足各支渠分水口的水位要求，当水源水位足够高时，可采用线①方案。若线①工程量太大，地形和土壤条件又允许加大干渠比降，四支渠的局部高地也允许不自流灌溉时，可改用线②。若水源水位不足，有两个方案：一是把干渠水位线降至线③，四支渠的局部高地采用修建节制闸抬高水位或提灌解决；二是当四支渠要求的水位必须满足时，可采用线④方案，这时干渠比降变缓，工程量增加。

（三）渠道断面设计中的水位衔接

在渠道设计中，常遇到建筑物引起的局部水头损失和渠道分水口处上、下级渠道水位要求不同，以及上、下游不同渠段间水位不一致等问题，必须给予正确处理。

1. 不同渠段间的水位衔接

由于渠段沿途分水，渠道流量逐段减小，渠道过水断面亦随之减少，为了使水位衔接，可以改变水深或底宽。衔接位置一般结合配水枢纽或交叉建筑物布置，并修建足够的渐变段，保证水流平顺过渡。当水源位置较低，既不能降低下游的设计水位，也不能抬高上游的设计水位时，不得不用抬高下游渠底高程的办法维持设计水位，为了减少不利影响，下游渠底升高的高度不应大于15～20cm。

2. 建筑物前后的水位衔接

渠道上的交叉建筑物（渡槽、隧洞、倒虹吸管等）一般都有阻水作用，会产生水头损失，在渠道纵断面设计时，必须予以充分考虑。若建筑物较短，可将进、出口的局部水头损失和沿程水头损失累加起来（通常采用经验数值），在建筑物的中心位置集中扣除；若建筑物较长，则应按建筑的位置和长度分别扣除其进、出口的局部水头损失和沿程水头损失。

跌水上下游水位相差较大，由下落的弧形水舌光滑连接。但在纵断面图上可以简化，只画出上下游渠段的渠底和水位，在跌水所在位置处用垂线连接。

3. 上下级渠道的水位衔接

渠道分水口处的水位衔接有两种处理方案：一是按上下级渠道均通过设计流量，依上级渠道的设计水位 $H_{设}$ 减去过闸水头损失 δ 来确定下级渠道分水口处的水位 $h_{设}$ 和渠底高程。这种情况下，当上级渠道通过最小流量时，其相应的水位 $H_{最小}$ 就可能满足不了下级渠道引水要求的水位 $h_{最小}$，这时需修建节制闸，抬高上级渠道的水位 H_0，使闸前后水位差为 δ，以使下级渠道引取最小流量，如图 3－9（a）所示。二是按上下级渠道均通过最小流量，闸前后的水位差为 δ 来确定下级渠道的渠底高程。

在这种情况下，当上下级渠道都通过设计流量时，将有较大的水位差 ΔH，需用分水闸的不同开度来控制进入下级渠道的设计流量，如图 3－9（b）所示。

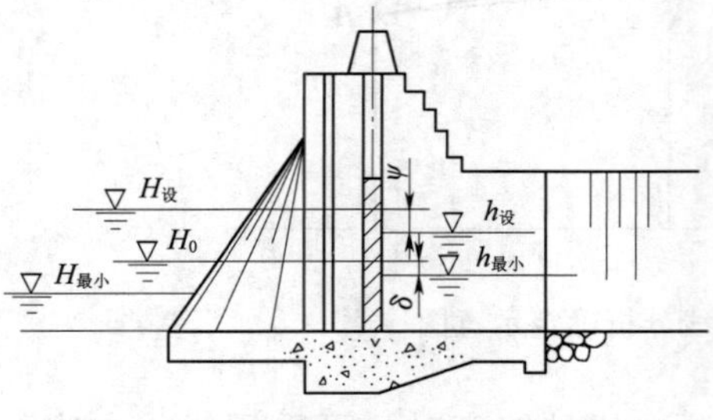

（a）上下级渠道通过相应的设计流量

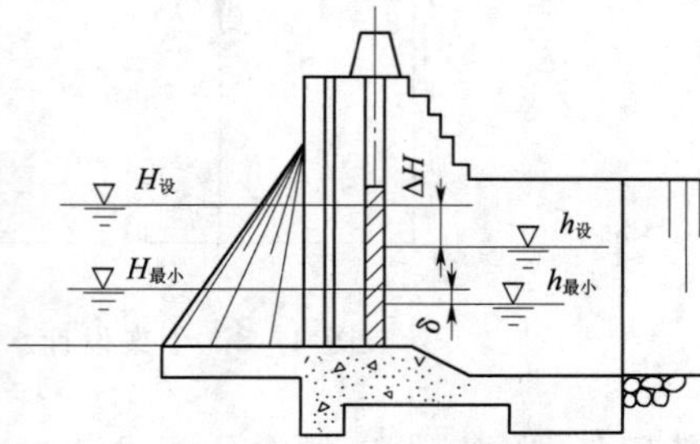

（b）上下级渠道通过相应的最小流量

图 3－9　分水闸前后水位衔接示意图

（四）渠道纵断面图的绘制

渠道纵断面图是渠道纵断面设计成果的具体体现和集中反映，主要包括沿渠地面高程线、渠道设计水位线、渠道最小水位线、渠底高程线、堤顶高程线以及分水口和渠道建筑物的位置与形式等内容，如图 3－10 所示，绘制步骤如下：

（1）选择比例尺，建立坐标系。在方格纸上建立直角坐标系，横坐标表示距离，纵坐标表示高程；高程比例尺视地形高差大小而定，一般设计中，采用 1∶100 或 1∶200；距离比例尺视渠道长度而定，一般设计中采用 1∶5000 或 1∶10000。

（2）绘制地面高程线。根据渠道沿线各点的桩号和地面工程，点绘地面高程线。

（3）绘制渠道设计水位线。参照水源或上一级渠道的设计水位、沿渠地面坡度、各分水点的水位要求和渠道建筑物的水头损失，确定渠道的设计比降，绘出渠道的设计水位线。绘制纵断面图时所确定的渠道设计比降应和横断面水力计算时所用的渠道比降一致，当二者相差较大，难以采用横断面水力计算所用比降时，应以纵断面图上的设计比降为准，重新设计横断面尺寸。所以，渠道的纵断面设计和横断面设计要交错进行，互为依据。

（4）绘制渠底高程线、最小水位线和堤顶高程线。从设计水位线向下，以设计水深为间距，作设计水位线的平行线，即为渠底高程线。从渠底高程线向上，分别以最小水深和加大水深与安全超高之和为间距，作渠底线的平行线，即为最小水位线和堤顶高程线。

（5）标出建筑物位置和形式。根据需要确定出建筑物的位置和形式，按图例在纵断面上标出。

（6）标注桩号和高程。在渠道纵断面的下方画一表格（图 3-10），把分水口和建筑物所在位置的桩号、地面高程线突变的桩号和高程、设计水位线和渠底高程线突变处的桩号和高程以及相应的最低水位和堤顶高程，标注在表格内相应的位置上。桩号和高程必须写在表示该点位置的竖线的左侧，并应侧向写出。在高程突变处，要在竖线左、右两侧分别写出高、低两个高程。

（7）标注挖深和填高。沿渠各桩号的挖深和填高数可由下面的关系式得到，即

挖方深度＝地面高程－渠底高程

填方高度＝堤顶高程－地面高程

（8）标注渠道比降。在标注桩号和高程的表格底部，标出各渠段的比降。

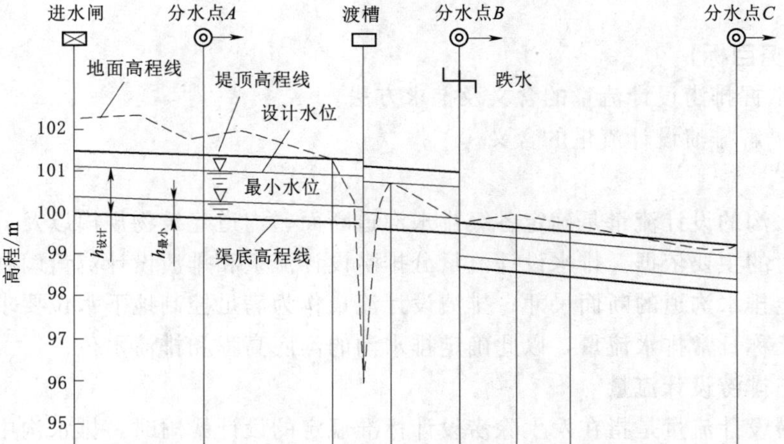

桩号	0+000	1+000	8+000	9+800	12+000	14+000	15+300	20+000
地面高程								
设计水位								
最低水位								
堤顶高程								
渠底高程								
挖方深度								
填方深度								
比降								

图 3-10　渠道纵断面设计

【知识训练】

Ⓣ

3.5　项目三
任务二
知识训练

【技能训练】

3.6　项目三
任务二
技能训练

任务三　排水沟道流量设计

【任务目标】

1. 掌握排涝设计流量的含义及推求方法。
2. 了解排渍设计流量的含义。

排水沟的设计流量是确定各级排水沟道断面、沟道建筑物规模以及分析现有排水设施排水能力的主要依据。排水设计流量分排涝设计流量和排渍设计流量两种。排涝设计流量用以确定排水沟道的断面尺寸；排渍设计流量作为满足控制地下水位要求的地下水排水流量时，又称日常排水流量，以此确定排水沟的沟底高程和排渍水位。

一、排涝设计流量

排涝设计流量是指在发生除涝设计标准规定的设计暴雨时，排水沟中应通过的最大流量，它是由设计排涝标准和排水沟控制面积的大小决定的。确定排涝设计流量时，应首先确定设计排涝标准。设计排涝标准已在前面章节中有所介绍，下面介绍排涝设计流量的推求方法。

排涝设计流量可用实测的流量资料或暴雨资料推求。在生产实践中，因水文站较少，长系列流量资料缺少，同时流量资料受人类活动的影响较大，因此采用流量资料推求排涝设计流量比较困难。而一般雨量站数量较多，雨量资料容易取得，且不受人类活动的影响，所以排涝设计流量一般多采用暴雨资料进行推求。常用的计算方法有经验公式法和平均排除法。

1. 经验公式法

单位排涝面积上的最大排涝流量称为排涝模数 q。

在计算排涝设计流量时，一般是先求得排涝设计标准下的排涝模数，然后再乘以排水沟控制断面以上的排涝面积 A，就可以求得该排水沟控制的排涝设计流量 Q，即

$$Q=qA \tag{3-45}$$

式中　q——设计排涝模数，$m^3/(s \cdot km^2)$；

A——设计控制的排涝面积，km^2。

由式（3-45）可以看出，排涝模数是排水系统设计的重要数据。

影响排涝模数的因素很多，主要有设计暴雨、流域形状、排涝面积、地形坡度、地面覆盖、作物组成、土壤性质、地下水埋深、排水沟网密度与比降以及湖塘调蓄能力等，应

通过当地或邻近类似地区的实测资料分析确定。在生产实践中，多采用分析暴雨径流资料，建立设计净雨深、流域面积和排涝模数之间的经验关系，总结出排涝模数的经验公式。山丘区排涝模数计算可参考《农田排水工程技术规范》(SL 4—2020)，限于篇幅，这里仅介绍平原区的排涝模数。

平原区排涝模数经验公式为

$$q = KR^m A^n \tag{3-46}$$

式中　q——设计排涝模数，$m^3/(s \cdot km^2)$；

K——综合系数（反映沟网配套程度、排水沟坡度、降雨历时及流域形状等因素），经实地测验确定；

R——设计暴雨的径流深度，mm；

A——设计控制的排水面积，km^2；

m——峰量指数（反映暴雨径流洪峰与洪量关系）；

n——递减指数（反映排涝模数与面积关系）。

式（3-46）比较全面地考虑了影响排涝模数的各种主要因素，是排涝模数的通用表达式，因经验公式法计算方便快捷准确，故应用广泛。采用经验公式法计算排涝模数的关键是合理确定有关参数。式（3-46）中峰量指数 m、综合系数 K 和递减指数 n，都可以根据当地的除涝标准，从各地水文手册中查找选用。部分地区排涝模数经验公式中的参数见表 3-20。

表 3-20　部分地区排涝模数经验公式中的参数的参考值

<table>
<tr><th colspan="3">地　区</th><th>适用排水面积/km²</th><th>K</th><th>m</th><th>n</th><th>设计暴雨历时/d</th></tr>
<tr><td colspan="3">安徽省淮北平原地区</td><td>500～5000</td><td>0.026</td><td>1.00</td><td>−0.25</td><td>3</td></tr>
<tr><td colspan="3">河南省豫东及颍河平原区</td><td></td><td>0.030</td><td>1.00</td><td>−0.25</td><td>1</td></tr>
<tr><td rowspan="3">山东省</td><td colspan="2">徒骇河地区</td><td></td><td>0.034</td><td>1.00</td><td>−0.25</td><td></td></tr>
<tr><td rowspan="2">沂沭泗地区</td><td>湖西地区</td><td>2000～7000</td><td>0.031</td><td>1.00</td><td>−0.25</td><td>3</td></tr>
<tr><td>邳苍地区</td><td>100～500</td><td>0.031</td><td>1.00</td><td>−0.25</td><td>1</td></tr>
<tr><td rowspan="3">河北省</td><td colspan="2" rowspan="2">黑龙港地区</td><td>>1500</td><td>0.058</td><td>0.92</td><td>−0.33</td><td>3</td></tr>
<tr><td>200～1500</td><td>0.032</td><td>0.92</td><td>−0.25</td><td>3</td></tr>
<tr><td colspan="2">平原区</td><td>30～1000</td><td>0.040</td><td>0.92</td><td>−0.33</td><td>3</td></tr>
<tr><td colspan="3">辽宁省中部平原区</td><td>50</td><td>0.0127</td><td>0.93</td><td>−0.176</td><td>3</td></tr>
<tr><td colspan="3">山西省太原平原区</td><td></td><td>0.031</td><td>0.82</td><td>−0.25</td><td></td></tr>
<tr><td colspan="3" rowspan="3">江苏省苏北平原</td><td>10～100</td><td>0.0256</td><td>1.00</td><td>−0.18</td><td>3</td></tr>
<tr><td>100～600</td><td>0.0335</td><td>1.00</td><td>−0.24</td><td>3</td></tr>
<tr><td>600～6000</td><td>0.0490</td><td>1.00</td><td>−0.35</td><td>3</td></tr>
<tr><td colspan="3" rowspan="2">湖北省平原湖区</td><td>≤500</td><td>0.0135</td><td>1.00</td><td>−0.201</td><td>3</td></tr>
<tr><td>>500</td><td>0.0170</td><td>1.00</td><td>−0.238</td><td>3</td></tr>
</table>

(1) 设计暴雨 P。可用工程水文学中介绍的方法进行推求。一般是先求得设计标准下的暴雨 P，再根据设计暴雨推求径流深 R。设计暴雨包括设计降雨历时、降雨强度和雨量

分布等，对排水沟起控制作用的暴雨是形成洪峰的短历时暴雨，故应选择短历时暴雨作为设计暴雨。而设计降雨历时、设计暴雨量的大小及其分布均与排涝面积的大小有关。根据华北地区实测资料分析，100～500km^2的排水面积，洪峰流量主要由1d暴雨形成；500～5000km^2的排涝面积，洪峰流量主要由3d暴雨形成。所以，在上述两种排水面积上推求排涝设计流量时，应分别选择1d或3d作为设计暴雨历时。此外，由于水田对降雨具有一定的调蓄作用，设计降雨历时可长些。对于降雨量，当排涝面积较小时，如$A \leqslant 100km^2$，这时暴雨的成因比较一致，一般可用点雨量代表面雨量进行计算；当排涝面积较大时，由于降雨量分布不匀，排涝面积上的平均面雨量和点雨量的差别较大，故不能用点雨量代替面雨量，而应用点面关系换算系数把点雨量换算成面雨量，然后计算。

设计暴雨可用典型年法、频率法和定雨量法进行推求。典型年法是采用排涝地区实际发生的涝灾较为严重的某个年份作为典型年，以这一年中某次最大暴雨作为设计暴雨。对整个排水地区来说，该次暴雨的实际平均面雨量即为设计面雨量；对排水区内各支流而言，需要将暴雨中心移到该支流的控制面积内。典型年法的优点是除涝标准的概念比较明确，设计暴雨不受资料系列长短的影响，计算比较简便；缺点是具有代表性的典型年不易选定，且频率大小不够明确。

频率法根据资料占有情况一般有两种计算方法：一种是当排水区内有足够多的、分布比较均匀的测站和较长的同步降雨资料时，用各年最大的一次平均面雨量进行频率计算，求出设计标准的暴雨量。此法较为合理，但常受到测站分布和资料系列的限制，一般在流域面积较大的骨干排水沟道设计中采用。另一种是利用流域内某一水文站的各年最大一次点雨量或流域内各水文站最大平均点雨量进行频率计算，求出设计标准的点雨量，再用点雨量换算系数求出设计面雨量。表3-21为淮北地区不同除涝标准的排涝面积与3d设计暴雨量关系，以供参考。

表3-21　　淮北地区不同除涝标准的3d设计暴雨（mm）与排涝面积关系

排涝面积/km^2 除涝标准	100	500	1000	2000	3000	4000	5000
3年一遇	135	130	126	121	118	115	113
5年一遇	167	157	152	145	140	136	134
10年一遇	207	195	185	174	166	161	158
20年一遇	248	232	219	204	195	189	184

定雨量法是根据排涝地区的雨涝灾情统计分析，选定某一点雨量作为设计雨量，在通过点面雨量折减系数，推求设计面雨量。

暴雨过程是统计分析历年相应于设计暴雨的降雨时程分配过程，从中选出概率大，且对工程不利的暴雨过程作为设计暴雨过程。

(2) 设计净雨深（径流量）R。求得设计暴雨量后，便可进一步计算设计净雨深。影响设计净雨深的主要因素有暴雨量、土壤含水量和地下水埋深等。推求设计净雨深的方法有降雨径流相关法和暴雨扣损法两种。水田区的设计净雨深常用暴雨扣损法计算，计算公式为

$$R = P - h_1 - F - E \tag{3-47}$$

式中 R——设计净雨深，mm；

P——设计暴雨量，mm；

h_1——稻田的滞蓄水深，mm，与暴雨发生时间、水稻的类别和品种、生长期及耐淹历时有关。根据当地试验和调查资料确定，一般采用水稻允许淹水深与降雨前田面水深的差值；

F——设计排涝历时 T 内的稻田渗漏量，mm，$F=KT$，K 为渗漏强度，mm/d，见表 3-22；

E——设计排涝历时 T 内的稻田腾发量，mm，见作物需水量章节。

表 3-22　　渗漏强度 K 值

土质	沙土、重沙壤土	中粉质壤土	中壤土	沙（粉）质黏土	黏土
K/(mm/d)	5～8	3.5～5	2.5～3.5	1.5～2.5	0.8～1.5

旱作区的设计净雨深一般采用以前期影响雨量 P_a 为参数的降雨径流相关图，即 $(P+P_a)-R$ 关系曲线进行计算。前期影响雨量 P_a 是反映排水区发生暴雨之前土壤的干湿情况，对次降雨径流深的值有影响，各地的水文图集中均有关于 P_a 的计算方法。如淮北平原地区，除涝标准为 3～5 年一遇，前期影响雨量采用 $P_a=45$mm；10～20 年一遇采用 $P_a=55$mm，次降雨径流关系见表 3-23。

对于小汇水面积上的径流深，可用设计暴雨 P 乘以径流系数 α，即 $R=\alpha P$ 求得。江苏省太湖流域的 $P-\alpha$ 值见表 3-24。

表 3-23　　淮北平原地区次降雨径流净雨深 R　　单位：mm

$P+P_a$ / 除涝标准	50	75	100	125	150	175	200	225	250	275	300
沿淮各支流区	12.0	19.8	28.9	40.7	56.0	74.0	95.0	120.0	145.0	170.0	195.0
泉河沈丘以上	12.0	18.0	25.5	36.0	50.0	68.0	87.6	110.0	135.0	160.0	185.0
浍河临渔黄口以上	8.0	13.2	21.0	31.0	45.0	61.2	80.5	102.0	125.0	150.0	175.0
黑茨河省界以上	5.5	10.2	16.5	26.9	40.0	55.5	73.0	93.0	116.0	140.0	165.0
王引河省界以上	5.5	10.0	15.7	25.5	37.5	52.5	69.5	89.5	111.5	135.0	160.0
沱河永城以上	5.0	9.0	15.0	24.3	35.8	49.5	66.0	86.0	107.5	131.0	155.0
惠济河、涡河省界以上	5.0	8.5	14.0	21.0	31.5	45.0	59.0	76.0	96.0	117.0	140.0

表 3-24　　江苏省太湖流域 $P-\alpha$ 关系表

P/mm	60	70	80	100	120	140	200	250
α	0.37	0.43	0.45	0.50	0.53	0.55	0.59	0.66

排水区的面积可以从地形图中量得，因此根据有关实测资料一经求得 R、K、m、n 等值后，该排水区的排水模数计算公式便已确定。由于有关系数和指数是根据实测资料进行分析确定的，所以求得的公式是经验公式。一般适用于汇水面积较大的除涝排水沟的流量计算。

2. 平均排除法

平均排除法也是计算排涝流量的一种常用方法，适用于平原地区排水面积在 $10km^2$ 以下的排水沟道。平均排除法要求排水沟道将所控制排水面积内的设计径流深在规定的排水时间内排出，从而推求出排涝模数，并以此作为排水沟设计排涝流量的计算依据。

(1) 旱地排涝模数平均排除法计算公式为

$$q_d=\frac{R}{86.4T} \tag{3-48}$$

式中　q_d——旱地设计排涝模数，$m^3/(s\cdot km^2)$；

T——排涝历时，d，可采用旱作物的耐淹历时。

(2) 水田排涝模数平均排除法计算公式为

$$q_w=\frac{P-h_w-E_w-F}{86.4T} \tag{3-49}$$

式中　q_w——水田设计排涝模数，$m^3/(s\cdot km^2)$；

P——历时为 T 的设计暴雨量，mm；

h_w——水田滞蓄水深，mm；

E_w——历时为 T 的水田腾发总量，mm；

F——历时为 T 的水田渗漏总量，mm；

T——排涝历时，d，可采用水稻的耐淹历时。

(3) 旱地和水田的综合排涝模数计算公式为

$$q_p=\frac{q_dA_d+q_wA_w}{A_d+A_w} \tag{3-50}$$

式中　q_p——综合设计排涝模数，$m^3/(s\cdot km^2)$；

A_d——设计排涝面积中的旱地面积，km^2；

A_w——设计排涝面积中的水田面积，km^2；

其他符号意义同前。

(4) 圩（垸）区排涝模数计算公式为

$$q_1=\frac{PA-(h_w+E_w+S)A_w-h_fA_f-(h_g+E)A_g-(h_z+E)A_z}{3.6T\tau A} \tag{3-51}$$

式中　A_f——非耕地及旱地的面积，km^2；

h_f——非耕地及旱地的土壤渗蓄水量，mm；

A_g——河网、沟塘的水面面积，km^2；

h_g——河网、沟塘的滞蓄水深，mm；

E——排涝历时为 t 的水面蒸发总量，mm；

A_z——圩（垸）区内湖泊死水位至正常蓄涝水位之间的平均水面面积，km^2，一般要求为排涝面积的 5%～10%，无湖泊调蓄时应取 $A_z=0$；

h_z——圩（垸）区内湖泊死水位至正常蓄涝水位（应低于地面 0.2～0.3m）之间的水深，mm，一般要求为 1～2m；

τ——向外河或湖泊抽水排水时的水泵日平均工作小时数，h/d，若为自流排水时应为向外河或湖泊开闸排水的小时数，则取 $\tau=24h/d$；

其他符号意义同前。

二、排渍设计流量

排渍流量是指非降雨期间为控制地下水位而经常排泄的地下水流量，又称日常流量。它不是降雨期间或降雨后某一时期的地下水高峰排水流量，而是一个经常性的比较稳定的较小数值。

单位面积上的排渍流量称为地下水排水模数或排渍模数，单位为 $m^3/(s \cdot km^2)$。排渍模数乘以排水沟控制面积，即可得到排水沟的排渍流量。

地下水排水模数的值与当地的气象条件（降雨、蒸发）、土质条件、水文地质条件和排水沟的密度等因素有关。由于各因素之间的关系复杂，难以进行理论分析，给出计算公式，而是根据实测资料分析确定。根据某些地区资料，设计排渍模数见表 3-25。在降雨持续时间长、土壤透水性强、排水沟网较密的地区，排渍模数可选较大值。

表 3-25　　各种土质设计排渍模数

土　　质	轻沙壤土	中壤土	重壤、黏土
设计排渍模数/[$m^3/(s \cdot km^2)$]	0.03～0.04	0.02～0.05	0.01～0.02

盐碱土改良地区，由于冲洗而产生的地下水排水模数，其值一般较大，表 3-26 为山东省打渔张灌区在冲洗盐碱时实测的地下水排水模数。预防土壤次生盐碱化地区的强烈返盐季节，当地下水位控制在临界深度以下时，地下水排水模数一般较小。

表 3-26　　冲洗盐碱情况下实测排渍模数

末级排水沟规格		排水沟密度/(m/亩)	排渍模数/[$m^3/(s \cdot km^2)$]
沟距/m	沟深/m		
110	0.7	29.00	0.103
150	1.0	8.43	0.052
150	1.0	4.23	0.021

【知识训练】

3.7　项目三
任务三
知识训练

【技能训练】

3.8　项目三
任务三
技能训练

任务四　排水沟纵横断面设计

【任务目标】

1. 了解排水沟的特征水位。

2. 掌握排水沟横断面设计方法。

3. 掌握排水沟纵断面设计方法。

一、排水沟的设计水位

排水沟道的设计必须满足两个条件：第一，在发生内涝的情况下，排水沟道能够将地面径流顺利地排入容泄区，此时排水沟道需要足够高的水位；第二，在正常情况下，排水沟道能够将排水区地下水位控制到一定的埋藏深度，此时要求排水沟具有相当低的水位。

排水沟道的设计水位包括排渍设计水位（日常水位）和排涝设计水位（最高设计水位），分别与排渍设计流量和排涝设计流量相对应，是排水沟道设计的重要内容和基本依据。

1. 排渍水位（日常水位）

排水沟通过排渍流量时沟道中需要经常维持的水位称为排渍水位，又称日常水位。排渍水位通常根据作物防渍、防止土壤盐碱化或通航等各方面的要求综合确定。

为了防止土壤过湿，地下水埋藏深度要求为0.9～1.2m。为使作物生长阶段地下水位控制在要求的最小埋深，末级固定沟道（一般为农沟）的排渍水位距地面的深度$D_{农}$应大于允许的地下水位埋藏深度0.2～0.3m，排渍水位以下的沟道断面要保证通过排渍流量，如图3-11所示。

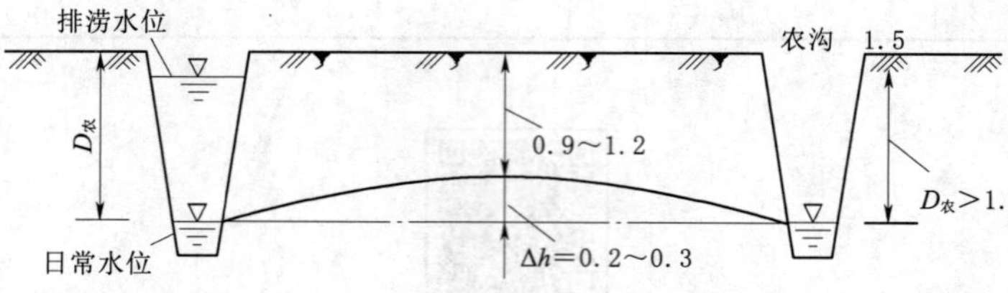

图3-11　农沟的排渍水位与排涝水位（单位：m）

为了保证水流畅通，不产生壅水现象，各级排水沟道需要保持一定的比降，并且预留通过建筑物的局部水头损失，故斗、支、干沟的水位将逐级降低。根据控制点地面高程、农沟排渍水位、各级沟道的水面比降和各种局部水头损失，逐级进行推算，可得到各级排水沟道的排渍水位，如图3-12所示，计算公式为

$$H_{日常}=A_0-D_{农}-\sum Li-\sum \Delta Z \tag{3-52}$$

式中　$H_{日常}$——某级排水沟沟口处的日常水位，m；

A_0——排水沟控制范围内距排水口最远处低洼处的地面高程，m；

$D_{农}$——农沟排渍水位至地面的高度，m；

L——各级排水沟道的计算长度，m；

i——各级排水沟道的水面比降；

ΔZ——各级排水沟道中的局部水头损失，m，一般过闸取 0.05～0.10m，上、下级排水沟道衔接处的水位落差取 0.1～0.2m。

排水沟水位推算时，根据排水区的地形特点，选择几个具有代表性的地面高程点，如距排水沟口较远的点、地势低洼的点等，分别计算出要求的水位，取其中最低者作为设计排渍水位。在设计干沟时，可先求出支沟的要求水位，再绘制干沟纵横断面图定出干沟的设计水位线。

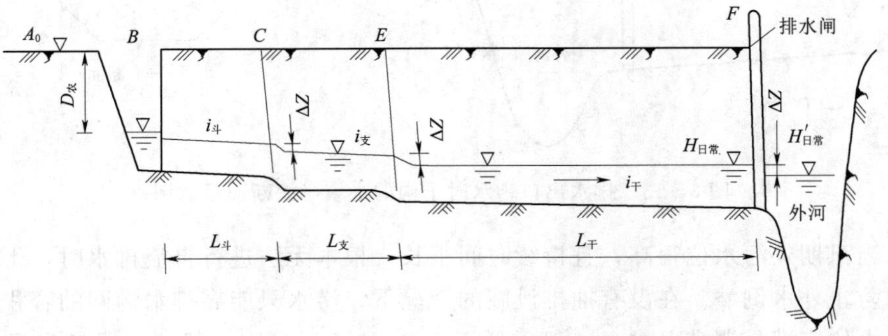

图 3-12　各级排水沟道排渍水位衔接示意图

在自流排水区，按式（3-52）推算的干沟沟口排渍水位应高于外河的平均枯水位，至少应与之持平。否则，要适当减少各级沟道的比降，重新进行计算。对经常受外河水位顶托，无自排条件的地区，应采用抽排，使各级排水沟道经常维持在排渍水位，以满足控制地下水位和保留滞蓄容积的要求。为了减少抽水扬程，各级沟道应采用较小的比降。

2. 排涝水位（最高设计水位）

排涝水位是指排水沟通过设计排涝流量时的沟中水位。当排水沟有滞涝任务时，也可将满足滞蓄要求的沟中水位作为排涝水位。

排涝水位应根据沟道比降及水位衔接处的水头损失等，综合考虑沟道沿线地面高程和容泄区水位，从田间到容泄区逐级进行推算。为了节省工程投资，在满足排涝要求的条件下，应尽可能降低工程造价，同时，为了降低运行成本，减少管理费用，推求排涝水位时应尽量争取自流排水。

汛期的外河（容泄区）水位的高低是确定排涝水位的重要依据，外河设计水位可选用排涝期间的平均高水位或根据排水区防洪规划的要求确定。排涝水位可根据外河洪水位的高低和排涝区内部排水规划的要求确定，具体方法有以下几种：

（1）当外河汛期水位较低、排水条件较好时，各级排水沟道排涝水位的推求比较简单，可按式（3-52）从末级固定沟道逐级推算至干沟出口，只要推求的干沟出口排涝水位高出外河水位一定高度，涝水就可以自流排出。但是，为了确保排水畅通，$D_农$ 一般为 0.2～0.3m，自流条件较差的地区，最多与地面齐平，也可以根据外河设计洪水位先确定出能够自流外排的干沟出口处的最高水位，然后从这个水位开始逐级推求出符合自排要求的干、支、斗沟及农沟的排涝水位。

（2）当外河汛期水位较高，经反复推算干沟出口水位仍稍低于外河水位时，排水干沟部分沟段乃至部分支沟将产生壅水现象，使排水沟道中的水流成为非均匀流。此时，壅水段的排涝水位应按壅水水位线设计。壅水水位线可按水力学中的分段求和法求得，壅水后的水位可能高于两岸农田，为使两岸耕地不受淹，沟道两岸常需筑堤束水，其断面形式如图3-13所示。

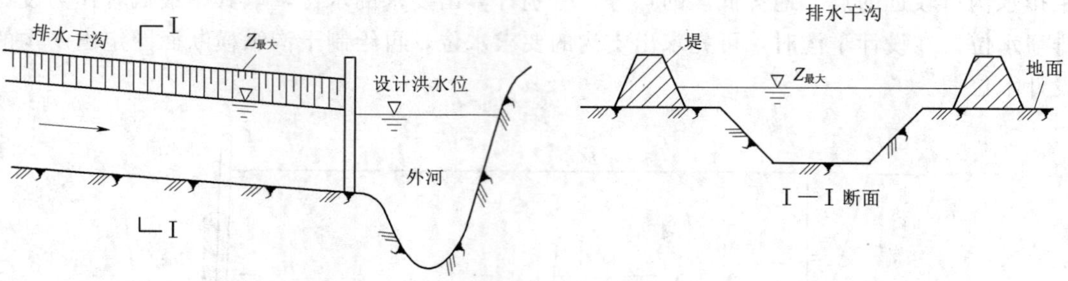

图3-13　排水出口壅水时干沟的半填半挖断面示意图

(3) 当汛期外河水位很高，且持续时间很长，根本无法进行自流排水时，干沟出口处必须建闸防止外水倒灌。在没有抽排设施的情况下，涝水只能靠排水沟网的容积滞蓄，此时，排涝水位应满足滞涝要求，一般以低于0.2～0.3m为宜，部分地段最高只能与地面齐平，以免发生涝渍灾害；在有抽排条件时，排涝水位可以超出地面一定高度，沟道两岸一般也需要修筑堤防，要求涝水在规定时间内排至安全深度，当外河水位下降至可以自排的水位时，再开闸排水。

二、排水沟断面设计

排水沟断面设计的主要任务是确定排水沟纵横断面尺寸和水位衔接条件，并按不冲不淤和综合利用（如通航、养殖、蓄涝等）的要求进行校核。一般情况下，干、支沟需要设计和校核，并绘制纵横断面图；斗、农沟只需要选择典型沟道进行断面设计或拟定，加以推广。

设计的断面位置一般选择在沟道汇流处、沟道出口处和沟底比降变化处。

干旱和半干旱地区多采用一般排水系统，排水沟断面主要是按照排除地表径流的要求进行设计；平原湿润区或低洼圩垸区的河网化排水系统，排水沟断面应先按除涝防渍的要求进行设计，再以滞涝、通航、养殖和灌溉等的要求进行校核，最后选用能同时满足各种不同要求的水深和底宽；平原区和圩垸区的灌排两用渠道，属于非均匀流，应按非均匀流进行设计和校核。

（一）横断面设计

排水沟断面通常按照明渠均匀流公式进行计算。但当外河水位顶托或利用沟道反向引水灌溉发生壅水时，则呈非均匀流动，需按非均匀流公式推算沟道水面线，确定沟道断面和堤顶高程，并检验是否满足灌溉取水要求。

横断面水力计算的方法与灌溉渠道基本相同，这里不再赘述，仅将有关设计参数的选用和断面校核等问题进行介绍。

1. 设计参数的选定

(1) 沟底比降 i。主要决定于排水沟沿线的地形和土质情况，一般要求满足以下几点：

1）与沟道沿线的地面坡度相近，以免开挖太深。

2）不能过大或过小，以满足沟道不冲不淤要求，即应小于允许不冲流速和大于允许不淤流速。

3）要考虑上下级沟道的水位衔接，连接内湖与排水闸的排水沟道，比降应根据内湖与外河的水位选定；连接抽水站排水沟道的比降，应注意抽水机安装高程的限制；对于灌排两用有反向输水灌溉任务的沟道，比降宜平缓；对于结合灌溉、通航、滞涝和养殖的综合利用沟道，可采用平底。

4）平原地区，一般排水沟的取值范围是干沟 1/6000～1/20000，支沟 1/4000～1/10000，斗沟 1/2000～1/5000，农沟 1/800～1/2000。

（2）沟道糙率 n。新建的排水沟在同样的土质条件下，糙率值与相同断面的渠道是一致的，约为 0.02～0.025。但是，因为排水沟经常有水，沟坡湿润，容易长草，糙率值比渠道的糙率值大些，取 0.025～0.03。无测验资料时，可参照表 3－27 来选定。

表 3－27　　土　沟　糙　率

类型	流　量/(m^3/s)			
	＞25	5～25	1～5	＜1.0
排水沟道	0.0225	0.025	0.027	0.030
排洪沟道	0.025	0.0275	0.030	0.035

在校核排水系统水位衔接及排涝流量时，可用较大的糙率值；校核不冲流速时，可选用较小的糙率值，这样选用使设计偏于安全，允许不冲流速可参考表 3－28 选用。为了抑制杂草滋生和防止泥沙淤积，排水沟的允许不淤流速一般为 0.2～0.3m/s。

表 3－28　　排水沟允许不冲流速

土质	轻壤土	中壤土	重壤土	黏土	淤泥	细沙	中沙	粗沙
不冲流速/(m/s)	0.6～0.8	0.65～0.85	0.7～0.95	0.75～1.0	0.15～0.25	0.2～0.4	0.3～0.7	0.5～0.8

（3）边坡系数 m。排水沟的边坡系数与沟深和土质有关。沟深大、土质疏松，边坡系数应大些。由于降雨时坡面径流的冲刷，沟内蓄水时波浪的侵蚀以及地下水渗透动水压力的影响，沟坡容易坍塌变形，故排水沟的边坡系数比渠道的边坡系数大些。设计时可参考表 3－29 选用。

表 3－29　　土质沟道的最小边坡系数值

沟道土质	开　挖　深　度/m			
	＜1.5	1.5～3.0	3.0～4.0	＞4.0
黏土、重壤土	1.0	1.2～1.5	1.5～2.0	＞2.0
中壤土	1.5	2.0～2.5	2.5～3.0	＞3.0
轻壤土、沙壤土	2.0	2.5～3.0	3.0～4.0	＞4.0
沙土	2.5	3.0～4.0	4.0～5.0	＞5.0

注　流沙沟段的边坡系数应通过试验确定。

2. 排水沟水力计算步骤

在排水沟道的设计参数选定以后，一般按下列步骤进行计算。

（1）按通过排渍设计流量计算底宽 $b_{渍}$ 和水深，并按式（3-53）确定沟底高程 $H_{底}$。

$$H_{底}=H_{渍}-h_{渍} \tag{3-53}$$

式中　$H_{底}$——设计断面的沟底高程，m；

$H_{渍}$——设计断面的日常水位，m，按式（3-52）推算；

$h_{渍}$——设计断面的日常水深，m，通过水力计算确定。

（2）按通过排涝设计流量校核底宽和水深。具体方法是以排涝设计水位和沟底高程之差作为排涝水深，以 $b_{渍}$ 作为底宽，计算所能通过的流量 Q 和流速 V。

1）若 $Q \geqslant Q_{涝}$，$V \leqslant V_{不冲}$，则说明按日常流量确定的断面满足通过排涝设计流量的要求。此时，设计断面的底宽 $b_{渍}$、日常水深 $h_{渍}$，排涝水深 $h_{涝}$ 和沟底高程 $H_{底}$ 便全部确定。

2）若 $Q<Q_{涝}$，$V>V_{不冲}$，则说明按日常流量确定的断面不能满足通过排涝设计流量的要求。此时，先以排涝设计水位和沟底高程之差作为排涝水深 $h_{涝}$，再根据 $Q_{涝}$ 和 $h_{涝}$ 计算并校核流速 V，如果 $V<V_{不冲}$，则满足要求；如果 $V>V_{不冲}$，则要减小底坡，重新计算，直到满足要求为止。

如果按排渍和排涝要求计算出的断面相差悬殊时，应设计成复式断面，利用下部的小断面控制地下水位，通过排渍流量；利用全部断面通过排涝设计流量。

3. 综合利用沟道断面设计

综合利用的沟道除排涝任务外，还担负航运、养殖、灌溉与滞涝等多方面的要求。因此，综合利用的排水沟道还应根据航运、养殖、灌溉与滞涝等方面的要求，对断面尺寸进行校核验算。

（1）水产养殖校核。水产养殖要求沟道经常保持一定的水深，一般应大于1.0m。所以，只要排渍水深能够达到要求，就可以满足养殖需求。否则，排水沟道应按养殖需求适当增加深度。

（2）航运校核。平原地区，特别是水网圩区，水上运输是经济繁荣、生产发展的主要交通手段。因此，干、支两级排水沟道通常都有通航任务，排水沟道的排渍水深和底宽应满足船只的航行要求，即排水沟在排泄日常流量时，应保持一定的水深和水面宽度。

按除涝设计流量确定的排水沟水深 h（相应的排渍水深为 h_0）及底宽 b（图3-14），往往不一定是最后采用的数值。考虑到干、支沟在有些地区需要同时满足通航、养殖要求，因此还必须根据这些要求对沟道排渍水深（h_0）及底宽（b）进行校核。

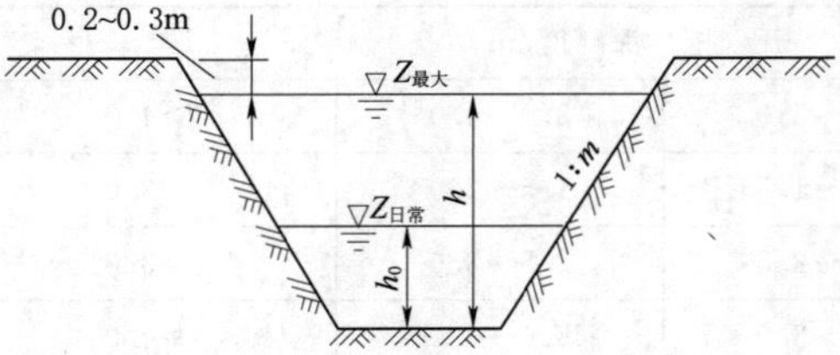

图3-14　排水沟横断面图

通航水深 $h_{航}$ 是船只的吃水深度与富余深度之和。吃水深度与船只的吨位有关，富余深度是船底至沟底的距离，一般为0.2～0.3m。

通航要求的水面宽度 $B_{航}$ 在船只对开的情况下，应为 $B_{航}=2d+3c$，d 为船只宽度，c 为船只对开时两船之间或船只与沟坡之间的距离，一般可采用 $c=0.2d$，而排渍时的沟道水面宽度 $B_{渍}=b+2mh_{渍}$，m 为排水沟道的边坡系数。

满足通航要求的条件为 $h_{渍} \geqslant h_{航}$，$B_{渍} \geqslant B_{航}$。若按排涝流量设计的断面经校核不满足通航要求时，应对沟道断面加深加宽。在排涝流量与排渍流量相差悬殊时，排涝水深与排渍水深也相差悬殊，可以采用复式断面。50～100t 及 50t 以下船只的干支沟道要求通航水深和底宽可参考表 3-30。对于大型通航河沟的通航要求，应按有关航运规范确定。

表 3-30　通航与养殖要求的水深和底宽　　单位：m

沟名	通航要求		养殖要求水深
	水深	底宽	
干沟	1.0～2.0	5～15	1.0～1.5
支沟	0.8～1.0	2～4	1.0～1.5
斗沟	0.5～0.8	1～2	—

(3) 滞涝校核。平原水网圩区，每逢汛期，外河水位一般较高，圩内涝水无法自流排出，为了防止外水倒灌，必须关闸挡水。在关闸期间，可利用抽水设施提水抢排，但为了减少装机容量，可利用坑塘、洼地、湖泊和排水沟网滞蓄涝水，以便在外河下降后开闸自排。排水沟滞蓄水量可用式 (3-54) 计算：

$$h_{沟蓄} = P - h_{田蓄} - h_{湖蓄} - h_{机排} \tag{3-54}$$

式中　$h_{沟蓄}$——排水沟道滞蓄的水量，mm；

P——按除涝标准确定的设计降雨量，mm；

$h_{田蓄}$——田间蓄水量，mm，水田区可用水稻耐淹深度与田面水层下限之差值，一般可取 30～50mm，对于旱田可用大田蓄水能力确定；

$h_{湖蓄}$——湖泊、洼地、坑塘蓄水量，mm，可根据圩垸区内部现有的或规划的湖泊蓄水面积及蓄水深度确定；

$h_{机排}$——抽水机抢排水量，mm。

求得 $h_{沟蓄}$ 后再乘以排水面积，就可以得到沟网滞蓄的总水量。按排涝设计流量确定的沟道断面的实际滞蓄总容积 $V_{蓄}$ 为

$$V_{蓄} = \sum blh \tag{3-55}$$

式中　b——沟道平均蓄水宽度，m；

h——沟道的滞涝水深，m，为最高滞蓄水位（最高与地面齐平）与排渍水位（或汛期预降水位）之间的水深，可取 0.8～1.0m；

l——各级滞涝沟道的长度，m。

校核计算时，可采用试算法。若排水沟的蓄水容积不能满足要求时，需经过比较后可加大沟道断面，或增大机排水量。

(4) 引水灌溉校核。排水沟用于灌溉，常有两方面作用：一是利用排水沟拦蓄的部分降雨径流作为灌溉用水；二是利用排水沟在灌溉季节引取一定灌溉流量，以满足灌溉需要。

对于需要拦蓄径流用于灌溉的排水沟，应当按该排水沟所应分担的蓄水容积进行校核，使排水沟设计的断面在日常设计水位到通航或养殖所需的最低水位之间的容积满足灌溉蓄水容积要求。

因为排水沟沟底坡降是按排水方向为准设计的，利用它取水灌溉，沟道中的水流将是

倒坡或平坡的非均匀流。所以，对于有取水灌溉任务的排水沟，还必须依据灌溉取水季节的外河（即承泄区，也就是灌溉水源）水位，按明渠非均匀流公式推算排水沟取水时的水面曲线，借以校核排水沟的输水距离和取水流量能够符合灌溉取水的要求。如不符合，则应调整排水沟的水力要素。要注意的是：排水沟在取水时，沟中的水面曲线为降水曲线；而在排水时，沟中所形成的非均匀流往往是壅水曲线，具体计算详见水力学方面的书籍。

在设计排水沟断面时，当排涝设计流量与日常排水设计流量相差悬殊，且日常设计水位又较低时，则应采用复式断面。

以上所述为综合利用排水沟设计的一般方法和步骤，在实际工作中，应根据设计要求和排水沟所承担的任务而定。例如，对于控制排水面积不大，但对于通航、养殖要求较高的综合利用排水沟，其通航、养殖的沟道断面往往大于排涝要求的断面，因此，其断面设计便可以先按通航、养殖的要求进行，然后再按排涝和其他方面的要求进行校核。

（二）纵断面设计

纵断面设计的主要任务是根据沟道沿线的地面高程、下级沟道的要求水位和横断面尺寸绘制纵断面图。设计的内容是确定沟道的最高水位线、日常水位线和沟底高程线，并为沟道配套建筑物提供设计水位、沟底高程和断面要素等设计资料。

为了有效地控制地下水位，一般要求排除日常流量时，不发生壅水现象，所以，上下级沟道的日常水位之间、干沟出口水位与容泄区水位之间要有 0.1～0.2m 的水面落差。在通过排涝设计流量时，沟道之间可能会出现短暂的壅水现象，是允许的。但在设计时，应尽量使沟道中的最高水位低于两岸地面 0.2～0.3m。此外还应注意，下级沟道的沟底不能低于上级沟道的沟底，例如，支沟沟底不能低于干沟的沟底。

排水沟纵断面如图 3-15 所示，下面结合图 3-15 说明排水沟纵断面图的绘制方法与步骤。

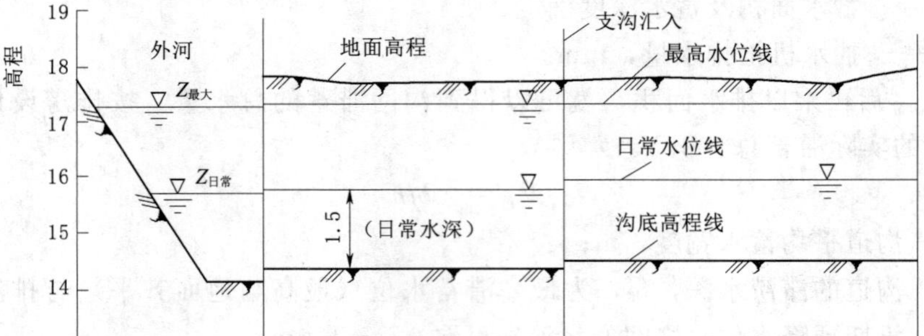

桩号	0+000	0+200	0+400	0+600	0+800	1+000	1+200	1+400	1+600	1+800	2+000	2+080	2+200
地面高程	17.80	17.82	17.91	17.96	18.00	18.00	18.15	18.15	18.25	18.25	18.06	18.28	18.25
最高水位	17.60	17.62	17.64	17.66	17.68	17.70	17.72	17.74	17.76	17.78	17.80	17.81	17.82
日常水位	16.00	16.02	16.04	16.06	16.08	16.10	16.30 16.32	16.34	16.36	16.38	16.40	16.41	16.42
沟底高程	14.50	14.52	14.54	14.56	14.58	14.60	14.80 14.82	14.84	14.86	14.88	14.90	14.91	14.92
挖方深度	3.30	3.30	3.37	3.40	3.42	3.40	3.20 3.33	3.31	3.39	3.37	3.16	3.37	3.43
沟底比降	$\frac{1}{10000}$												

图 3-15　排水沟纵断面图（单位：m）

（1）根据排水系统平面布置图，按沟道沿线各桩号地面高程，绘制出地面高程线。

（2）根据控制地下水位的要求及选定的沟底比降，逐段绘制出日常水位线。

（3）自日常水位线向下，以日常水深为间距作平行线，绘出沟底高程线。

（4）自沟底高程线向上，以最大水深为间距作平行线，绘出最高水位线。

（5）若沟段有壅水现象需要筑堤束水时，还应从排涝设计水位线（或壅水线）往上加一定的超高，定出堤顶线。

排水沟纵断面的桩号通常从排涝设计出口处算起，且一般将水位线和沟底线由右向左倾斜，以与灌溉渠道的纵断面相区别。

【知识训练】

3.9　项目三
任务四
知识训练

【技能训练】

3.10　项目三
任务四
技能训练

项目四　渠道灌溉工程施工

【知识目标】

1. 了解渠道施工的基本程序，熟悉渠道衬砌的材料及施工方法。

2. 掌握典型渠系建筑物中涵洞、渡槽施工的基本方法。

【技能目标】

1. 初步掌握灌排工程施工的基本方法。

2. 能进行渠道和涵洞、渡槽施工的操作布置。

3. 能进行施工准备、施工的操作，并能满足施工技术要求。

4.0　课程导学

任务一　渠　道　施　工

【任务目标】

1. 了解渠道施工的程序。

2. 了解渠道施工中各环节的施工方法。

一、施工准备

1. 施工人员培训

施工单位接受工程施工任务后，应根据渠道衬砌与防渗工程的规模大小、工程性质的特点，组建施工组织机构，进行施工任务的具体安排，明确各部门和个人的责任。施工前，要对施工人员进行必要的技术培训和思想教育。在技术上，使施工人员的专业知识和施工技能得到提高，并熟悉设计图纸，掌握施工方法和程序；在思想上，要使施工人员认识到整个工程的重要性。

4.1　渠道施工

2. 工程材料和施工机械设备准备

为保证工程的顺利施工，施工前应根据设计选好衬砌与防渗工程材料，做好材料的采购供应工作。工程材料应按照设计要求的规格、数量、型号，由熟悉工程、了解材料技术性能的人员负责采购，并在现场验收合格后根据不同品种、规格，分类保管存放。现场验收包括数量和质量两个方面。水泥存放要有防雨、防潮设施，如入库存放、搭建防雨棚，码放水泥的底部应垫高并且铺放塑料膜。土料、石料和沙料尽量就地取材，但质量应符合要求，其验收一般采用测量体积的方法。

3. 施工现场准备

施工现场准备工作主要有以下三点：

（1）做好施工用水、电、道路的通畅以及堆料场、拌和场地或预制场等施工场地的布置和平整工作。

（2）对试验和施工的设备进行检测与试运转，如不符合要求，应予修理或更换。

（3）根据工程所在地的具体情况做好永久性排水设施或必要的临时性排洪、排水设施，防止洪水流入并淹没基槽，影响工程进度及工程质量。

（4）通信、施工临建等准备工作。

二、渠道开挖

渠道开挖是渠道施工的第一道工序。根据设计或施工图纸测量放样，确定填筑与开挖的范围高程。首先，用经纬仪定出渠道中心线，每隔30～50m打一桩，标定桩号，遇建筑物或特殊地形地貌地段应加桩。然后，用水准仪测定桩顶高程，标出开挖（或填筑）深度，并沿渠线每隔300～500m在渠道附近的建筑物、岩石或树墩等上面预留固定高程点，以便随时检测防渗工程是否达到设计高程要求。以渠道中心桩为准向左右两侧展宽，定出渠槽开挖线。渠道施工时渠道基槽应根据设计测量放线，进行挖、填和修整，严格控制渠道基槽断面的高程、尺寸和平整度，不管采用何种材料，在铺设防渗衬砌层以前，都必须对渠道基槽进行检查验收，确认其符合设计及相关规范。

（一）人工开挖

渠道开挖施工中向下游排水的时间和流量，应照顾下游的排水条件，一般下游应先开工，并不得阻碍上游排水。选择开挖方法取决于技术条件、土壤种类、渠道纵横断面尺寸、地下水位等因素。机械开挖可采用铲运机、推土机等机械，小型渠道可采用专用机械或人工开挖。

在干地开挖渠道时，应自中心向外，分层下挖，边坡处可按边坡比挖成台阶状，当挖至设计深度时，再进行削坡。当遇有需要排除降水和地下水时，还必须开挖排水沟，开挖方式有一次到底法和分层下挖法。一次到底法适用于开挖土质较好且开挖深度较浅时；分层下挖法适用于开挖深度较大，一次开挖到底有困难时。当工期短、地下水来量小和平地开挖时，可在开挖断面中心设排水沟；开挖深度大、土质差、地下水量大时上下层排水沟错开布置（翻滚排水沟）。

（二）机械开挖

当渠道开挖较深时，多用反向铲挖掘机开挖，其布置方式有沟端开挖和沟侧开挖两种。

采用推土机开挖渠道基槽时，其开挖深度不宜超过2m，填筑堤顶高度不宜超过3m，其坡度不宜陡于1：2。在渠道施工中，推土机还可平整渠底，清除耕植土层修整边坡，压实渠堤等。采用铲运机开挖渠道基槽时，如需要在纵向调配土方，铲运机的开行方式有环形开行和“8”字形开行。当渠道开挖宽度大于铲运长度，而填土或弃土宽度又大于卸土长度时，可采用横向环形开行。反之则采用纵向环形开行，铲土和填土位置可逐渐错动，以完成所需段面。当工作线较长，填挖高差较大时，则采用“8”字形开行。半挖半填渠道或全挖方渠道就近弃土时，采用铲运机开挖最为有利。当采用机械开挖法施工时，机械开挖以后，仍应辅以人工检查和修复，直至符合设计要求。开挖时注意以下几点：

（1）U形渠道的开挖可以采用专用U形开挖机开挖，也可以采用人工开挖。人工开挖时，第一步挖去U形上部直立段的梯形，第二步在半圆中间挖个窄道至渠底高程，第三步再挖除两边的扇形体，然后整修达到设计断面，机械开挖时应注意牵引机行进方向要端直。

（2）半挖半填渠道基槽开挖，应先开挖基槽，并按设计预留足够厚度的土层，再将渠道两岸填方部分填筑至设计高程，然后整修渠道，包括挖方和填方部分，达到设计要求。这类渠道基槽的开挖必须与填方施工结合进行，亦即开挖基槽挖方部分的土体按前述填方填筑的方法填筑渠道两岸的填方部分，尽量减少弃土。

（3）旧土渠改建衬砌渠道，采用局部填筑补齐法填筑的渠道基槽开挖，仅开挖填筑是加宽50cm的部分土体，然后按修整渠槽的方法修整渠道基槽，达到设计要求。

（4）对于石质基础渠槽的开挖，一般多用人工开挖。开挖时宜采用小炮，以免造成渠基裂缝，甚至使渠基稳定性降低。开挖好的渠道基槽，亦应尺寸准确，满足设计要求。

三、渠基处理

1. 处理方法

渠道防渗衬砌层多为表面式、薄层结构，本身强度有限，为了使渠道衬砌与防渗工程经久耐用，基槽在填筑与开挖中，必须达到坚实、稳定的要求，对于特殊土不良渠基，应按下列方法进行处理。

（1）弱湿陷性地基和新建过沟填方渠道，可采用浸水预沉法处理。沉陷稳定的标准为连续5d内的日平均下沉量小于1.0mm。强湿陷性地基，可采用深翻回填渠基、设置灰土夯实层、打孔浸水重锤夯压和强力夯实等方法处理。

（2）傍山、黄土塬边渠道，可采用灌浆法填堵裂缝、空隙和小洞穴。灌浆材料可选用黏土浆或水泥黏土浆，灌浆的各项技术参数宜经过试验确定。对浅层窑洞、墓穴和大空洞，可采用开挖回填法处理。

（3）对软弱、膨胀土和冻胀土及冻胀量大的地基，可采用换填法处理。换填沙砾石压实系数不应小于0.93；换填土料时，大、中型渠道压实系数不应小于0.95，小型渠道压实系数不应小于0.93。

（4）如果渠基为芦苇丛生地区，或为茅草等易穿透防渗衬砌层的杂草地段，以及采用膜料或者沥青混凝土防渗衬砌，应进行灭草处理，即在开挖好的基槽表面先按要求喷洒灭草剂，翻动掺混2～3遍，使灭草剂与土掺混均匀，再按规定夯实、修建成型后，方可铺砌。

（5）地下水高于渠底的刚性材料防渗渠的和埋藏式膜料防渗渠道，应在渠基设置排水设施，并保证排水出口畅通。对地下水位高于渠底（要考虑汛期和灌溉后地下水上升的情况）的，或地下水位虽不是很高，但渠基土透水性差，渠道的渗漏水和侵入渠基的雨水不能很快渗入地基深层时，为了消耗地下水对刚性材料和膜料防渗结构的浮托力，减少基土水分，防止冻胀（冻胀性土）、湿陷（大孔性黄土）、滑塌（傍山、塬边渠道）等事故，应区别不同情况，设置排水设施。

（6）改建防渗渠道的地基，应特别注意渠坡新老土的结合，应将老渠坡挖成台阶状，再在上面夯填新土，整修成设计要求的渠槽断面。

2. 施工步骤

根据渠基排水设施的设计，施工前应备好各种管材，需要管壁打孔的应按设计打好孔；买好逆止阀等器材；制备好反滤层和填充排水沟用的沙、砾石、卵石和块石等，分别堆放，并做好质量检查和试验工作。渠基排水设施应在验收合格的渠道基槽上按下列要求进行施工：

（1）按设计开挖排水沟、集水井、集（排）水管的基槽和排水暗沟等。当有砂砾料换填层时，基槽应按此项设计开挖。开挖时，开挖断面应尺寸准确、平整，并控制好比降。

（2）在挖好的沟、井、槽中，按要求填好卵石或块石，并做好反滤层。如为排水管排水，应在基槽中安装集（排）水管，控制好比降，做好管段之间的接头和管道周围的反滤层。

（3）施工时务必做好排水沟与集水井、排水管与排水沟、集水管和横向排水暗沟、横向引水沟和纵向集水沟之间的接头工作，保证排水通畅。

（4）在做好以上工作并验收合格后，即可安设逆止阀。逆止阀的安装宜与防渗层施工结合进行，应使逆止阀的周边与防渗层连接紧密且不透水。

渠基排水设施为地下工程，如发生工程质量问题，很难返工和修补。因此，施工中必须随时检查，严格监督施工质量。

四、渠堤填筑

渠堤填筑用的土料不得掺有杂质，以黏土略含沙质为宜。当用几种土料时，透水性小的填筑在迎水坡，透水性大的填筑在背水坡。

新建填方渠道，填筑前应清除填筑范围内的草皮、树根、淤泥、腐殖土和污物，刨松基土表面，适当洒水湿润，然后摊铺选定土料，分层压实。机械压实，铺土厚度不宜大于30cm；人工夯实，铺土厚度不宜大于20cm。土料含水量一般应按最优含水量控制。小型工程或无条件做土工试验时，可按表4-1选用最优含水量，或采用近似的方法确定；用手将土捏成紧密的圆球后，挤不出水来，松手后土球仍能保持紧密圆球形状时的含水量，可近似地认为是此种土的最优含水量。

表4-1 土料最优含水量

土壤名称	沙壤土	轻壤土	黄土	中壤土	重壤土	黏土
含水量/%	12～15	15～17	15～21	21～23	22～25	25～28

开挖和填筑施工中，宜避免扰动挖方基槽土的结构。填方渠道的取土坑与堤脚保持一定距离，挖土深度不宜超过2m，取土宜先远后近，并留斜坡道以便运土。半填半挖渠道应尽量利用挖方填筑，只有在土料不足或土质不适用时，才在取土坑取土。

堤顶应做成2%～5%的坡面，以利排水。填筑高度应考虑沉陷，一般可预加5%的沉陷量。填筑完成后，夯实渠堤，对小型渠道土堤夯实宜采用人力夯或蛙夯。沙卵石填筑渠堤，可选用轮胎碾或振动碾压实。

五、渠道衬护

在灌溉渠系中，渠道漏水量占渠系损失水量的绝大部分，为减少渠道输水损失，渠道工程一般采取必要的防渗措施。

目前常用的渠道衬护材料主要有砌石、混凝土、黏性土或混合土料、塑料薄膜等。在选择衬护类型时，应考虑以下原则：防渗效果好，就地取材，施工简易，能提高渠道输水能力和抗冲能力，减小渠道断面尺寸，有一定耐久性，便于管护，维修费用低等。

（一）砌石衬护

砌石材料有卵石、块石、条石等，砌筑方法有干砌和浆砌两种。干砌石施工工艺为基面清理与平整、施工放样、铺设反滤层、砌石、封边、质检等。浆砌石的砌筑施工工艺为基面处理、砌石、勾缝、养护等。浆砌卵石渠道衬护示意图见图4-1。

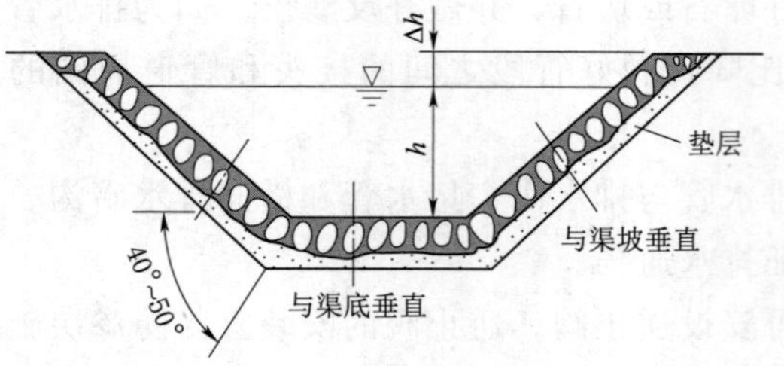

图4-1　浆砌卵石渠道衬护示意图

砌石防渗结构对砌筑石料的要求：料石要求外形方正、表面凸凹不大于10mm；块石要求上下面平整、无尖角薄边、块重不小于20kg；卵石长径不小于20cm；矩形石板要求表面平整，厚度不小于30mm。护面式防渗结构厚度，浆砌料石宜采用15～25cm；浆砌块石宜采用20～30cm；浆砌石板的厚度不宜小于3cm（寒冷地区浆砌石板厚度不小于4cm）。

浆砌石的一般要求是：砌石砂浆应按设计配合比拌制均匀，随拌随用，自出料到用完，其允许间歇时间应不超过1.5h。砌筑前，表面的泥垢、水锈等杂质应清除，石料应洗净，砌筑时保持砌石表面湿润；应先洒水润湿渠基，然后在渠基或垫层上铺一层厚度2～5cm的低标号混合砂浆，再铺砌石料。

1. 浆砌石防渗结构施工步骤

浆砌石防渗结构的施工衬砌包括砌筑顺序、石料安放、石料砌筑和勾缝。

（1）砌筑顺序。

1）梯形明渠，宜先砌渠底后砌渠坡。砌渠坡时，应从坡脚开始，由下而上分层砌筑；U形和弧形明渠、拱形暗渠，应从渠底中线开始，向两边对称砌筑。

2）矩形明渠，可先砌两边侧墙，后砌渠底；拱形和箱形暗渠，可先砌侧墙和渠底，后砌顶拱或加盖板。

3）各种明渠，渠底和渠坡砌完后，应及时砌好封顶石。

（2）石料安放。

1）浆砌块石应花砌、大面朝外、错缝交接，并选择较大、较规整的块石砌在渠底和渠坡下部。

2）浆砌料石和石板，在渠坡应纵砌（料石或石板长边平行水流方向）；在渠底应横砌（料石或石板长边垂直水流方向）。料石错缝距离宜为料石长的1/2。

3）浆砌卵石，相邻两排应错开茬口，并选择较大的卵石砌于渠底和渠坡下部，大头朝下，挤紧靠实。

4）浆砌块石挡土墙式防渗结构，应先砌面石，后砌腹石，面石与腹石应交错连接；浆砌料石挡土墙式防渗结构，面石中应有足量的丁石与腹石相连。

（3）石料砌筑。

1）砌筑前应洒水润湿，石料应冲洗干净。

2）浆砌料石和块石，应干摆试放分层砌筑，坐浆饱满。每层铺水泥砂浆厚度，料石宜为2～3cm；块石宜为3～5cm。随铺浆随砌石。块石缝宽超过5cm时，应填塞小片石。

3）卵石可采用挤浆砌筑，也可干砌后用水泥砂浆或细砾混凝土灌缝。

4）浆砌石板应保持砌缝密实平整，石板接缝间的不平整度不应超过 1cm。

（4）勾缝。

浆砌料石、块石、卵石和石板，宜在砌筑砂浆初凝前勾缝。勾缝应自上而下用砂浆充填、压实和抹光。浆砌料石、块石和石板宜勾平缝；浆砌卵石宜勾凹缝，缝面宜低于砌石面 1cm。砌筑完毕后应保持砌体表面湿润做好养护，养护时间一般不少于 5d。在砌体未达到要求的强度之前，不得在其上任意堆放重物或修凿石块。砌完后，一般需经 28d，方可进行回填。

2. 干砌卵石挂淤防渗结构步骤

干砌卵石挂淤防渗结构的施工包括砌筑顺序、砌筑。

（1）砌筑顺序。

1）应按先渠底后渠坡的顺序砌筑。

2）砌渠底时，平渠底宜从渠坡脚的一边砌向另一边；弧形渠底应从渠中线开始向两边砌筑。

3）渠坡应从下而上逐排砌筑。

4）如卵石下设膜料层，应将过渡层土料铺在膜料上，边铺膜，边压土，边砌石。

（2）砌筑。

1）卵石长边应垂直于渠底或渠坡立砌，不应前俯后仰，左右倾斜。卵石的较宽侧面应垂直于水流方向。

2）每排卵石应厚薄相近，大头朝下，错开茬口，挤紧砌实。

3）渠底两边和渠坡脚的第一排卵石，应比其他卵石大 8～12cm。

4）卵石砌筑后，应先用小石填缝至缝深的一半，再用片状石块卡缝。

5）应用较大的卵石水平砌筑封顶石。

（3）干砌卵石砌筑要点。

1）卵石长边应垂直渠底或渠坡砌筑，即立砌，并且卵石的较宽侧面应垂直于水流方向。不应前俯后仰、左右倾斜或成石阶，使卵石不能靠紧，容易松动。

2）按整齐的梅花形砌筑，要求卵石六面靠紧，只准有三角缝，不准有四角眼。不能用乱插花和鸡抱蛋（即中间一块大石头周围小石头）的方法砌筑。

3）卵石应与沙砾石垫层牢固接触，并随砌随用小沙砾石填实基础，不应出现脱空和松动现象。

4）先砌渠后砌渠坡。

5）渠底两边和渠坡脚的第一排卵石，应比其他卵石大 8～12cm。

6）砌有大小的锥形卵石时，小头朝上能砌得牢固，大小头交错砌筑。如大头朝上砌筑，只要保证质量，也是可以的。

7）砌筑时应注意挑选石料，每行卵石力求长短厚薄相近，行列力求整齐，相邻各行卵石均匀，这样便于前一行与下一行错开茬口，挤紧砌实。

8）为了防止因局部冲毁而引起大面积塌垮事故，应每隔一定距离（10～20m）用较大的卵石干砌（或浆砌）隔墙一道。

(4) 干砌块石施工注意事项。

1) 砌筑时应根据块石不同形状，先行试放，不合适的地方适当用手锤修凿，使石块相互咬嵌紧密，分层砌筑，各层缝口应错开，避免出现通缝。

2) 块石之间的缝隙应边砌边用小石填实，缝隙的表层应用合适的小石块填塞，并用手锤敲击，使小石块楔进挤紧，做到砌石面平、底实稳固，任何块石包括砌缝里的小片石用手扒不松动，人在上面走无松动感。

3) 为了减少糙率，砌体的面石应选用平整的较大的石块砌筑。对因块石的棱角影响而砌筑凸出的部分，应用手锤修整，力求表面平整。

4) 干砌块石渠道的衬砌厚度小于20cm时（小型渠道），只能用一层块石砌筑，不能用两层薄块石叠放，更不允许表面盖一层薄石，下面堆积很多小石块。如果所备块石较小，可以立砌，这样虽加大了糙率，但衬砌坚固，不易破坏。如衬砌厚度较大，砌筑中，在填腹石时，应做到相互交错，衔接紧密，把缝隙填塞密实。

5) 砌渠底时，宜采用横砌法，将块石单位长边垂直水流方向铺砌，坡脚处应用大块石砌筑。块石也可以平行水流方向铺砌，但为了增强抗冲能力，必须在平砌3～5m后，偏立竖砌1～2排，同时错缝填塞密实。在渠坡砌石的顶部，可平砌一层较大的封顶石。

浆砌块石衬砌渠道施工常用坐浆法，或者坐浆灌浆相结合法。

沙砾石地区，坡度大、渗漏强的渠道多用浆砌卵石结构。浆砌卵石应先按设计要求铺设垫层，卵石的长边垂直于边坡或渠底，并砌紧砌平、上下层错缝。每隔10～20m用较大卵石砌筑一道隔墙，渠坡隔墙砌成平直形，渠底砌成拱形，拱顶迎向水流方向。隔墙深度由渠道可能冲刷深度确定。

(二) 混凝土衬护道

混凝土衬砌渠道工程的施工方法分为现场浇筑和预制安装两种，也有采用现场浇筑和预制安装相结合的施工方法，即渠底采用现场浇筑，渠坡采用预制安装。现场浇筑法施工又分为模板法施工、衬砌机械施工和喷射法施工。混凝土构件预制方法分为模板法预制和成型机械预制。衬砌体有钢筋混凝土、素混凝土和喷射混凝土。

1. 现场浇筑法施工

小型渠道混凝土配合比可按经验采用，大、中型渠道混凝土的配合比应按试验确定。混凝土水灰比0.5左右，人工插捣混凝土坍落度3～5cm，温和地区大、中、小型渠道混凝土的强度等级不应低于C10。

渠道混凝土衬砌多用板型结构，对于水文地质条件较好的渠段多用素混凝土板，厚度控制在6～12cm；地质条件较差和防渗要求较高的重要渠段多用钢筋混凝土板，厚度控制在6～10cm。小型渠道工程有时也用槽形结构。

大型渠道多用现场浇筑，宜采用分块跳仓浇筑。同一浇筑块应连续浇筑，因故间歇时间超过60～90min时，应按施工缝处理。浇筑混凝土前，土渠基应先洒水浸润；在岩石渠基上浇筑混凝土，或需要与早期混凝土结合时，应将基岩或早期混凝土凿毛并刷洗干净，铺一层厚度为1～2cm的水泥砂浆。水泥砂浆的水胶比，应较混凝土小0.03～0.05。

混凝土应采用机械振捣，并符合下列要求：使用表面式振动器时，振板行距宜重叠5～10cm。振捣边坡时，应上行振动，下行不振动。使用小型插入式振捣器，入仓厚度每层应不大于25cm，并插入下层混凝土5cm左右。振捣器不应直接碰撞模板、钢筋及预埋件。使用插入式振捣器捣固时，边角部位及钢筋预埋件周围应辅以人工捣固。振捣时间应以混凝土开始泛浆时为准。

现场浇筑混凝土完毕，应及时收面。细沙和特细沙混凝土至少应进行二次收面。收面后，混凝土表面应密实、平整、光滑，且无石子外露。混凝土浇筑完毕后，还应及时养护，养护期宜为14～28d。

混凝土伸缩缝应按设计要求施工。伸缩缝填充前，应将缝内杂物、粉尘清除干净，并保持缝壁干燥。有特殊要求的伸缩缝，宜用高分子止水管（带）等材料，高分子止水管配用专用胶填塞入缝内，与缝壁挤紧粘牢；高分子止水带在防渗结构现场浇筑时，按设计要求浇筑于缝壁内。伸缩缝填充施工中，应做到缝形整齐、尺寸合格、填充紧密、表面平整。

中、小型渠道可采用装配式混凝土衬砌，预制板的厚度4～10cm为宜。混凝土预制板（槽）初凝后即可拆模，强度达到设计强度的70%以上时方可运输。预制板（槽）在运输和堆放时应立马挤紧，避免剧烈震动和碰撞。混凝土预制板应按设计要求砌筑，安砌应平整、稳固，砌筑缝的砂浆应填满、捣实、压平、抹光。

现场模板法浇筑施工可分为下面几个部分：模板制作、钢筋加工、混凝土的拌和、混凝土的运输、混凝土的浇筑。其中，混凝土的浇筑环节又分为立模、入仓振捣、收面、拆模、养护。喷射混凝土施工一般包括立模、按设计配合比拌和干料、就近安装喷射机械、喷射施工、喷完后拔出钢钎，原浆收面抹平，然后养护，继续下渠段作业。施工注意要点：开机后，先送风、水，后送干料；作业完毕后，先停干料，并将喷射机和管道中的干料清除干净，再停水、风。掺有速凝剂的干拌和料的存放时间，不应超过20min。喷头处的压力应控制在0.1MPa左右，水压应不小于0.2MPa。一次喷射的厚度：掺有速凝剂时，宜为7～10cm；不掺速凝剂时，宜为5～7cm。分层喷射时，表面一层的水胶比宜稍大。喷射每层混凝土的间隔时间：掺有速凝剂时，宜为15～20min；不掺速凝剂时，应根据混凝土的初凝时间确定。喷射作业完毕或因故不能继续作业时，应及时将喷射机和管道中的积料清除。

2. 预制安装法施工

（1）构件的预制。

1）模板法预制构件。模板法预制混凝土构件，一般采用木模或钢模，以人工插捣或机械振捣的方法，在夯实的土基上浇筑。混凝土一般采用拌和机械拌和，平板式振捣器振捣，浇筑后盖湿草帘养护14d即可搬运施工。

2）混凝土构件成型机预制构件。一般采用WS-200T全自动混凝土构件成型机，集机、电、液于一体，程序自动切换的高科技新产品，对混凝土实行80～120MPa工作压力挤压成型。LZY型U形渠槽系列成型机主要生产U形渠道砌块，预制工序：沙石备料→混凝土拌和→成型机压制→脱模养护。

（2）构件的运输和安装。板型构件的运输和安装工作分为整修基槽、铺砌、灌缝、养护等几道工序。混凝土渠槽安砌工艺因铺设方式的不同而不同，一般分为以下两种：

1）埋入基槽中点的渠槽，其施工程序是：挖成设计断面的基槽（如系旧渠，应清除杂草和淤泥，进行整修）；铺好槽底沙砾石垫层；安砌渠槽构件；回填土时，要两侧同时分层进行，并注意夯捣密实；灌缝，养护。

2）砌于地面上的渠槽，其施工程序是：平整并夯实沿渠线的地基，安装渠槽构件，灌缝，养护。

混凝土衬砌渠道的施工，一般应在温暖季节进行。当寒冷地区的日平均气温稳定在5℃以下或最低气温在−3℃以下、温暖地区的日平均气温稳定在3℃以下施工时，应采取冬季施工的措施。冬季施工方法有掺加防冻剂法、蓄热法、调整配合比法、外部加热法等几种。一般要选择适当品种的水泥，合理降低水灰比，掺用引气剂；如采用外部加热法，可进行火炉加热、蒸汽加热、电加热。并应在施工期间，随时掌握天气预报和寒潮、大风等情况。

（三）塑料薄膜衬护

模料渠道工程施工时，为了提高施工效率，在铺设前，可以根据设计要求和渠道大小将模料加工成大幅备用。模料加工时，包括裁剪、接缝和整理等工作。

为了施工方便，塑料薄膜衬砌多用于梯形边坡，保护层可用素土夯实或加铺防冲材料，厚度应不小于30cm。在寒冷冻深较大地区，保护层厚度常采用冻深的1/3～1/2。塑料薄膜可在现场边铺边连接，一般按先下游后上游的原则，上游幅压下游幅，接缝垂直于水流方向铺设膜层。膜层不要拉得太紧，并平贴渠基，膜下空气应完全排出。填筑保护层的施工速度应与铺膜速度相配合，避免膜层裸露时间过长。填筑保护层的土料，不得含石块、树根、草根等。施工中要注意检查并粘补已铺膜层的破孔，粘补膜应超出破孔周边10～20cm。

（四）生态材料衬护

三维排水生态边坡工程系统集生态、环保、节能、柔性结构四位一体，技术中的三维排水联结扣有包括基板以及设置在基板两侧的突出物，基板上设置有三维排水通道。此外，排水孔和排水槽进一步增加基板表面的摩擦系数，使结点的抗拉力、剪切强度增加，并且具有抗拉、抗弯、抗多面扭曲的特性，使联结扣结构更具有柔韧性。另外，系统中采用的生态袋，具有透水不透土的过滤功能，既能防止填充物（土壤和营养成分混合物）流失，又能实现水分在土壤中的正常交流，植物生长所需的水分得到了有效地保持和及时地补充，对植物非常友善，使植物穿过袋体自由生长。

【知识训练】

Ⓣ

4.2　项目一
任务一
知识训练

任务二　典型渠系建筑物施工

【任务目标】

1. 了解涵洞的施工方法。

2. 了解渡槽的施工方法。

一、概述

为了安全输水，合理配水，精确量水，以达到灌溉、排水及其他用水目的而在渠道上修建的水工建筑物称为渠系建筑物。在农田水利工程建设中，蓄水、取水等枢纽工程，只有与渠系工程配套使用，才能达到兴利的目的，故渠系建筑物又称灌区配套建筑物。一般可以分为以下几种：

（1）控制、调节和配水建筑物。用于调节水位，分配流量，如节制闸、分水闸、斗门等。

（2）交叉建筑物。用以穿越河渠、洼谷、道路及障碍物，如渡槽、倒虹吸管、涵洞、隧洞等。

（3）泄水建筑物。如泄水闸、退水闸、溢流堰等。

（4）落差建筑物。即落差集中处的连接建筑物，如跌水、陡坡和跌井等。

（5）冲沙和沉沙建筑物。如冲沙闸、沉沙池等。

（6）量水建筑物。如量水堰、量水槽等，也可利用其他水工建筑物量水。

（7）专门建筑物和安全设备。如利用渠道落差发电的水电站，通航渠道上的码头、船闸和为人、畜免于落水而设的安全护栏。

二、涵洞施工

涵洞按建筑材料可分为砖涵、石涵、混凝土涵和钢筋混凝土涵。按涵洞断面形式可分为管涵、板涵、箱涵、拱涵。按涵顶填土情况可分为明涵，即涵顶无填土；暗涵即涵顶填土大于50cm。涵洞按水力性能分为无压涵、半压力涵和压力涵。

4.3　涵洞施工

本节主要介绍钢筋混凝土圆管涵施工和钢筋混凝土箱涵施工。

（一）钢筋混凝土圆管涵施工

1. 基础工程处理

基坑开挖采用人工配合机械开挖，基坑检查合格后铺筑碎石垫层，小型振动压路机分层压实。压实度达到95%以上。基础混凝土在管节安装前后分两次浇筑。重点控制新旧混凝土的结合及管基混凝土与管壁的结合，并及时进行养护。

2. 涵身施工

涵管由定点厂家预制。检验合格后运至工地。准确计算管涵全长与管节的配置以及端墙的准确位置，从下游开始安装，使接头面向上游安装。每节涵管紧密相贴于已铺好的基座上，使涵管受力均匀。管节装卸、运输、安装过程中采取防碰撞措施，避免管节损坏或产生裂纹；涵管装卸、安装机具及存放场地必须得到监理工程师的许可。安装时严格按规范规定操作。

3. 接缝

按设计要求安设接口橡胶圈并用M10砂浆填塞接缝抹角，接缝宽度不得大于1cm，接口处要平整。禁止加大接缝宽度来满足涵长的要求。

4. 台背、涵顶填土

涵洞完成后，当涵洞砌体砂浆或混凝土强度达到设计强度的70%时，方可进行回填土，回填土要符合质量要求，涵洞处路堤缺口填土从涵身两侧不小于2倍孔径范围内，同时水平分层、对称地填筑、夯（压）实。用机械填土时，除按照上述规定办理外，涵洞顶上填土厚度必须大于1m时，才允许机械通过，且在使用振动压路机碾压时，禁止开动振动源。严格控制分层厚度和密实度，设专人负责监督检查。检查频率每$50m^2$检验1点，不足$50m^2$时至少检验1点，每点都要合格，采用小型机械压实。回填土的分层厚度为0.1～0.2m。压实度全部要达到95%以上。

（二）钢筋混凝土箱涵施工

1. 基础处理

采用人工配合机械开挖。开挖前注意做好防排水设施，开挖按变形缝设置跳槽开挖。必要时做好临时支护工作。基底须整平夯实，并做基底承载力检测，若达不到150kPa，则需换填碎石或沙砾。基底满足设计要求承载力后，按设计要求立模施工作混凝土垫层。

2. 底板及侧墙钢筋绑扎

在垫层上测量放线并画出钢筋布置大样及立模边线，然后绑扎底板及侧墙钢筋，绑扎侧墙钢筋时在外侧用钢管搭设临时支架以防钢筋笼变形。钢筋主筋保护层为3cm（墙身钢筋靠内模侧绑双峰式垫块）。底板下层筋保护层为4cm，钢筋锚固长度为$35d$，搭接长度为$42d$，钢筋搭接接头百分率不大于25%。

3. 内支撑及内模施工

内支撑采用$\varphi50$钢管搭设。纵横向布距不大于1m，竖向布距不大于1.2m，顶部用可调托撑顶纵梁。纵梁上布置横梁，横梁上为顶模。内支撑的横向钢管应与内侧模在横竖带节点处用钢管卡子连接（内外模的横竖带均采用双根钢管），起到横向内支撑作用。内模采用$1.5m^2$的大平面模板制作，表面要求光洁无错台，模板接缝加贴密封胶条。

4. 绑扎顶板钢筋、立外模顶板钢筋底垫双峰式垫块

严格按规范及设计要求绑扎，支撑箍筋应适当予以点焊，保证上层钢筋网片不变形。外模采用普通钢模板组拼，外模的固定采用$\varphi16$拉杆内外对拉，并以圆木或钢管辅助支顶。

5. 混凝土浇筑

混凝土采用商品混凝土。灌注入仓采用吊车配合下料漏斗进行，振捣采用插入式振捣棒。

6. 变形缝处理

箱涵涵身每隔10～18m设变形缝一圈（包括基础），凡地基土质发生变化以及地基填

挖交界处均设置变形缝，缝宽 2～3cm。变形缝橡胶止水带采用 QZ5－400 型橡胶止水带。箱涵在变形缝设置处，外围混凝土应加厚一圈。加厚尺寸为 25cm。在变形缝设置处内侧镶嵌 3cm 厚油浸软木板，外侧填塞止水密封膏。为了保证整个变形逢竖直且在一个截面上立模堵头处须立分离式两块模板（夹紧止水带），并与内外模板以螺丝杆连接，油浸木板对应中空管处用胶粘贴在堵头钢模上。

三、装配式渡槽施工

（一）构件的预制

1. 槽架的预制

槽架是渡槽的支承构件，为了便于吊装，一般选择靠近槽址的场地预制。制作的方式有地面立模和砖土胎模两种。

4.4　渡槽施工

（1）地面立模。在平坦夯实的地面上用 1∶3∶8 的水泥、黏土、砂浆抹面，厚约 1cm，压抹光滑作为底模，立上侧模后就地浇制，拆模后，当强度达到 70％时，即可移出存放，以便重复利用场地。

（2）砖土胎模。其底模和侧模均采用砌砖或夯实土做成，与构件的接触面用水泥黏土砂浆抹面，并涂上脱模剂即可。使用土模应做好四周的排水工作。

高度在 15m 以上的排架，如受起重设备能力的限制，可以分段预制。吊装时，分段定位，用焊接固定接头，待槽身就位后，再浇二期混凝土。

2. 槽身的预制

为了便于预制后直接吊装，整体槽身预制宜在两排架之间或排架一侧进行。槽身的方向可以垂直或平行于渡槽的纵向轴线，根据吊装设备和方法而定。要避免因预制位置选择不当，而在起吊时发生摆动或冲击现象。

U 形薄壳梁式槽身的预制，有正置和反置两种浇筑方式。正置浇筑是槽口向上，优点是内模板拆除方便，吊装时不需翻身；但底部混凝土不易捣实，适用于大型渡槽或槽身不便翻身的工地。反置浇筑是槽口向下，优点是捣实较易，质量容易保证，且拆模块，用料少等；缺点是增加了翻身的工序。

中、小型工程，槽身预制可采用砖土材料制模，如图 4－2 所示。

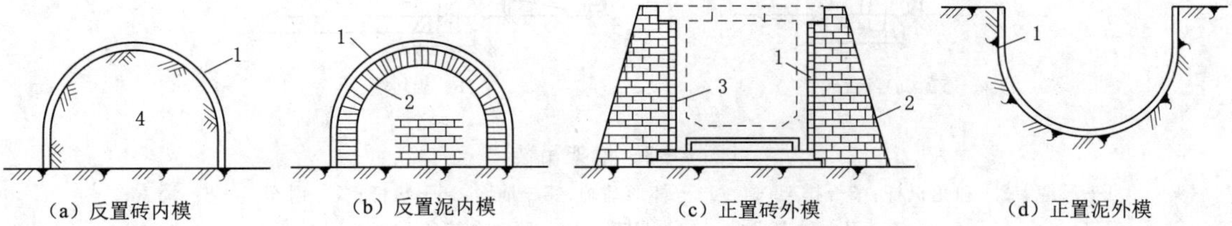

（a）反置砖内模　（b）反置泥内模　（c）正置砖外模　（d）正置泥外模

图 4－2　砖泥材料内外模

1—水泥砂浆层；2—砖砌体；3—渡槽；4—填土

3. 预应力构件的制造

在制造装配式梁、板及柱时采取预应力钢筋混凝土结构，不仅能提高混凝土的抗裂性与耐久性，减轻构件自重，并可节约钢筋20%～40%。预应力就是在构件使用前，预先加一个力，使构件产生应力，以抵消构件使用时荷载产生相反的应力。制造预应力钢筋混凝土构件的方法很多，基本上分为先张法和后张法两大类。

（1）先张法。在浇筑混凝土之前，先将钢筋拉张固定，然后立模浇筑混凝土，等混凝土完全硬化后，去掉拉张设备或剪断钢筋，利用钢筋弹性收缩的作用通过钢筋与混凝土间的黏结力把压力传给混凝土，使混凝土产生预应力。

（2）后张法。后张法就是在混凝土浇好以后再张拉钢筋，这种方法是在设计配置预应力钢筋的部位，预先留出孔道，等到混凝土达到设计强度后，再穿入钢筋进行张拉，张拉锚固后，让混凝土获得压应力，并在孔道内灌浆，最后卸去锚固外面的张拉设备。

（二）梁式渡槽的吊装

梁式渡槽的吊装工作是渡槽施工中的主要环节。必须根据渡槽的形式、尺寸、构件重量、吊装设备能力、地形和自然条件、施工队伍的素质以及进度要求等因素，进行具体分析比较，选定快速简便、经济合理和安全可靠的吊装方案。

1. 槽架的吊装

槽架部结构有支柱、横梁和整体排架等。槽架吊装通常有滑行法和旋转法两种。滑行法是用吊装机械将整个槽架滑行、竖直吊立地面，再对准并插入杯形基础的预留杯口中，先用木楔（或钢楔）临时固定，校正标高和平面位置后，再填充混凝土作永久固定，如图4-3（a）所示。

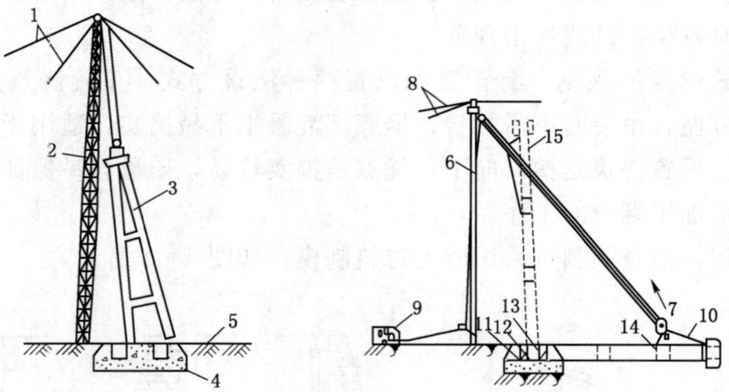

（a）滑行法　　（b）旋转法

图4-3　槽架吊装

1—风缆；2—独角扒杆；3—排架；4、11—杯形基础；5—地面；6—扒杆；7—滑车组；8—缆索；9—引向铰车方向；10—吊索；12—预埋在基础上的铰；13—预埋在排架上的铰；14—起吊前的排架；15—吊装就位后的排架

旋转法是设旋转轴于架脚，槽架与基础铰接好后用吊装机械拉吊槽架顶部，使槽架旋转立于基础上，如图4-3（b）所示。这种方法比较省力，但基础杯口一侧需要有缺口，并预埋铰圈，槽架预制时，必须对准基础杯口缺口，槽架脚处亦应预埋铰圈。

2. 槽身的吊装

装配式渡槽槽身的吊装，基本上可分为两类，即起重设备架立于地面上吊装及起重设备架立于槽墩或槽身上吊装。

（1）起重设备架立于地面进行吊装。起重设备在地面上进行组装、拆除、工作比较便利、稳定和安全。其缺点是起吊高度大，因而增加了起重设备的高度；易受地形的限制，特别是在跨越河床水面时，架立和移动设备更为困难；适用于起吊高度不大和地形比较平坦的渡槽吊装工作。

1）独脚扒杆抬吊。槽身重量和起吊高度不大时，采用 2 台或 4 台独脚扒杆抬吊。当槽身起吊到空中后，用副滑车组将枕头梁吊装在排架顶上。这种方法起重扒杆移行费时，吊装速度较慢，如图 4-4（a）所示。

2）龙门架抬吊。龙门扒杆的顶部设有横梁和轨道，并装有行车。操作上使 4 台卷扬机提升速度相同，并用带蝴蝶铰的吊具，使槽身四吊点受力均匀，槽身平稳上升。横梁轨道顶面要有一定坡度，以便行车在自重作用下能顺坡下滑，从而使槽身平移在排架顶上降落就位。采用此法吊装渡槽者较多，如图 4-4（b）所示。

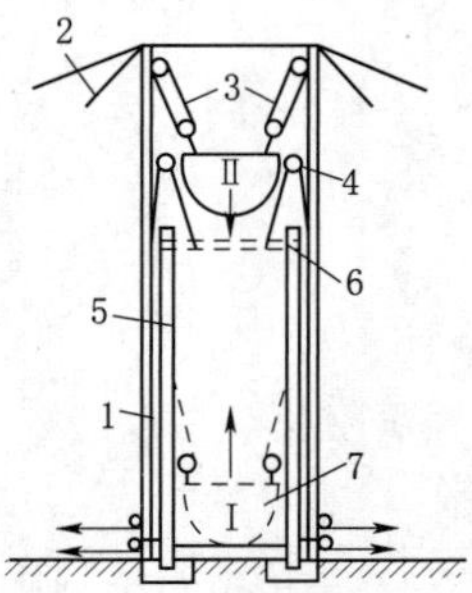

（a）独脚扒杆抬吊

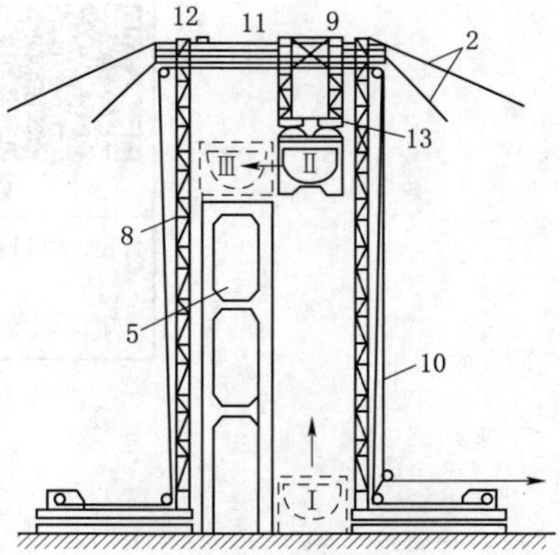

（b）龙门架抬吊

图 4-4　地面吊装槽身

1—扒杆；2—缆风绳；3—主滑车组；4—副滑车组；5—排架；6—枕头木；7—预制槽身位置；8—龙门架；9—行车；10—行车控制索；11—横梁；12—行车止动块；13—蝴蝶铰

（2）起重设备架立于槽墩或槽身上吊装。起重设备架立在槽墩上或已安装好的槽身上进行吊装，不受地形的限制；起重设备的高度不大，降低了制造设备的费用。其缺点是起重设备的组装、拆除均为高空作业，较地面进行困难。有些吊装方法还使已架立的槽架产生很大的偏心荷载，必须加强槽架结构和基础，这类吊装方法的适应性强，在吊装渡槽工作中采用最广泛。

起重设备架立在槽身或槽墩上吊装槽身方法如图 4-5 所示。双人字悬臂扒杆吊装槽身法不设侧向缆风，起重杆为“人”字形，以增加吊装的稳定性。

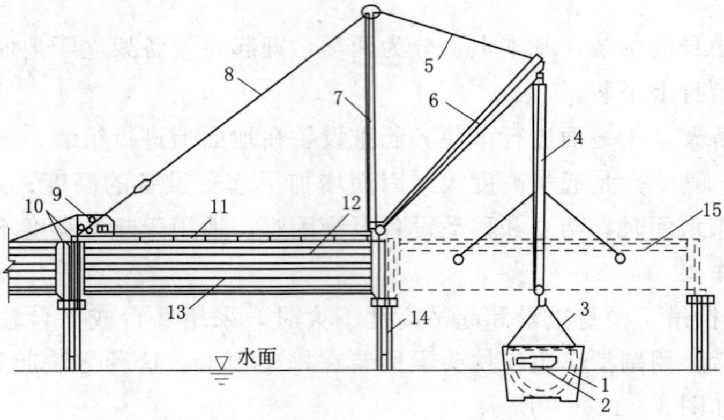

图 4-5　双人字悬臂扒杆吊装槽身

1—浮动待吊槽身；2—槽端封闭板；3—吊索；4—起重索；5—拉杆；6—吊臂；7—人字架；8—钢拉杆；9—卷扬机；10—预埋锚环；11—撑架；12—穿索孔；13—已固定槽身；14—排架；15—即将就位槽身

【知识训练】

4.5　项目四
任务二
知识训练

项目五　喷微灌工程选型

【知识目标】

1. 掌握喷微灌系统的组成和类型。
2. 掌握喷微灌系统主要设备的性能。

【技能目标】

1. 能根据具体情况选择合适的灌溉系统。
2. 能进行喷微灌设备的选型。

5.0 课程导学

任务一　喷微灌系统认知

【任务目标】

1. 了解喷微灌技术的优缺点。
2. 掌握喷灌系统的组成及主要类型。
3. 掌握微灌系统的组成及主要类型。

喷微灌技术是当今世界最主要的节水灌溉技术之一。

喷灌是利用水泵加压或自然落差将灌溉水通过喷灌系统输送到田间，经喷头等专用设备把有压水均匀地喷洒到空中，形成水滴落到地面和作物表面的灌水方法。

微灌是按作物需求，通过管道系统与安装在末级管道上的灌水器，将水和作物生长所需的养分以较小的流量，均匀、准确地直接输送到作物根部附近土壤的一种灌水方法。与传统的全面积湿润的地面灌和喷灌相比，微灌只以较小的流量湿润作物根区附近的部分土壤，因此，又称为局部灌溉技术。

一、喷微灌的特点

1. 喷微灌的优点

喷微灌的优点是省水、省工、节约用地、增产及适应性强。

(1) 省水。喷灌可以控制喷洒水量和均匀性，避免产生地面径流和深层渗漏，水的利用率高，一般比地面灌溉节省水量30%～50%。微灌每亩次用水量相当于地面灌溉用水量的1/8～1/6、喷灌用水量的1/3。

(2) 省工。喷微灌提高了灌溉的机械化程度，大大减轻了灌水劳动强度，便于实现机械化、自动化，可以大量节省劳动力。喷微灌同时可以施肥施药，减少肥料流失，提高肥效，省去不少劳动力使用量。

(3) 节约用地。采用喷微灌比地面灌溉更能充分利用耕地，提高土地利用率，一般可增加耕种面积7%～10%。

(4) 增产。喷微灌可以采用较小的灌水定额进行浅浇勤灌，便于严格控制土壤水分，使土壤湿度维持在作物生长最适宜的范围内，有利于充分利用土壤表层的肥分。大田作物可增产 20%左右，经济作物可增产 30%左右，蔬菜可增产 1～2 倍，同时还可以改变产品的品质。

喷灌可以调节田间的小气候，有利于植物的呼吸和光合作用，达到增产效果。

(5) 适应性强。喷微灌对各种地形的适应性强，在地面灌水方法难于实现的场合，都可以采用喷微灌的方法。

喷微灌不仅适应所有大田旱作物，而且对于各种经济作物、蔬菜、草场，例如谷物、蔬菜、香菇、木耳、药材，都可以产生很好的经济效果。同时可兼作喷洒肥料、喷洒农药、防霜冻、防暑降温和防尘等。

2. 喷微灌的缺点

(1) 投资较高。喷微灌需要一定的压力、动力设备、配套设备和管道材料，单位面积投资较大，成本较高。

(2) 能耗较高。喷微灌的工作压力是通过消耗能源获得的，所需压力越高，耗能越大，灌溉成本就越高。

(3) 操作麻烦，受风的影响较大。对于移动或半固定式灌溉系统，由于必须移动管道和灌水器，所以操作较为麻烦，还容易踩踏伤苗和破坏土壤；在有风的天气下，水的飘移损失较大，灌水均匀度和水的利用程度都有所降低。

(4) 微灌灌水器容易堵塞。由于灌水器的孔径较小，容易被水中的杂质、污物堵塞。因此，微灌用水需进行净化处理。

(5) 微灌限制根系发展。由于微灌只湿润作物根区部分土壤，加上作物根系生长的向水性，因而会引起作物根系向湿润区生长，从而限制了根系的生长范围。

(6) 微灌会引起盐分积累。当在含盐量高的土壤上进行微灌或是利用咸水微灌时，盐分会积累在湿润区的边缘。在没有充分冲洗条件的地方或是秋季无充足降雨的地方，不要在高含盐量的土壤上进行微灌或利用咸水微灌。

二、喷微灌系统的组成及类型

(一) 喷灌系统的组成

喷灌系统主要由水源工程、水泵及动力、输配水管网系统和喷头等部分构成，如图 5-1 所示。

1. 水源工程

河流、湖泊、水库、井泉及城市供水系统等，都可以作为喷灌的水源，但需要修建相应的水源工程，如泵站及附属设施、水量调节池等。

在植物整个生长季节，水源应有可靠的供水保证，保证水量供应。同时，水源水质应满足灌溉《农田灌溉水质标准》(GB 5084—2021) 的要求。

2. 水泵及动力

喷灌需要使用有压力的水才能进行喷洒。通常利用水泵，将水提吸、增压、输送到各级管道及各个喷头中，并通过喷头喷洒出来。

喷灌用泵可以是各种农用泵，如离心泵、潜水泵、深井泵等。有电力供应的地方，用电动机为水泵提供动力；用电困难的地方，用柴油机、拖拉机或手扶拖拉机等为水泵提供动力，动力机功率大小根据水泵的配套要求确定。

3. 输配水管网系统

管网一般包括干管、支管两级水平管道和竖管。干管和支管起输、配水作用，竖管安装在支管上，末端接喷头。

管网系统需要各种连接和控制的附属配件，包括闸阀、三通、弯头和其他接头等，在干管或支管的进水阀后还可以接施肥装置。

4. 喷头

喷头将管道系统输送来的有压水流通过喷嘴喷射到空中，分散成细小的水滴散落下来，灌溉作物，湿润土壤。喷头一般安装在竖管上，是喷灌系统中的关键设备。

5. 附属工程、附属设备

喷灌工程中还用到一些附属工程和附属设备。如从河流、湖泊、渠道取水，则应设拦污设施；为了保护喷灌系统的安全运行，必要时应设置进排气阀、调压阀、安全阀等。在灌溉季节结束后应排空管道中的水，需设泄水阀，以保证喷灌系统安全越冬。为观察喷灌系统的运行状况，在水泵进出水管路上应设置真空表、压力表和水表，在管道上还要设置必要的闸阀，以便配水和检修。考虑综合利用时，如喷洒农药和肥料，应在干管或支管上端设置调配和注入设备。

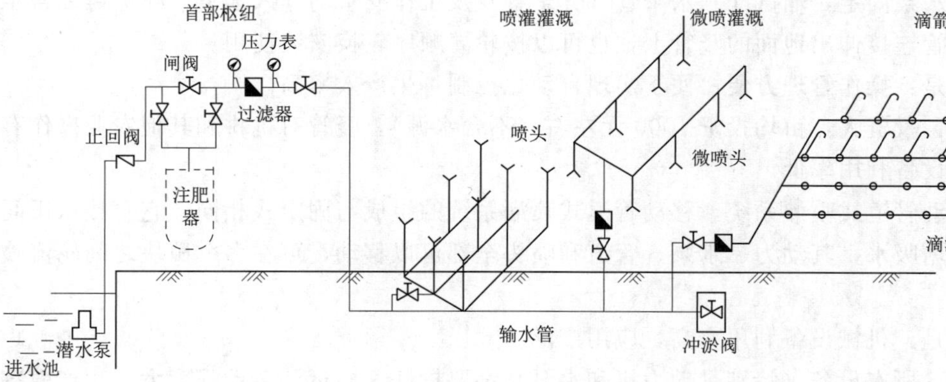

图 5-1 喷微灌系统示意图

（二）喷灌系统的类型

按水流获得压力的方式不同，分为机压式、自压式和提水蓄能式；按系统的喷洒特征不同，分为定喷式喷灌系统和行喷式；按喷灌设备的形式不同，分为机组式和管道式。

1. 机组式喷灌系统

喷灌机是将喷灌系统中有关部件组装成一体，组成可移动的机组进行作业。机组式喷灌系统类型很多，按大小分可分为轻型、小型、中型和大型喷灌机系统。

（1）机组式喷灌系统的分类。

1）轻小型喷灌机组。手推式或手抬式轻小型喷灌机组，在手抬式或手推车拖拉机上安装一个或多个喷头、水泵、管道，以电动机或柴油机为动力喷洒灌溉。

行喷式喷灌机一边走一边喷洒，定喷式喷灌机在一个位置上喷洒完后再移动到新的位置上喷洒。

2）中型喷灌机组。中型喷灌机组多见的是卷管式（自走）喷灌机、双悬臂（自走）喷灌机、滚移式喷灌机和纵拖式喷灌机。

3）大型喷灌机组。控制面积可达百亩，如平移式自走喷灌机、大型摇滚式机等。

（2）机组式喷灌系统的选用。

1）地区与水源影响。南方地区河网较密，宜选用轻型（手抬式）、小型喷灌机（手推车式），少数情况下也可选中型喷灌机（如绞盘式喷灌机）。轻小型喷灌机特别适合田间渠道配套性好或水源分布广、取水点较多的地区。

北方田块较宽阔，根据水源情况各种类型机组都有适用的可能性。但对大型农场，则宜选大中型喷灌机，大中型喷灌机工作效率比较高。

2）因地制宜。在耕地比较分散、水管理比较分散的地方适合发展轻、小型移动式喷灌机组；在干旱草原、土地连片、种植统一、缺少劳动力的地方适合发展大、中型喷灌机组。

2. 管道式喷灌系统

管道式喷灌系统指的是以各级管道为主体组成的喷灌系统，按照可移动的程度，分为固定式、移动式和半固定式三种。比较适用于水源较为紧缺，需要节水，取水点少的我国北方地区。

（1）固定管道式喷灌系统。固定管道式喷灌系统由水源、水泵、管道系统及喷头组成。动力、水泵固定，输（配）水干管（分干管）及工作支管均埋入地下。喷头可以常年安装在与支管连接伸出地面的竖管上，也可以按轮灌顺序轮换安装使用。

其优点是：操作管理方便，便于实现自动化控制，生产效率高。

缺点是：投资大，亩均投资1000元左右（不含水源），竖管对机耕和其他农业操作有一定影响，设备利用率低。

（2）移动管道式喷灌系统。移动管道式喷灌系统的组成与固定式相同，它直接从田间渠道、井、塘吸水，其动力、水泵、管道和喷头全部可以移动，可在多个田块之间轮流喷洒作业。

其优点是：机械设备利用率高，应用广泛。

缺点是：所有设备（特别是动力机和水泵）都要拆卸、搬运，劳动强度大，生产效率低，设备维修保养工作量大，可能损伤作物。一般适用于经济较为落后、气候严寒、冻土层较深的地区。

（3）半固定管道式喷灌系统。半固定管道式喷灌系统，组成与固定式相同。动力、水泵固定，输配水干管、分干管埋入地下，通过连接在干管、分干管伸出地面的给水栓向支管供水，支管、竖管和喷头等可以拆卸移动，在不同的作业位置上轮流喷灌，可以人工移动，也可以机械移动。

半固定式喷灌系统设备利用率较高，运行管理比较方便，世界各国广泛采用。投资适中（亩均投资650～800元），是目前国内使用较为普遍的一种管道式喷灌系统。一般适用于地面较为平坦，灌溉对象为大田粮食作物。

（三）微灌系统的组成

微灌系统由水源工程、首部枢纽、管道系统和灌水器组成，如图5-1所示。

1. 水源工程

河流、湖泊、塘堰、沟渠、井泉等，只要水质符合微灌要求，均可作为微灌的水源，否则将使水质净化设备过于复杂，甚至引起微灌系统的堵塞。为了充分利用各种水源进行灌溉，往往需要修建取水、蓄水和提水工程，以及相应的输配电工程。这些统称为水源工程。

2. 首部枢纽

微灌工程的首部枢纽（图 5-2）通常由水泵及动力机、控制阀门、水质净化装置、施肥装置、测量和保护设备等组成。首部枢纽担负着整个系统的驱动、检测和调控任务，是全系统的控制调度中心。

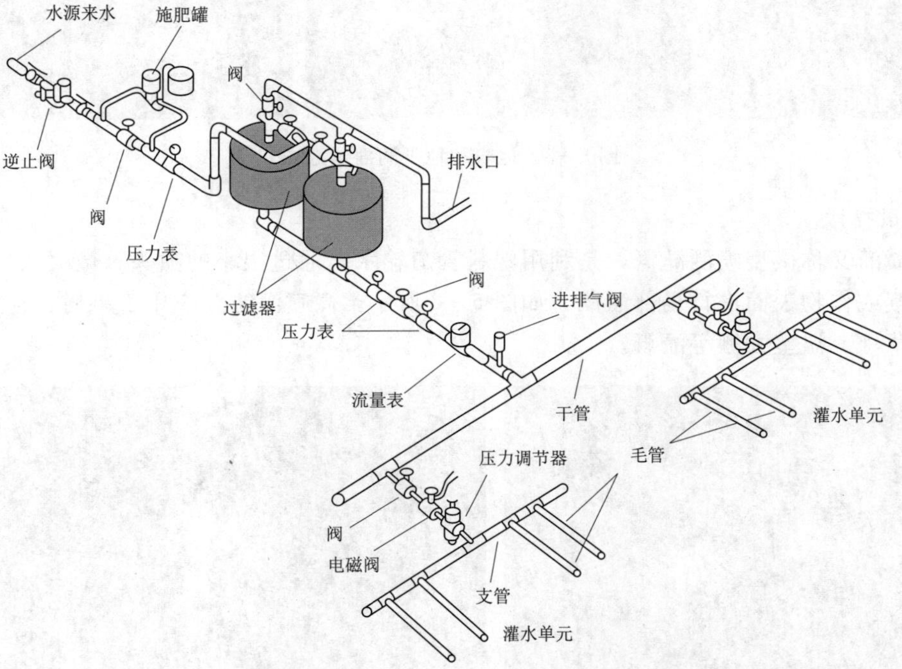

图 5-2 微灌工程首部枢纽详图

3. 管道系统

微灌系统的管道系统一般分干、支、毛三级管道。通常干、支管埋入地下，也有将毛管埋入地下的，以延长毛管的使用寿命。

4. 灌水器

微灌的灌水器安装在毛管上或通过连接小管与毛管连接，其作用是消减压力。灌水器有滴头、微喷头、涌水器和滴灌带等多种形式，可置于地表，或埋入地下。灌水器的结构不同，水流的出流形式也不同，有滴水式、喷水式和涌泉式等。

（四）微灌系统的类型

根据所用设备及出流形式（即灌水器种类），微灌系统分为滴灌、微喷灌、涌泉灌和渗灌等。

1. 滴灌

滴灌即滴水灌溉，是利用塑料管道和安装在末级管道（毛管）上孔口非常小的灌水器（滴头或滴灌带等），消杀水中具有的能量，以水滴状湿润作物根区土壤的灌水形式，在灌水器流量较大时，形成连续细小水流湿润土壤，如图5-3所示。通常将毛管和灌水器放在地面，也可以埋入地面以下30cm左右。它是目前干旱缺水地区最有效的一种节水灌溉方式，其水的利用率可达95%。

图5-3　地表和地下滴灌示意图

2. 微喷灌

微喷灌又称微型喷洒灌溉，是利用塑料管道输水，通过很小的喷头（微喷头）将水喷洒在土壤或作物表面进行局部灌溉，如图5-4所示。微喷灌主要应用于果树、经济植物、花卉、草坪、温室大棚等灌溉。

图5-4　微喷灌示意图

3. 涌泉灌

涌泉灌又称为小管灌溉，是通过从开口小管涌出的小水流将水灌入土壤的灌水方式，如图5-5所示。由于灌水流量较大（但一般不大于220L/h），有时需筑沟埂在地表来控制灌水。此灌水方式的工作压力很低，不易堵塞，但田间工程量较大，适合地形较平坦地区果树等灌溉，如在我国北方的梨、苹果，华南地区的香蕉种植园中均有涌泉灌技术的应用。

4. 渗灌

渗灌是一种地下微灌形式，它是在低压条件下，通过埋于作物根系活动层的灌水器（微孔渗灌管），定时定量地向土壤中渗水的灌水方式，如图5-6所示。渗灌主要适用于地下水较深，地下水及土壤含盐量较低，灌溉水质较好，湿润土层透水性适中的地区。

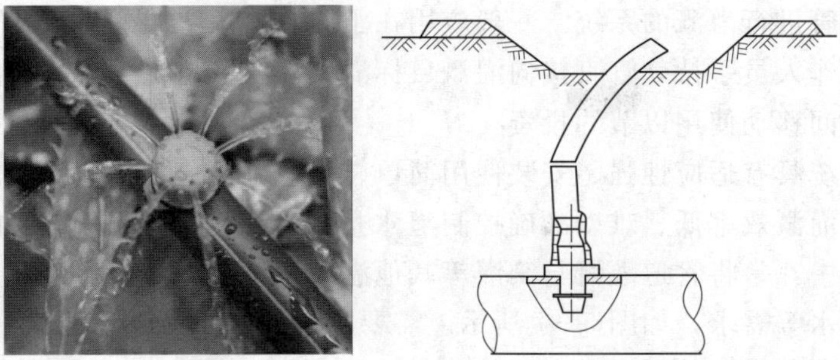

图 5－5　涌泉灌示意图

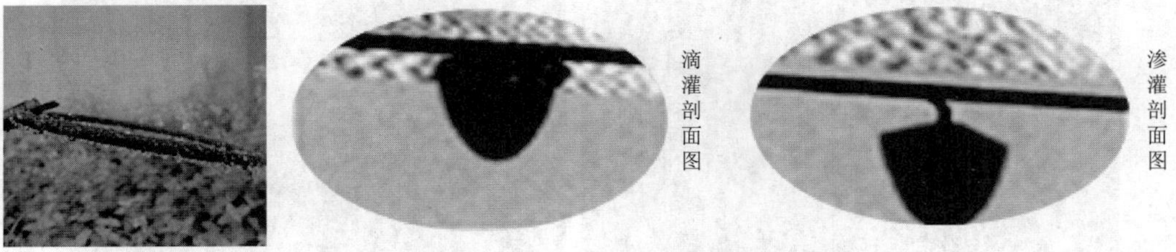

（a）渗灌管　　（b）滴灌和渗灌效果对比图

图 5－6　渗灌示意图

【知识训练】

5.1　项目五
任务一
知识训练

任务二　喷微灌工程选型

【任务目标】

1. 了解其他喷微灌系统类型。
2. 了解灌溉系统选择与栽培模式的关系。
3. 掌握依据作物类型、种植方式和设施性能配套性选用喷微灌系统的原则。

每种灌溉系统都有其自身的性能和特点，只有全面了解和掌握各种灌溉系统的性能和特点，才能根据生产实际的需要，合理选择使用。

一、其他形式的喷微灌系统

除了前面介绍的喷灌、滴灌、微喷灌和渗灌外，喷微灌系统还有其他形式。

1. 管道灌溉结合喷微灌

管道灌溉系统式直接在田间供水管道上安装一定数量的控制阀门和灌水软管，手动打开阀门用灌水软管进行灌溉的系统。一般应用在土壤栽培温室中的沟灌和其他温室栽培中的人工灌溉，操作人员手持软管直接向灌溉目标灌溉。多数情况下，一根灌水软管可以在几个控制阀门之间移动使用以节约投资。

管道灌溉系统具有适应性强、安装使用简单、管理方便、投资低等突出优点。但也存在劳动强度大、灌溉效率低、难以准确控制灌水量、无法随灌溉施肥和加药等方面不足。因此在温室生产中，常将管道灌溉与滴灌等其他灌溉系统结合使用，以满足灌溉、临时用水、地面清洁用水等需求，如图 5-7 所示。需要注意的是，为温室配置管道灌溉系统时，一般每公顷栽培面积需要的供水量应不低于 25m^3/h，才能满足各种生产要求。

图 5-7　管道灌溉结合喷微灌示意图

2. 自行走式喷灌机

此喷灌机实质上也是一种微喷灌系统，其突出优点是灌水均匀度很高、可移动使用。由于投资较高，一般应用于穴盘育苗、观叶性花卉栽培等有特殊灌水要求的温室生产中，如图 5-8 所示。工作时，自行走式喷灌机沿悬挂在温室骨架上的行走轨道运行，通过安装在喷灌机两侧喷灌管上的多个微喷头实施灌溉作业。一般温室每跨设一台自行走式喷灌机，作业时可控制喷灌机从温室的一端走向另一端，完成全跨作物的灌溉。如要降低投资，可在温室的 2～3 跨之间设一台喷灌机，通过跨间转移轨道，实现对每跨作物的灌溉。

温室自行走式喷灌机通常还配有施肥或加药设备，可以同时进行施肥或喷药作业；同时采用可更换喷嘴的微喷头，可根据作物或喷洒目的不同选择合适的喷嘴进行喷洒作业。此外，喷灌机上所用喷头也必须有防滴器。

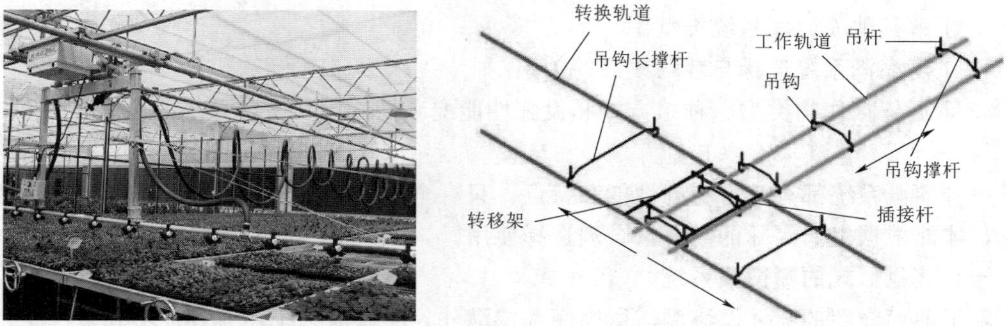

(a) 自行走式喷灌机　　(b) 行走轨道

图 5-8　自行走式喷灌机灌溉及行走轨道示意图

3. 膜下滴灌

膜下滴灌就是把工程节水（滴灌和农艺节水）和覆膜栽培两项技术集成的一项农业节水技术，也是地膜栽培抗旱技术的延伸和深化，如图 5-9 所示。它有自压式膜下滴灌系统和加压式膜下滴灌系统。我国在引进国外先进膜下滴灌技术和设备的基础上，经过多年的试验、研究、改进创新，开发出了适合我国国情、性能可靠、使用方便的一次性可回收滴灌带和膜下滴灌技术。目前，膜下滴灌技术在我国推广、使用的省区主要分布在新疆、甘肃、辽宁、北京等干旱、半干旱地区，在其他省区也有推广、应用。其中，新疆是我国膜下滴灌技术推广面积最多的省区，截至 2005 年，其推广面积已经达到 700 多万亩。膜下滴灌技术使用作物很多，尤其适用于棉花、玉米、番茄、大棚温室作物、大田蔬菜、果树、生态林等作物使用。

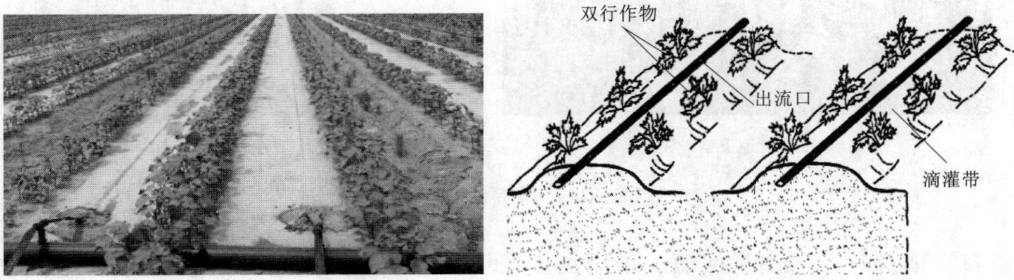

(a) 棉花膜下滴灌　　(b) 两行作物一条滴灌带膜下滴灌示意图

图 5-9　膜下滴灌示意图

4. 微喷带微灌

微喷带微灌系统是采用薄壁多孔管作为灌水器的灌溉系统，如图 5-10 所示。这种微灌技术的特点之一是可用作滴灌，也可用作微喷灌。低温季节将其覆盖在地膜下作为滴灌用，高温季节揭开地膜就可作为微喷灌用，是一种经济实用的灌溉设备。该技术适用于露天、地膜下的各种农作物栽培，如果树、蔬菜等，同时也适用于温室、大棚内的各种农作物的栽培，如蔬菜、花卉、药材等。微喷带微灌系统的优点是抗堵塞性能好，不需用很精细的水源净化过滤设备，能滴能喷，投资低等，缺点是灌水均匀度受地面平整度影响较大，使用年限短。尤其是作物处于小苗阶段时，使用微喷带进行水肥同时灌溉，容易滋生杂草，影响作物的正常生长。南方地区使用微喷带灌溉，容易在作物生长期间形成高温、高湿环境，引发病虫害。

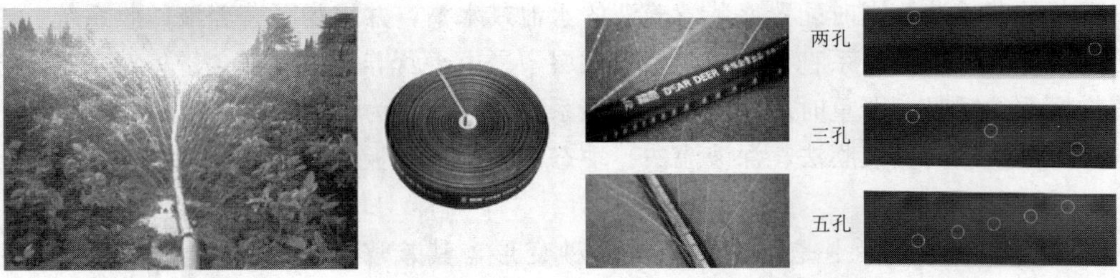

(a) 微喷带灌溉　　(b) 微喷带　　(c) 不同规格微喷带及出流形式

图 5-10　微喷带微灌示意图

5. 微润灌溉

微润灌溉也是地下灌溉技术的一种，该项技术是以高分子半透膜核心材料制造的，具有纳米级孔隙，不易堵塞，在超低水压的条件下，向作物根部土体导水，以实现作物生长需求，如图 5-11 所示。其主导思想是通过延长灌水时间，降低灌水强度，更加有效地防止土体深层重力渗漏和田间蒸发，增加作物对灌溉水分的吸收利用率。

（a）微润管地下铺设图

（b）微润管工作前后状态图

图 5-11　微润灌溉示意图

微润管铺设时，需注意回填。须用细土回填，以确保开挖孔与微润管间无缝隙。系统日常维护主要是清洗过滤器，而不需要查看灌水器是否堵塞。微润管的灌溉是通过浸润方式，在实际应用中发现，黏性越大的土壤，其浸润半径越小，灌溉效果越差，主要原因是土壤将微润管紧密的包裹在了一起。在推广微润灌溉技术时，最好在沙性土壤中实施。

6. 地埋喷灌

地埋喷灌是市政、园林绿化灌溉，尤其是在足球场和高尔夫球场的草坪养护中最为常见，并且被广泛运用的一种形式。地埋喷头安装于地表以下，有水压供给时弹升至地表以上进行灌溉。该形式具有隐蔽性好，灌水均匀性好，易于实现自动化灌溉的特点。不同种类的地埋喷头水型不一，有散射型、射线型、雨帘型等。地埋喷头喷洒效果美观，成为新时期城市绿地上一道新的风景线。地埋喷头按照喷洒形式可分为：地埋散射喷头、地埋摇臂喷头、地埋旋转喷头、地埋射线喷头，如图 5-12 所示。

7. 水培灌溉

水培灌溉是温室无土栽培中水培生产方式的一种配套灌溉方式，它取消了灌水器，直接向作物定植槽的容器供水就基本实现了灌溉的作用，如图 5-13 所示。此时的灌溉水是人工配制的营养液，同时配置盛装营养液的水池或水槽，并增加了营养液回收系统。这种栽培方式作物定植后根系直接生长在营养液层中。由于营养液中氧气含量相对不足，会影响植物根系的呼吸，严重时还可能会造成根系腐烂死亡。为了解决根系对氧气的需求，水培系统又派生出营养液膜法、深液流法、动态浮根法和浮板毛管水培法等。

8. 喷雾灌溉

温室喷雾灌溉实际上是水培灌溉的一种变形，其栽培形式也是属于无土栽培的范畴，称为喷雾栽培法，也称气雾灌溉，如图 5-14 所示。该方式增加了作物根部的氧气吸收面积，将作物以一定方式固定，使根部裸露在空气中，而将营养液直接以雾状喷

图 5－12　地埋喷灌示意图

图 5－13　水培灌溉及营养液循环示意图

射到作物根部，同时还设置了回水系统，将降落的营养液汇集后，通过水泵加压循环使用。喷雾灌溉系统彻底解决了作物根系氧气供应不足的问题，节水效果明显，但能耗较大，而且作物对温度的变化敏感，对系统的控制性能要求较高，并不适用于所有农业与园艺栽培。由于喷雾的质量要求严格，雾滴要细而均匀，喷雾喷头一般选择运动部件较少的折射式微喷头。喷雾灌溉也会引起微生物的气溶胶化，导致空气的污染与疾病的传播。

图 5－14　喷雾灌溉示意图

9. *潮汐灌溉*

潮汐灌溉是将灌溉水像“潮起潮落”一样循环往复地不断向作物根系供水的一种方法，如图 5-15 所示。“潮起”时栽培基质部分淹没，作物根系吸水，“潮落”时栽培基质排水，作物根系更多地吸收空气。这种方式很好地解决了灌溉与供氧的矛盾，适用于具有防水功能的水泥地面上地面盆花栽培或具有防水功能的栽培床或栽培槽栽培。

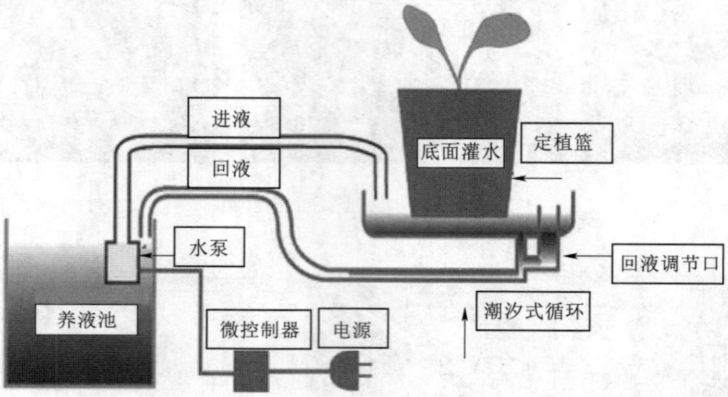

图 5-15　潮汐灌溉示意图

二、喷微灌系统的应用与选择

选择什么样的灌溉系统最适合于特定的工程条件和作物需求？

灌溉系统首先要考虑在节水的前提下满足灌溉对象（即作物）正常生长的需水要求，以作物的种植方式作为灌溉系统选择的主要参考因素；其次要考虑灌溉系统的造价与其他设施的性能及使用寿命的匹配性，如满足农户生产需求的塑料大棚要求灌溉系统应尽量简易，以喷水带居多，主要负责育苗和花卉生产的大型连栋温室则要求匹配相对高档，配有自行走式喷灌机、滴箭和喷雾等。

作物的种植模式决定了灌溉的施水方式，也就是灌溉方式。以下将从灌溉方式出发阐述灌溉系统选择与栽培模式的关系。

1. *点源灌溉*

点源灌溉是针对一个很小的区域进行灌溉，滴头滴灌就是该类型的典型。与点源灌溉相配套的栽培方式主要有盆花栽培、基质袋培、岩棉块蔬菜栽培等。吊挂式立体栽培也是点源灌溉的一种方式，它是在栽培柱的中间设灌溉通道，营养液经管路输送到栽培柱上端滴出，沿中部通道向下流动，同时由上而下向各层栽培床的基质渗透灌溉作物。这种栽培方式充分利用了温室空间，栽培作物沿柱状圆周布置，可多层栽培。主要以种植小型叶类菜为多。

2. *线源灌溉*

线源灌溉是针对一行作物进行灌溉，可用于以条播或垄栽方式种植的蔬菜或花卉，如黄瓜、番茄、辣椒等果菜类蔬菜和郁金香、香石竹等切花类花卉。滴灌带滴灌、微喷带膜下微灌是典型的线源灌溉方式。埋入地下（或基质内）的渗灌管或滴灌管也是一种线源灌溉，其适应的栽培方式与地上线源灌溉相同。

3. *面源灌溉*

面源灌溉是针对一个平面进行整体灌溉，最适合于种植密度高、作物栽培无规律的种植方式，如草坪和牧草等。喷灌、微喷灌、潮汐灌等是其中的典型，前两者由上向下施水，后者则是由下向上施水。喷灌在灌溉的同时，也清洗了叶面、增加了空气湿度，利于作物的生长，但是运行耗能大。对于观花作物，在开花季节，一般不允许使用喷灌，以避免给花蕾、花蕊带来伤害。工厂化育苗温室采用的移动喷灌（图5-8）也是一种面源灌溉方式，此外，花卉或林木扦插育苗灌溉也属于此范畴。

4. 空间灌溉

空间灌溉是对整个作物根系进行同时全面施水灌溉的方式。无土栽培中的水培、雾培就是这种灌溉的典型。水培利用营养液在灌溉的同时也达到了施肥的目的，主要生产番茄、黄瓜、生菜等。喷雾栽培较好地解决了水培营养液氧含量不足的问题，但是运行成本较高，仅使用在一些观赏种植的场合。

5. 灌溉系统的选用

根据作物类型、种植方式和设施性能配套性，现将灌溉系统的选择做如下归纳，见表5-1、表5-2。

表5-1　　大田或山林灌溉系统的选用

栽培作物	一般配置	推荐配置
果林、苗木、根茎类蔬菜等	管道灌溉	渠道灌溉+喷头喷灌 管道灌溉+喷头喷灌
果菜类作物	管道灌溉	渠道灌溉+滴灌带滴灌/微喷带膜下滴灌 管道灌溉+滴灌带滴灌/微喷带膜下滴灌
叶菜类作物	管道灌溉	渠道灌溉+微喷带微灌 管道灌溉+微喷带微灌

表5-2　　温室灌溉系统的选用

设施类型	栽培作物	低档配置	中档配置	高档配置
塑料大棚	果菜类作物	管道灌溉	管道灌溉+微喷带滴灌或滴灌带滴灌	管道灌溉+滴灌带滴灌+微喷头微喷灌
	叶菜类作物	管道灌溉	管道灌溉+微喷带微喷灌或微喷头微喷灌	管道灌溉+自行走式喷灌机
连栋温室	果菜类作物行栽花卉	管道灌溉+滴灌管滴灌	管道灌溉+滴灌管滴灌+微喷头微喷灌	管道灌溉+滴灌管滴灌+微喷头微喷灌+喷雾系统+喷淋系统
	叶菜类作物育苗	管道灌溉+微喷头微喷灌	管道灌溉+自行走式喷灌机+微喷头微喷灌	管道灌溉+自行走式喷灌机+微喷头微喷灌+喷雾系统+喷淋系统
	盆栽花卉	管道灌溉+微喷头微喷灌	管道灌溉+滴箭滴灌+微喷头微喷灌	管道灌溉+滴箭滴灌+微喷头微喷灌+喷雾系统+喷淋系统

【知识训练】

5.2　项目五
任务二
知识训练

任务三　喷微灌工程设备及选型

【任务目标】

1. 掌握喷头、微喷头的分类和基本性能参数。
2. 掌握微灌灌水器的分类和基本性能参数。
3. 掌握水泵的种类，了解水泵选型与机组配套。
4. 掌握过滤设备的种类和选型。
5. 了解常用肥药装置，掌握施肥注意事项。
6. 了解喷微灌系统常用管道和管件，掌握它们的适用范围。
7. 明确安装控制、测量与保护装置的必要性，掌握它们的功效。

灌溉系统的优点需要通过各灌溉设备的优化组合与合理配套来实现，因而在进行灌溉系统的设计时，必须对各类设备的性能及使用方法有比较深入的了解。

灌溉设备主要包括灌水器、管道及管件、附属设备（包括控制与安全设备、量测设备、自动控制设备等）、过滤设备、加压设备等。

一、喷头和微喷头

喷头是喷灌系统的灌水器，微喷头是微灌系统中微喷灌的灌水器，但是在目前灌水器的分类方法中，微喷头是与喷头一起进行分类的。在以下介绍中，将两者统称为喷头。喷头的结构形式及其制造质量的好坏以及对它的使用是否得当，直接影响到灌溉的质量、经济性和工作可靠性。建设一个运行良好、灌水效益高的喷灌或微喷灌系统，首先必须对喷头有一个深入的了解。

（一）喷头的分类

目前，在喷灌和微喷灌中应用的喷头种类繁多，分类方法也很多，通常按喷头工作压力（或射程）、结构形式和喷洒特征进行分类。

5.3　喷头按工作压力和射程分类表

1. 按工作压力和射程大小分类

如果按工作压力和射程大小，大体可以把喷头分为微压喷头、低压喷头（低射程喷头）、中压喷头（中射程喷头）、高压喷头（远射程喷头）四类。

2. 按结构形式和喷洒特征分类

喷头按结构形式和喷洒特征分，主要有固定式、旋转式、孔管式三类。喷头采用的材质有铜、铝合金和塑料三种类型。三类喷头的具体形式见表5-3。

表5-3　喷头按结构形式和喷洒特征分类表

喷头类别	喷头形式	特点及适用范围
固定式喷头（散水式、漫射式）	折射式、缝隙式、离心式	优点：结构简单，工作可靠，喷洒水滴对作物的打击强度小，要求的工作压力较低，雾化程度较高，常被称为微喷头 缺点：射程小（5～10m），喷灌强度大（15mm/h以上），径向水量分布不均，喷孔易被堵塞 适用范围：公园、草地、苗圃、温室等处的微喷灌系统；也适用于行喷式喷灌机上，以节约能源

续表

喷头类别	喷头形式	特点及适用范围
旋转式喷头 （射流式）	摇臂式、叶轮式、 反作用式	优点：射程远，流量范围大，喷灌强度较低，均匀度较高 缺点：当竖管不垂直，喷头转速不均匀，影响喷灌的均匀性 适用范围：摇臂式和反作用式用在管道式喷灌系统和单喷头喷灌机上，叶轮式旋转喷头多应用于微喷灌系统
孔管式喷头	单列孔管、 多列孔管	优点：结构简单，工作压力低，操作方便 缺点：喷灌强度较高，受风影响大，对地形适应性差，管孔容易被堵塞，支管内实际压力受地形起伏的影响较大，投资也较大 适用范围：苗圃及蔬菜地的喷灌

下面介绍各类喷头的常见品种，喷头的具体构造、工作原理等可参考其他书本，或在实际工作中予以认识学习。

（1）固定式喷头。固定式喷头的特点是在喷灌过程中所有部件相对于竖管是固定不动的，水流以全圆周或扇形同时向四周散开。根据结构形式，可分为折射式喷头、缝隙式喷头、离心式喷头三类。常见产品如图 5-16 所示。

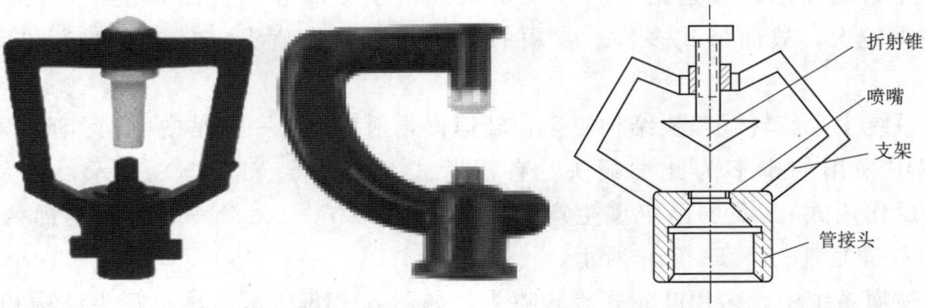

（a）外支架折射式喷头及构造图：双支臂式折射喷头、单支臂式折射喷头

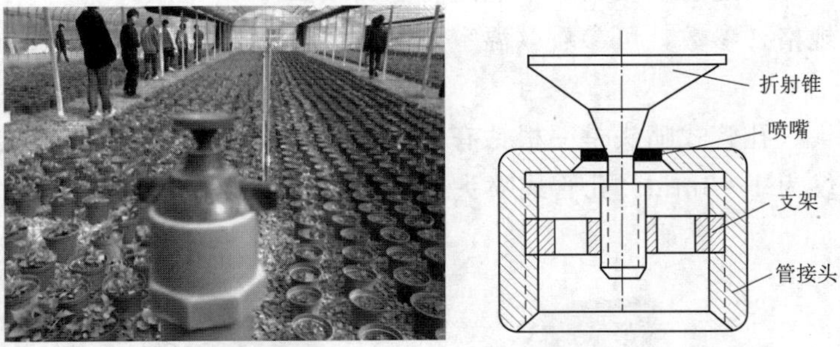

（b）内支架圆锥折射式喷头及构造图

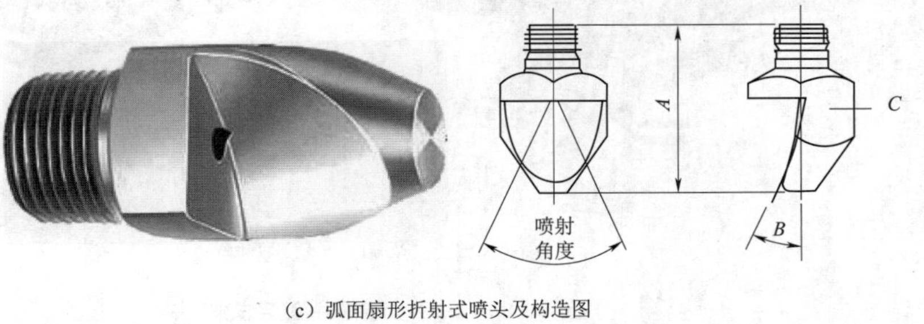

（c）弧面扇形折射式喷头及构造图

图 5-16（一）　常见的几种固定式喷头

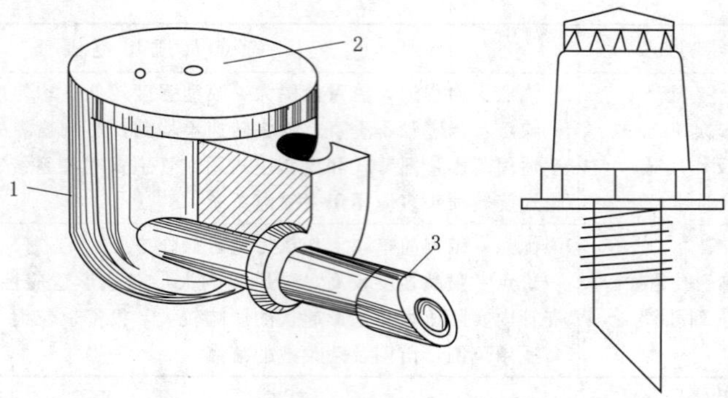

(d) 离心式微喷头和缝隙式微喷头

图 5-16（二）　常见的几种固定式喷头

1—离心室；2—喷嘴；3—接头

(2) 旋转式喷头。旋转式喷头又称射流式喷头，是部分组成机构绕铅垂线旋转的一类喷头，是目前使用最普遍的一种喷头形式。由于喷灌和微喷灌系统中，旋转式喷头的结构差异较大，故而形式多样。常用的形式有摇臂式喷头、叶轮式喷头和反作用式喷头。

喷灌系统中，旋转式喷头结构复杂，转速慢，射程远，一般是中射程和远射程。我国喷灌工程中采用的也多为此类喷头，有摇臂式，如图 5-17（a）所示，以及全射流式（属于反作用式）。我国已定型生产 PY1、PY2、ZY-1、ZY-2 等系列摇臂式喷头，如图 5-17（b）、图 5-17（c）所示。

在微喷灌系统中，多用叶轮式旋转喷头，如图 5-18 所示，该类喷头结构相对简单，转速快，射程较近，属于近射程喷头，只能进行全圆喷洒。

常规喷头产品规格、参数，可参看《温室灌溉》（周长吉主编）、《经济型喷微灌》（奕永庆编著）。

(3) 孔管式喷头。孔管式喷头是一根钻有多列小孔的管子或设有往复旋转机构的单列孔管，喷水孔直径仅为 1～3mm。孔管式喷头有单列孔管和多列孔管两类。常见产品如图 5-19 所示。

5.4　摇臂式 PYS 喷头性能参数表

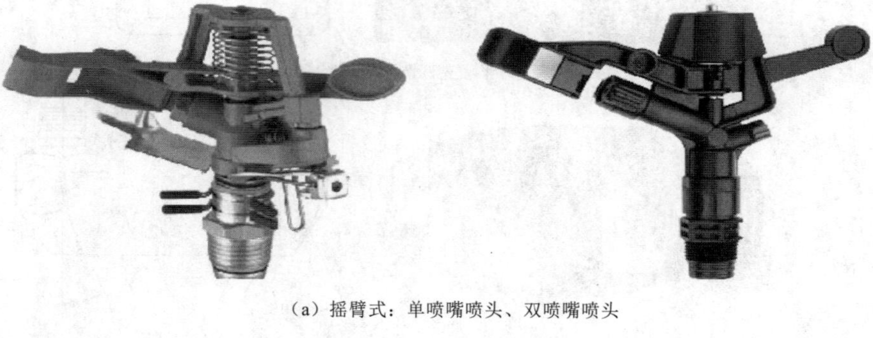

(a) 摇臂式：单喷嘴喷头、双喷嘴喷头

图 5-17（一）　喷灌用旋转式喷头

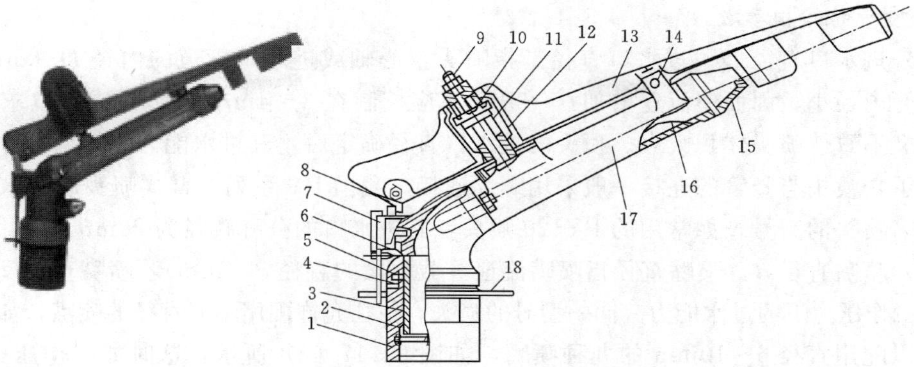

（b）PY摇臂式喷头及构造图

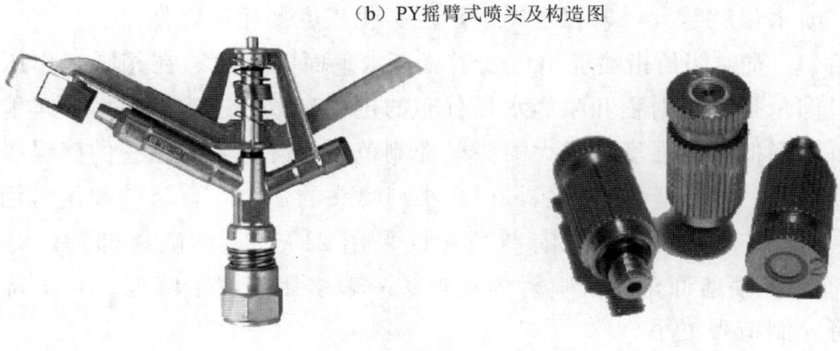

（c）ZY摇臂式喷头及喷嘴

5.5　ZY摇臂式喷头性能参数表

图 5-17（二）　喷灌用旋转式喷头

1—空心轴套；2—减磨密封圈；3—空心轴；4—防沙弹簧；5—弹簧罩；6—喷体；7—换向器；8—反向钩；9—摇臂调位螺钉；10—弹簧座；11—摇臂轴；12—摇臂弹簧；13—摇臂；14—打击块；15—喷嘴；16—稳流器；17—喷管；18—限位环

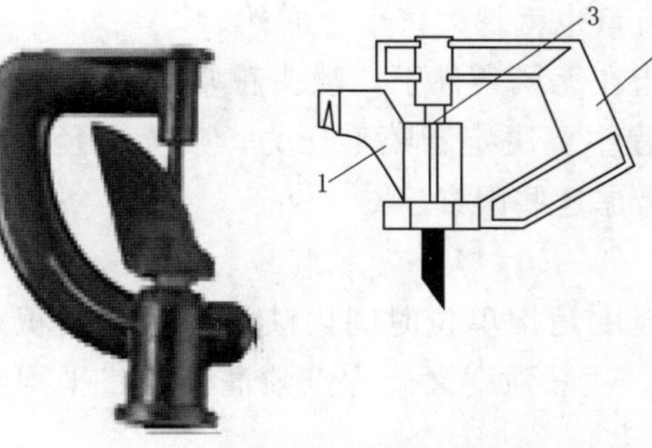

5.6　微喷头性能参数表

图 5-18　微灌用旋转式喷头及构造图

1—旋转折射臂；2—支架；3—喷嘴

（二）喷头的基本性能参数

喷头的基本参数包括喷头的结构参数（几何参数）、工作参数和水力性能参数。通过对喷头各参数及其相互关系的掌握，在喷灌设计中能够正确地选择合适的喷头，使喷洒质量达到最佳效果。

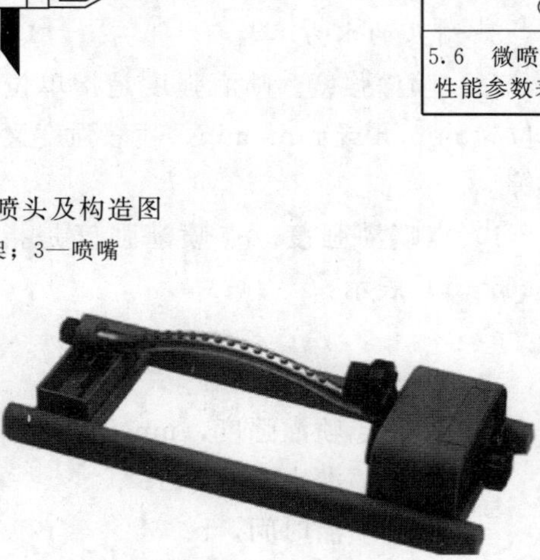

图 5-19　单列摇摆孔管式喷头

1. 喷头的结构参数

(1) 进水口直径 D。进水口直径是指喷头空心轴或进水口管道的内径 D（mm）。通常比竖管内径小，因而使流速增加，一般流速应控制在 3～4m/s 的范围内，以求水头损失小而又不致使喷头体积太大。喷头的进水口直径确定后，其过水能力和结构尺寸也就大致确定了，喷头与竖管的连接一般采用螺纹连接。我国 PY 系列摇臂式喷头以进水口公称直径命名喷头的型号，如常用的 PY120 喷头，其进水口的公称直径为 20mm。

(2) 喷嘴直径 d。喷嘴直径指喷嘴流道等截面段的直径 d（mm），喷嘴直径反映喷头在一定工作压力下的过水能力。同一型号的喷头，往往允许配用不同直径的喷嘴，如 ZY－2 喷头可以配用直径 6～10mm 的九种喷嘴，如图 5－17（c）所示，这时如工作压力相同，则喷嘴直径越大，喷水量就越大，射程也越远，但雾化程度要相对降低。

(3) 喷射仰角 α。喷射仰角指喷嘴出口处射流与水平面的夹角。在相同工作压力和流量的情况下，喷射仰角是影响射程和喷洒水量分布的主要参数。适宜的喷射仰角能获得最大的射程，从而可以降低喷灌强度和扩大喷头的控制范围，降低喷灌系统的建设投资。喷射仰角一般为 20°～30°，大中型喷头的 $\alpha>20°$，小型喷头的 $\alpha<20°$，目前我国常用喷头的 α 多为 27°～30°。为了提高抗风能力，有些喷头已采用 21°～25°的喷射仰角。对于小于 20°的喷射仰角，称为低喷射仰角，低喷射仰角喷头一般多用于树下喷灌。对于特殊用途的喷灌，还可以将 α 制造得更小。

2. 喷头的工作参数

(1) 工作压力 h_p。喷头的工作压力是指喷头进水口前的内水压力，它是使喷头能正常工作的水压力，一般以 h_p 表示，其单位为 kPa 或 m（$1mH_2O=9.81kPa\approx10kPa$）。

(2) 喷头流量 q。喷头流量又称喷水量，是指单位时间内喷头喷出的水的体积（或水量），单位为 m^3/h、L/s 等。影响喷头流量的主要因素是工作压力和喷嘴直径，同样的喷嘴，工作压力越大，喷头流量也就越大，反之亦然。

(3) 射程 R。射程是指在无风条件下，喷头正常工作时喷洒湿润半径，一般以 R 表示，单位为 m。喷头的射程主要决定于喷嘴压力、喷嘴直径、喷射仰角等因素，因此在设计或选用喷头射程时需考虑这些因素。

3. 喷头的水力参数

(1) 喷灌强度。喷灌强度是指单位时间内喷洒在单位面积上的水量（以水深表示），单位为 mm/h 或 mm/min。喷灌强度又分为点喷灌强度、平均喷灌强度以及组合喷灌强度等。

1) 点喷灌强度。点喷灌强度是指单位时间内喷洒在土壤表面某点的水深，可用式（5－1）表示：

$$\rho_i=\frac{h_i}{t} \tag{5-1}$$

式中　ρ_i——点喷灌强度，mm/h；

h_i——喷灌水深，mm；

t——喷灌时间，h。

2) 平均喷灌强度。平均喷灌强度是指一定湿润面积上各点在单位时间内喷灌水深的平均值，以式（5-2）表示：

$$\bar{\rho}=\frac{\bar{h}}{t} \tag{5-2}$$

式中　$\bar{\rho}$——平均喷灌强度，mm/h；

$\bar{h}$——平均喷灌水深，mm；

t——喷灌时间，h。

计算喷灌强度是在不考虑水滴在空气中的蒸发和飘移损失的情况下，根据喷头喷出的水量与喷洒在地面上的水量相等的原理计算得出的平均喷灌强度［式（5-3）］。在喷灌设计中，一般采用此公式来计算喷头的喷灌强度，并以此来评价喷头的水力性能。

$$\rho_s=\frac{1000q}{A} \tag{5-3}$$

式中　ρ_s——无风条件下单喷头喷洒的平均喷灌强度，mm/h；

q——喷头流量，m^3/h；

A——单喷头喷洒控制面积，m^2。

3）组合喷灌强度。在喷灌系统中，喷洒面积上各点的平均喷灌强度，称作组合喷灌强度。组合喷灌强度可用式（5-4）计算：

$$\rho=K_w C_\rho \rho_s \tag{5-4}$$

式中　C_ρ——布置系数，查表5-4；

K_w——风系数，查表5-5。

表5-4　　不同运行情况下的 C_ρ 值

运行情况	C_ρ
单喷头全圆喷洒	1
单喷头扇形喷洒（扇形中心角 α）	$\frac{360}{\alpha}$
单支管多喷头同时全圆喷洒	$\frac{\pi}{\pi-(\pi/90)\arccos(a/2R)+(a/R)\sqrt{1-(a/2R)^2}}$
多支管多喷头同时全圆喷洒	$\frac{\pi R^2}{ab}$

注　表内各式中 R 为喷头射程，a 为喷头在支管上的间距，b 为支管间距。

表5-5　　不同运行情况下的 K_w 值

运行情况		K_w
单喷头全圆喷洒		$1.15v^{0.314}$
单支管多喷头同时全圆喷洒	支管垂直风向	$1.08v^{0.194}$
	支管平行风向	$1.12v^{0.302}$
多支管多喷头同时喷洒		1.0

注　1. 式中 v 为风速，以 m/s 计。

2. 单支管多喷头同时全圆喷洒，若支管与风向既不垂直又不平行时，可近似地用线性插值方法求取 K_w。

3. 本表公式适用于风速 v 为 1～5.5m/s 的区间，当风速小于或等于 1m/s 时，K_w 的值均取 1。

喷灌工程中，组合喷灌强度不应超过土壤的允许喷灌强度，以便使喷洒到土壤表面上的水能及时渗入土壤中，而不形成积水和径流。对定喷式喷灌系统的设计喷灌强度不得大于土壤的允许喷灌强度。行喷式喷灌系统的设计喷灌强度可略大于土壤的允许喷灌强度。

不同质地土壤的允许喷灌强度可按表5-6定。当地面坡度大于5%时，允许喷灌强度应按表5-7进行折减。

表5-6 各类土壤的允许喷灌强度 单位：mm/h

土壤类别	允许喷灌强度	土壤类别	允许喷灌强度
沙土	20	黏壤土	10
沙壤土	15	黏土	8
壤土	12		
说明	有良好覆盖时，表中数值可提高20%		

表5-7 坡地允许喷灌强度降低值 %

地面坡度	允许喷灌强度降低值	地面坡度	允许喷灌强度降低值
5～8	20	13～20	50
9～12	40	>20	75

(2) 均匀系数。均匀系数是衡量喷灌面积上喷洒水量分布均匀程度的一个指标。《喷灌工程设计规范》(GB/T 60085—2007) 规定：定喷式喷灌系统喷灌均匀系数不应低于0.75，对于行喷式喷灌系统不应低于0.85。喷灌均匀系数在有实测数据时应按式(5-5)计算：

$$C_u=1-\frac{\Delta h}{h} \tag{5-5}$$

式中 C_u——喷灌均匀系数；

h——喷洒水深的平均值，mm；

Δh——喷洒水深的平均高差，mm。

在设计中可通过控制以下因素实现：设计风速下喷头的组合间距，喷头的喷洒水量分布，喷头工作压力。

(3) 喷灌的雾化指标。雾化程度是反映水滴打击强度的一个指标，是喷射水流的碎裂程度。一般用喷头工作压力水头与主喷嘴直径的比值表示，可按式(5-6)计算：

$$W_h=\frac{h_p}{d} \tag{5-6}$$

式中 W_h——喷灌的雾化指标；

h_p——喷头的工作压力水头，m；

d——喷头的主喷嘴直径，m。

表5-8给了各种作物适宜的雾化指标范围。注意雾化指标值应以不打伤作物叶片或幼苗以及不破坏土壤结构为宜，以避免不必要的蒸发损失和能源消耗。

表 5-8　　　　不同作物的适宜雾化指标

作物种类	h_p/d	作物种类	h_p/d
蔬菜及花卉	4000～5000	牧草、饲料作物、草坪及绿化林木	2000～3000
粮食作物、经济作物及果树	3000～4000		

二、滴灌灌水器

（一）滴灌灌水器的分类

滴灌系统的灌水器根据结构和出流形式不同，主要分为滴头、滴灌带（管）和薄壁滴灌带三类。

1. 滴头

滴头是通过流道或孔口将毛管中的压力水流变成水滴或细流的装置。滴头常用塑料压铸而成，工作压力约为 50～100kPa，流道最小孔径在 0.3～1.0mm，流量在 1.5～12L/h。滴灌灌水器分类方法很多，按滴头与毛管的连接方式可分为管上式滴头、管间式滴头和滴灌带（管）；按滴头流态可分为层流式滴头和紊流式滴头；按滴头消能方式分，可分为长流道型滴头、孔口型滴头、涡流型滴头、压力补偿型滴头，本书主要介绍此种分类。

（1）长流道型滴头。靠水流与流道壁之间的摩阻消能来调节出水量的大小，如微管滴头、内螺纹管式滴头等，如图 5-20 所示。

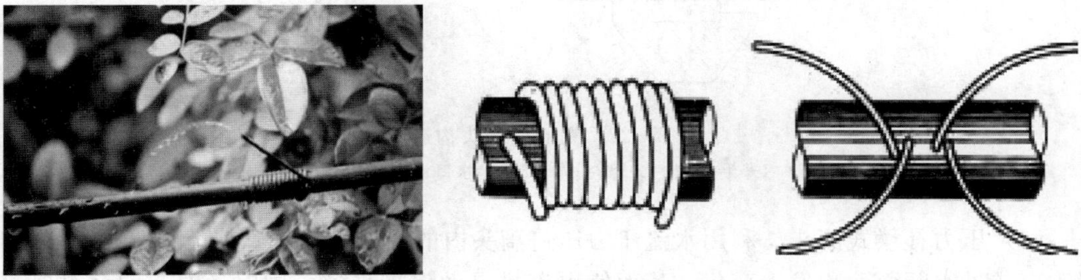

（a）微管滴头：缠绕式、散放式

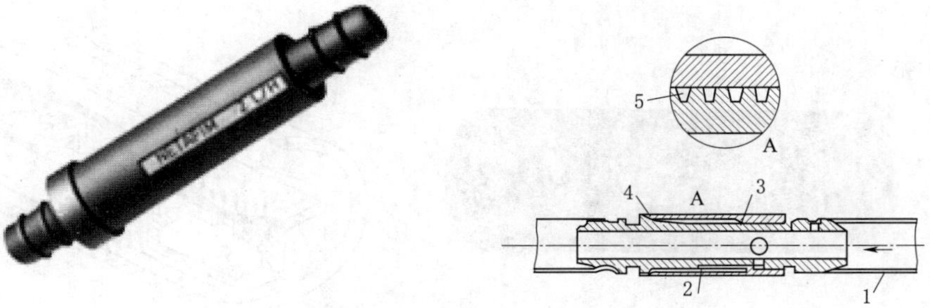

（b）内螺纹管式滴头

图 5-20　长流道型滴头及构造图

1—毛管；2—滴头；3—螺纹流道槽；4—滴头出水口；5—流道

（2）孔口型滴头。靠孔口出流造成的局部水头损失来调节滴头流量大小，如图 5-21 所示。

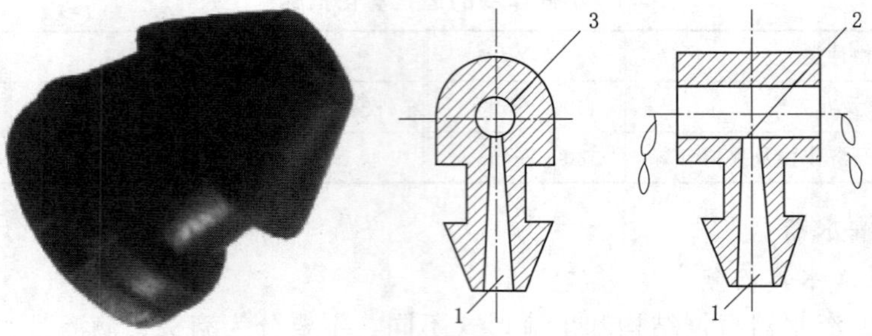

图 5-21　孔口型滴头及构造图

1—进口；2—出口；3—横向出水道

(3) 涡流型滴头。靠水流进入灌水器的涡室内形成涡流来消能和调节出水量的大小，如图 5-22 所示。

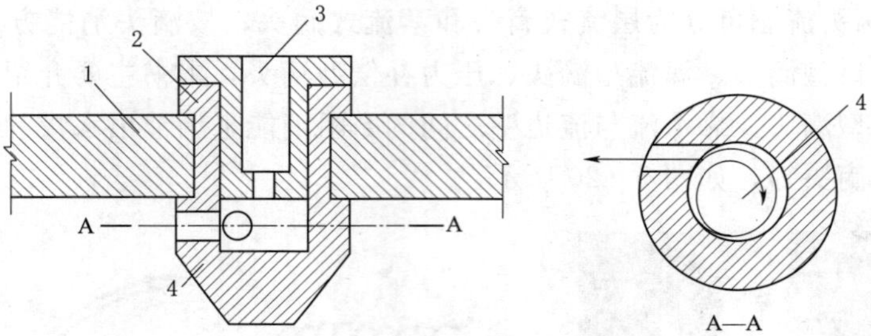

图 5-22　涡流型滴头构造图

1—毛管壁；2—滴头体；3—出水口；4—涡流室

(4) 压力补偿式滴头。利用水流压力压迫滴头内的弹性体（片）使流道（或孔口）形状改变或过水断面面积发生变化，从而使出流量自动保持稳定，同时还具有自清洗功能，如图 5-23 所示。

5.7　部分压力补偿式滴头性能表

5.8　华维压力补偿滴头

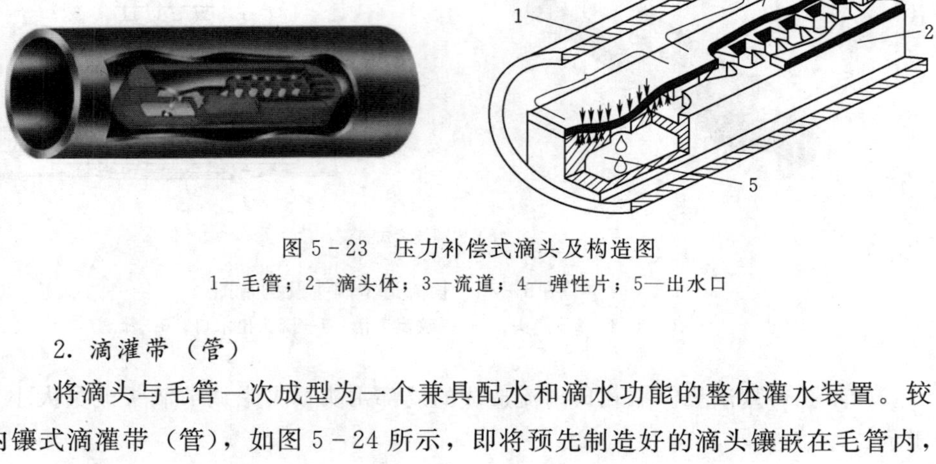

图 5-23　压力补偿式滴头及构造图

1—毛管；2—滴头体；3—流道；4—弹性片；5—出水口

2. 滴灌带（管）

将滴头与毛管一次成型为一个兼具配水和滴水功能的整体灌水装置。较为多见的是内镶式滴灌带（管），如图 5-24 所示，即将预先制造好的滴头镶嵌在毛管内，滴头形式有片式和圆柱式。还有一种连续贴条式滴灌带，其滴头流道为一整体形式（连续的滴头流道进口过滤窗口和紊流流道），同毛管通过黏结而成。生产工艺一次性挤出熔接而成，无接缝，无毛边，规避了受压破裂的可能性。具有代表性的产品有 RO－DRIP、T－TAPE、HYDROLITE 等滴灌带（图 5－25）。

5.9　国产内镶式滴灌管规格性能参数表

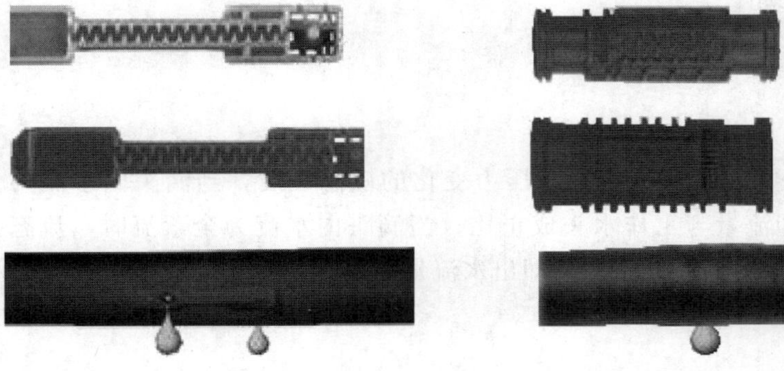

（a）内镶片式滴灌带及片式滴头　　（b）内镶圆柱式滴灌管及圆柱式滴头

图 5－24　内镶式滴灌带（管）

5.10　蓝色轨道 16mm 滴灌带流量参数表

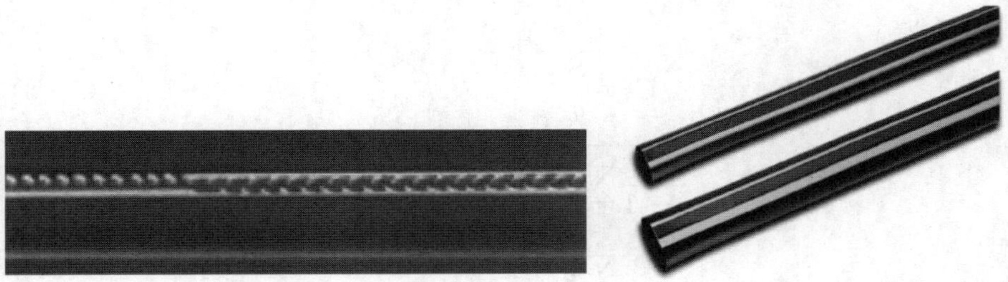

（a）T-TAPE滴管带内部整体流道构造　　（b）蓝色轨道滴管带

图 5－25　T－TAPE 连续贴条式滴灌带

3. *薄壁滴灌带*

在薄壁管的一侧热合出各种形状的流道，灌溉水通过流道以水滴形式湿润土壤，称为单翼迷宫式滴灌带（图 5－26）。

图 5－26　单翼迷宫式滴灌带

5.11　迷宫滴灌带规格与主要参数表

（二）灌水器的结构参数和水力性能参数

结构参数和水力性能参数是微灌灌水器的两项主要技术参数。结构参数主要指流道或孔口尺寸，对滴灌带还包括管带的直径和壁厚。水力性能参数主要指流态指数、制造偏差系数、工作压力、流量。

1. 灌水器的流量与压力关系

微灌灌水器的流量与压力关系用式（5-7）表示：

$$q=kh^{x} \tag{5-7}$$

式中　q——灌水器流量，L/h；

h——工作水头，m；

k——流量指数；

x——流态指数。

式中，流态指数 x 反映了灌水器的流量对压力变化的敏感程度，当滴头内水流为全层流时，流态指数 $x=1$，即流量与工作水头成正比；当滴头内水流为全紊流时，流态指数 $x=0.5$，全压力补偿器的流态指数 $x=0$，即出水流量不受压力变化的影响，其他各种形式的灌水器的流态指数在 0～1.0 之间变化。

2. 制造偏差系数

由于灌水器的流量与流道直径的 2.5～4 次幂成正比关系，因而制造上的微小偏差将会引起较大的流量偏差。在灌水器制造中，由于制造工艺和材料收缩变形等的影响，不可避免地会产生制造偏差。实践中，一般用制造偏差系数（C_v）来衡量产品的制造精度。其计算式为

$$C_v=\frac{S}{\overline{q}} \tag{5-8}$$

其中

$$S=\sqrt{\frac{1}{n-1}\sum_{i=1}^{n}(q_i-\overline{q})^2} \tag{5-9}$$

$$\overline{q}=\frac{\sum_{i=1}^{n}q_i}{n} \tag{5-10}$$

5.12　灌水器制造偏差系数分类

式中　C_v——灌水器的流量偏差系数；

S——流量标准偏差；

q_i——所测每个滴头的流量，L/h；

n——所测灌水器的个数，取样数目应在 25 个以上。

三、水泵及动力设备

泵是一种转换能量的机械，它把动力机旋转时产生的机械能传递给所抽送的液体，使液体的能量（位能、压能、动能）增加。通常把抽送的液体是水的泵，称为水泵。

（一）水泵的种类

水泵的种类很多，最基本的分类方法是按水泵的工作原理，将其分为三大类：叶片泵、容积泵、其他类型泵。叶片泵覆盖了从低扬程到高扬程、从大流量到小流量的广阔区间，使用范围较宽，水利工程中使用最多的是过清水的叶片泵。故本书重点介绍叶片泵。

叶片泵是以叶轮为工作体，利用叶轮旋转时产生的对水的作用力来工作的。按工作原理的不同，可分为离心泵、轴流泵和混流泵三种。

(1) 离心泵是利用叶轮旋转时对水产生的离心力来工作的，如图5-27 (a) 所示。离心泵按照泵轴的装置方式可分为卧式泵和立式泵；根据水流进入叶轮的方式可分为单吸泵和双吸泵；根据轴上安装叶轮的个数可分为单级泵和多级泵。离心泵扬程较大，流量较小。

5.13　水泵的类型

(2) 轴流泵是依靠叶轮旋转时叶片对水流产生的升力而工作的，由于水流进叶轮和流出导叶都是沿轴向的，故称轴流泵，如图5-27 (b) 所示。轴流泵按泵轴的装置方式，分为立式、卧式和斜式三种。按叶片固定方式，轴流泵分为固定式、半调节式和全调节式。轴流泵扬程低，流量大，在低压管道灌溉中应用较广。

(3) 混流泵中液体的出流方向介于离心泵与轴流泵之间，所以叶轮旋转时，液体受惯性离心力和推力共同作用，如图5-27 (c) 所示。混流泵按结构形式可以分为蜗壳式和导叶式两种。混流泵的使用性能介乎于离心泵和轴流泵之间，它和离心泵比较，扬程低一些，而流量大一些；它与轴流泵比较，扬程高一些，但流量又小一些。

5.14　叶片泵的性能参数与曲线

叶片泵按照使用范围和结构特点分，还有长轴井泵、潜水电泵、水轮泵等。长轴井泵具有长传动轴，泵体潜入井中抽水。根据扬程的不同，又分为浅井泵、深井泵和超深井长轴泵。潜水电泵的泵体与电动机连成一体潜入水中抽水。农田灌溉中，当水源类型为井灌时，则采用潜水泵。

(a) 离心泵

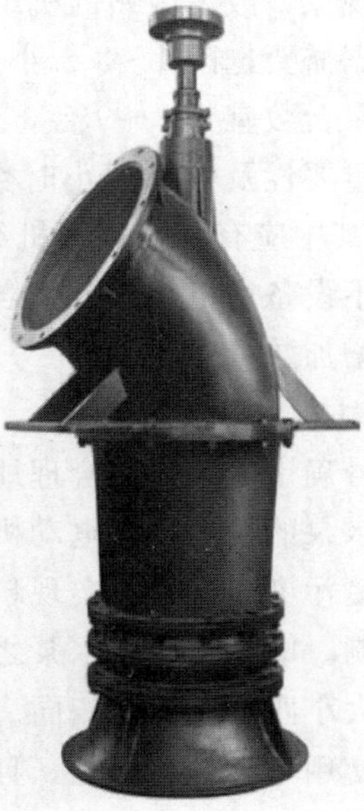

(b) 轴流泵

(c) 混流泵

图5-27　各种叶片泵

(二) 水泵选型与机组配套

如何选择水泵，以符合农田灌溉所要求的扬程和需水量，是运行经济性最重要的方面。使用中必须根据实际情况来进行正确的选型，以选用合适的水泵，然后配上合适的动力机及其他附属设备，经过妥善的安装，按照操作规程进行合理的操作，才能使水泵正常工作，发挥应有的效益。

1. 水泵选型

一般扬程在20m以上时用离心泵（大于100m用多级离心泵或其他类型的水泵），离心泵中因单级双吸泵（Sh或S）结构对称，运行性能好，优先选用；扬程在5～20m时宜用混流泵；扬程在10m以下宜用轴流泵。在同样的参数下混流泵的转数比轴流泵高，泵的体积小，水泵站的投资小，故在选型时，应优先选用混流泵。为便于维修管理，同一泵站的水泵应尽可能选用同一型号。

根据设计扬程，在“水泵综合性能图”或“水泵性能表”中查出符合设计扬程而流量不等的各种不同型号的水泵，并依据选型原则列出几种较优的型号和台数（设计流量除以单泵流量）。

2. 水泵台数确定

水泵台数影响到泵站的建站投资、运行管理、泵站的适应性。机组台数越多，投资越高，管理越麻烦，适应性越强，个别机组出现故障对整个泵站的排灌影响越小。

一般排水泵站设计流量的变化幅度较大，台数宜多；灌溉泵站设计流量变化幅度较小（比较稳定），台数宜少；灌排结合泵站，既要满足灌溉要求，又要满足排水要求，台数宜多。泵房离出水池较远的泵站，采用并联出水管路时，台数宜考虑并联要求。对于高扬程多级泵站，各级泵站联合运行时，水泵的流量应协调一致，哪一级泵站均不应有弃水或供水不足现象，故一级站的机组台数应多，末级泵站机组台数宜少。另为适应流量变化需要，可根据需要选配1～3台小型调节机组。

一般主泵台数宜为3～9台，另为保证泵站稳定运行还应考虑备用机组，备用机组数根据供水的重要性及年利用小时数和满足机组正常检修的要求确定。对于灌溉泵站装机3～9台时，其中应有1台备用机组，多于9台时应有2台备用机组；年利用小时数很低的泵站，可不设备用机组；处于含沙量大或含腐蚀性介质等工作环境的泵站，备用机组经过论证后可增加数量。

3. 动力机与水泵的配套

水泵型号确定后，还要合理地选配与之配套的动力机型号。目前，农田排灌抽水装置中常用驱动水泵的动力机为电动机和柴油机。电动机操作简便，管理方便，运行稳定，成本较低，环境污染小，易于实现自动化，但其输变电线路及其他附属设备投资大，应用时受电源的限制。电动机与主水泵之间传递动力，采用直接传动时，则要求电动机的转速与水泵的转速大小匹配，转向相同。

柴油机使用不受电源限制，且可变速运行，应用范围广，但是其操作、管理不便，运行不太稳定，成本较高，易发生故障，选配时应根据建站条件综合考虑确定。与水泵配套的柴油机，除了功率满足配套要求外，转速亦要合适，柴油机的转速应选用与所采用的标定功率对应的标定转速。柴油机的转速可以通过合适的传动设备来控制满足要求。

（三）机组传动设备

动力机与水泵之间的传动方式可分为直接传动和间接传动两种。

1. 直接传动

用联轴器把水泵和动力机的轴连接起来，借以传递能量的传动方式，称为直接传动。

该方式结构简单紧凑，运转平稳可靠，传动平稳，传动效率高（接近100%）。当水泵与动力机转速相同或接近（相差不大于2%），且轴线在同一直线上时，一般采用联轴器直接传动，如图5-27（a）所示。

目前用电动机拖动水泵的机组，大都采用联轴器直接传动。采用联轴器联结的机组，安装时应特别注意水泵轴线与动力机轴线的重合。为了防止由于地基的不均匀沉陷造成轴线的偏差，水泵和动力机最好安装在一个共同的基础上。

2. 间接传动

间接传动就是水泵与动力机的传动轴不能直连，而是通过中间传动装置连接并传递动力的传动方式。间接传动常用皮带传动和齿轮传动两种。

当水泵与动力机转速不同，轴线不在同一直线上（垂直或平行），转向不一致时，一般均采用皮带传动，如图5-27（c）所示；用内燃机拖动水泵的机组也大都采用皮带传动。由于皮带在工作中有滑动，故不能保持精确的传动比，传动效率低，一般为92%～94%。且外廓尺寸大，皮带磨损严重，需经常调节皮带长度和更换皮带。皮带传动按所用皮带的种类不同可分为平皮带和三角胶带两种。

齿轮传动是用齿轮与齿轮进行两轴间的动力与运动传递。相较皮带传动，齿轮传动效率较高，可达96%～98%，且结构紧凑，可靠耐久。当两轴间距较大时，采用齿轮传动就比较笨重，且齿轮传动对制造和安装的精度要求较高，制造成本高、价格贵，故仅在大型排灌站使用。齿轮的种类很多，按其外形可分为圆柱形齿轮和伞形齿轮两大类。

四、过滤设备

由于微灌系统灌水器（滴头、滴灌带或微喷头等）的流道细小，极易被杂质堵塞，因而对灌溉水的水质、通过系统所施用的肥料都有较高的要求。而喷头虽然流道较微灌灌水器大，堵塞的可能性有所减少，但如果大量的、较大颗粒的泥沙或其他污物进入喷灌系统，同样会造成喷头的堵塞，故而喷灌系统仍然需要过滤设备。为了使灌水器正常工作，灌溉水肥必须经过滤器过滤后才能进入田间灌溉系统。因此过滤设备的选择和工作性能是至关重要的。

任何水源（包括水质良好的井水）都不同程度地含有污物和杂质。这些污物和杂质可区分为物理、化学和生物类，诸如尘土、沙粒、微生物及生物体的残渣等有机物质。碳酸钙等易产生沉淀的化学物质，以及菌类、藻类等水生动植物。

（一）过滤设备的种类

对于灌溉水中物理杂质的处理则主要采取拦截过滤的方法，常见的拦污栅（网）、沉淀池和过滤器。根据所用材料和过滤方式可分为筛网式过滤器、叠片式过滤器、离心式过滤器、沉淀池和拦污栅（网）等。但是对于化学和微生物堵塞的问题，还需要采取其他化学处理方法。

过滤设备主要有以下几类。

（1）旋流式水沙分离器。又称离心式或涡流式过滤器，如图5-28（a）所示。旋流式水沙分离器的优点是水沙分离器能连续过滤高含沙量的灌溉水。缺点是：①不能除去与水比重相近或比水轻的有机质等杂物，特别是水泵启动和停机时过滤效果下降，会有较多的沙粒进入系统，另外，水头损失也较大；②水沙分离器只能作为初级过滤器，然后使用筛网过滤器进行第二次处理，这样可减轻网式过滤器的负担，增长冲洗周期。

（2）沙石过滤器。又称沙介质过滤器，如图 5－28（b）所示。它是以沙石作为过滤介质的过滤器，主要由进、出水口，过滤罐体，沙床和排污孔等部分组成。它是利用过滤罐中的介质吸附经过水流中的杂质起到过滤作用的，可以有效地去除无机和有机污染物，而且由于杂质不是吸附在表面，因而不易堵塞。

（3）筛网过滤器。如图 5－28（c）所示，筛网过滤器是一种简单而有效的过滤设备，在国内外微灌系统中使用最为广泛。筛网过滤器由筛网、壳体、顶盖等部分组成，以金属丝网或尼龙丝网为过滤介质。价格便宜，维护简单。适用于去除小的沙粒和大的无机碎片，但处理藻类等有机污染物效果较差。

5.15 华维叠片过滤器

5.16 离心过滤器

（4）叠片式过滤器。如图 5－28（d）所示，叠片式过滤器是用数量众多的带沟槽的薄塑料圆片作为过滤介质，工作时水流通过叠片，泥沙被拦截在叠片沟槽中，清水通过叠片的沟槽进入下游。这些滤槽可以吸附比滤槽尺寸小得多的杂质，并且如果一部分滤槽堵塞了不会影响其他滤槽的吸附，所以过滤能力大大加强。

（5）自制过滤设备。如图 5－28（e）所示，自制简易过滤器是在长为 1m 左右的 PVC 管（φ90mm 或 φ110mm）上均匀钻孔，保持合理孔径和孔间距，再用铁丝紧紧将滤网箍在管外壁和管的一端，管的另一端通过活接头或法兰与输水干管连接。如果水体中杂质和漂浮物较多，可将网管改制成“过滤网箱”。过滤原理同网式过滤器一样。该简易过滤器可有效解决自压灌溉系统或水泵提水系统管道入水口处压力低的问题。

（a）旋流式水沙分离器

（b）沙石过滤器

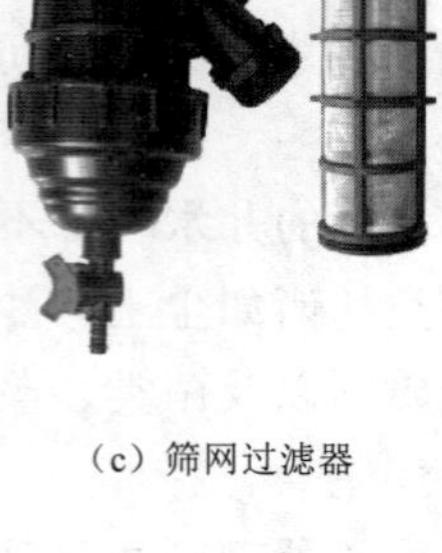

（c）筛网过滤器

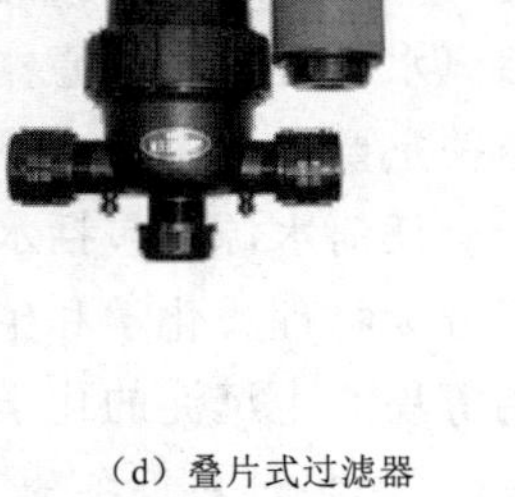

（d）叠片式过滤器

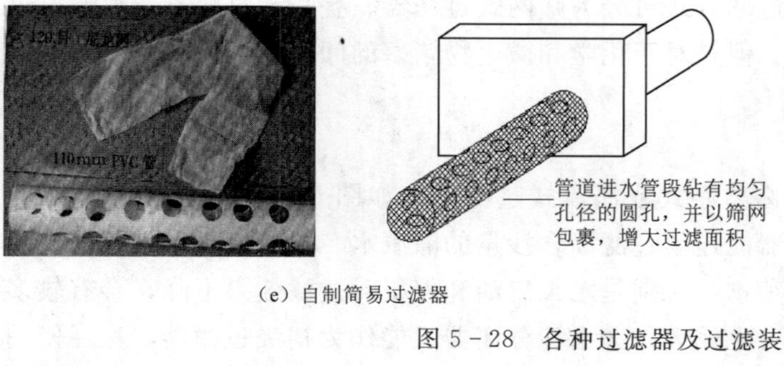

（e）自制简易过滤器

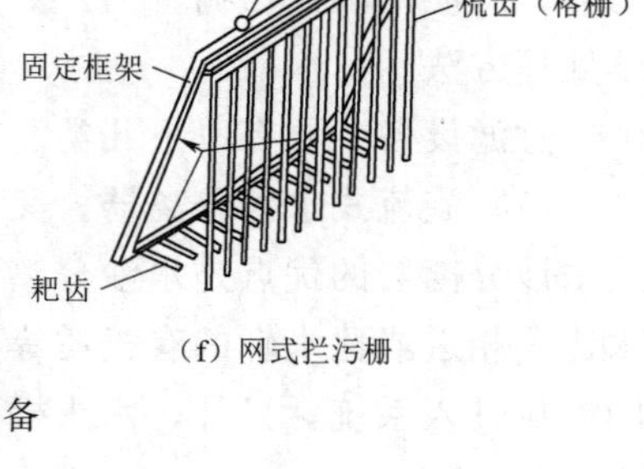

（f）网式拦污栅

图 5－28 各种过滤器及过滤装备

如果在以地表水为灌溉水源的水体中，存在着较大体积的杂物（枯枝残叶、动物残体、杂草等），让这些杂物直接进入系统，会增加过滤器过滤负担。此种情况则需在进水口安装网式拦污栅作为灌溉水源的初级净化处理设施，如图 5-28（f）所示。还有一种简单又经济的初级净化处理设施——沉沙池，可有效去除固体物质（主要为泥沙）和铁物质。

（二）过滤设备的选型

在充分分析灌区水源水质的基础上，过滤器可根据表 5-9 进行选择。

表 5-9　　过滤器的类型选择

污物类型	污染程度	定量标准	离心式过滤器	沙石过滤器	叠片式过滤器	自冲洗筛网过滤器	二级过滤器的选择
土壤颗粒	低	≤50mg/L	A	B	—	C	筛网
	高	>50mg/L	A	B	—	C	筛网
悬浮固形物	低	≤50mg/L	—	A	B	C	叠片
	高	>50mg/L	—	A	B	—	叠片
藻类	低		—	B	A	C	叠片
	高		—	A	B	C	叠片
氧化铁和锰	低	≤50mg/L	—	B	A	A	叠片
	高	>50mg/L	—	A	B	B	叠片

注　A 为第一选择方案，B 为第二选择方案，C 为第三选择方案。

如果当地缺乏水质分析资料，也可以通过表 5-10，根据水的来源粗略选择过滤器。

表 5-10　　根据水源类型初步选择过滤方式

水源类型	过滤器的选择
饮用水	不用过滤器
集中供水	水源干净时（杂质粒径小于 0.2mm），不用过滤器；有杂质时，选用网式过滤器
地下水	水源干净时（杂质粒径小于 0.2mm），不用过滤器；泥沙含量少时，选用网式过滤器；泥沙含量中等，选用离心过滤器＋网式过滤器；泥沙含量多时，沉淀池＋网式过滤器
地表水	水源干净，选用网箱过滤器或网式过滤器；污物中等，选用拦污网＋网箱过滤器＋网式过滤器；污物多时，拦污网＋沉淀池＋网箱过滤器＋网式过滤器

当过滤器类型或组合确定后，还需根据所选灌水器对过滤器的能力要求确定过滤器的目数大小。根据实际经验，过滤器截留杂质的粒径应是所使用的灌水器孔径大小的 1/10～1/7。即当灌水器孔径为 0.8mm 时，过滤器孔径应为 80～100μm，也就是 150～200 目。

一般来说，微喷灌要求 100～120 目过滤，滴灌要求 120～200 目过滤。如果系统要求流量较大，可选择大流量过滤器或多个过滤器并联过滤。在有条件的情况下，可采用自动反冲洗类型的过滤器，以减少维护和工作量。

5.17　过滤目数和孔口尺寸对应关系表

【例 5-1】　滴灌系统过滤器的选择。某滴灌项目地所用水源系地下水，水中含有细沙及少量大粒径沙粒，属于水质条件较好的水源种类。试选用合理的过滤器。

5.18　灌溉系统过滤器

分析：采用二级过滤系统（图 5-29），第一级采用离心过滤器，可过滤水中的大部分沙石，第二级采用叠片式过滤器，可进一步对水质进行净化，

图 5-29　多级过滤首部

确保水质清洁，以保证滴灌管线长期使用而不会发生堵塞的现象。

五、肥药装置

喷微灌系统施加可溶性肥料或农药溶液，可以通过安装在首部的施肥（施农药）装置进行。将施肥与灌溉结合起来，可以在作物根区土壤空间内保持最佳的水、肥含量，保证作物在最有利的条件下吸收利用养分，从而使不同种类的作物在不同的土壤条件下都能获得高产并提高产品品质。向系统的压力管道内注入可溶性肥料或农药溶液的设备称为施肥（施药）装置，常见的有压差式施肥罐、开敞式肥料罐、文丘里施肥器、施肥泵等。

（一）常用肥药装置

常用的肥药装置有以下几类。

1. 压差式施肥罐

如图 5-30（a）所示，它由储液罐、进水管、出水管、调压阀等几部分组成，是利用干管上的调压阀所造成的压差，使储液罐中的液肥注入干管。其优点是加工制造简单，造价较低，不需外加动力设备。缺点是溶液浓度变化大，无法控制；罐体容积有限，添加化肥次数频繁且较麻烦；输水管道因设有调压阀而造成一定的水头损失。

2. 开敞式（自压式）肥料罐

用于自压滴灌系统中，在自压水源如蓄水池的正常水位下部适当的位置安装肥料罐，将其供水管（及阀门）与水源相连，打开肥料罐供水管阀门，打开肥料罐输液阀，肥料罐中的肥液就自动随水流输送到灌溉管网及各个灌水器对作物施肥，如图 5-30（b）所示。

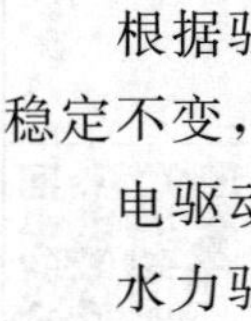

5.19　文丘里施肥器

3. 文丘里施肥器

一般并联于管路上，它与开敞式肥料罐配套组成一套施肥装置，如图 5-30（c）所示，使用时先将化肥或农药溶于开敞式化肥箱中，然后接上输液管即可开始施肥。其结构简单，使用方便，主要适用于小型微灌系统向管道注入肥料或农药。

4. 施肥泵

根据驱动水泵的动力来源可分为水驱动和电驱动两种形式。该装置的优点是肥液浓度稳定不变，配比可调，施肥质量好，效率高。

电驱动计量泵一般为容积泵，配比精确，与输水管路压力变化无关。

水力驱动活塞式施肥器是目前国际上较先进的一种注射器，它是将进出水口并联在供水管路中，当水流通过施肥器时，驱动主活塞，与之相联的注入器活塞跟随上下运动，从而吸入肥液并注入混合室，混合液直接进入出口端管路中，混合比由手动调节活塞行程来实现精确控制。典型的水动力泵有隔膜泵和柱塞泵两种，如图 5-30（d）、（e）所示。

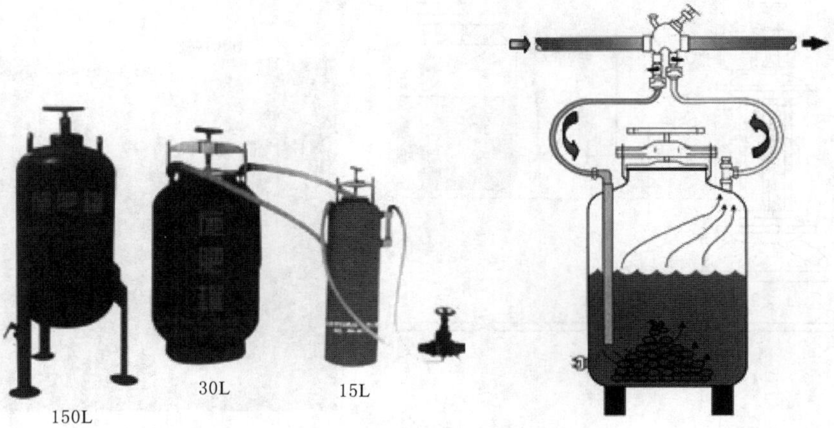

（a）压差式施肥罐

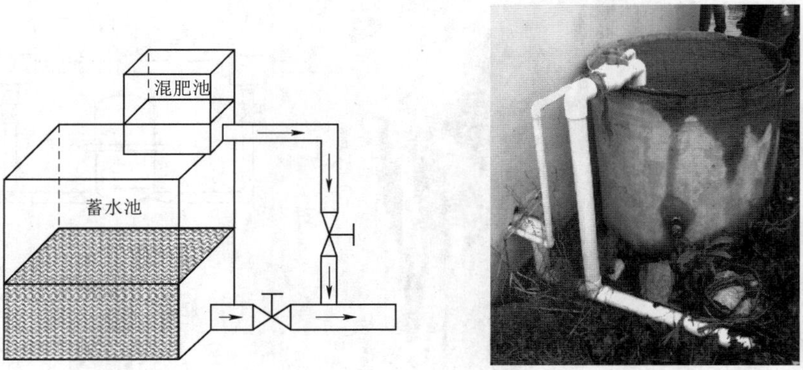

（b）开敞式（自压式）肥料缸罐

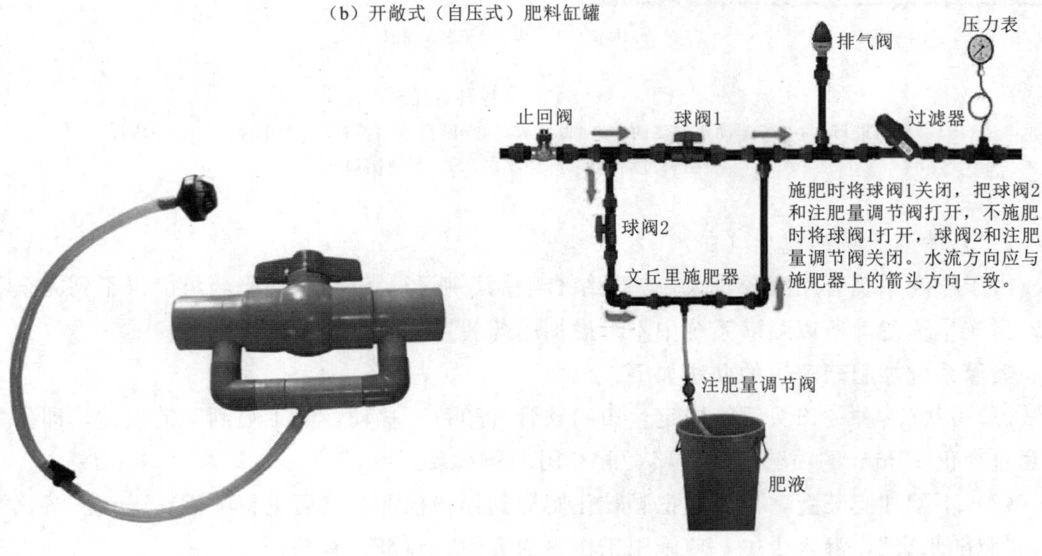

（c）文丘里施肥器与开敞式肥料罐配合运用

图 5-30（一）　各种施肥器

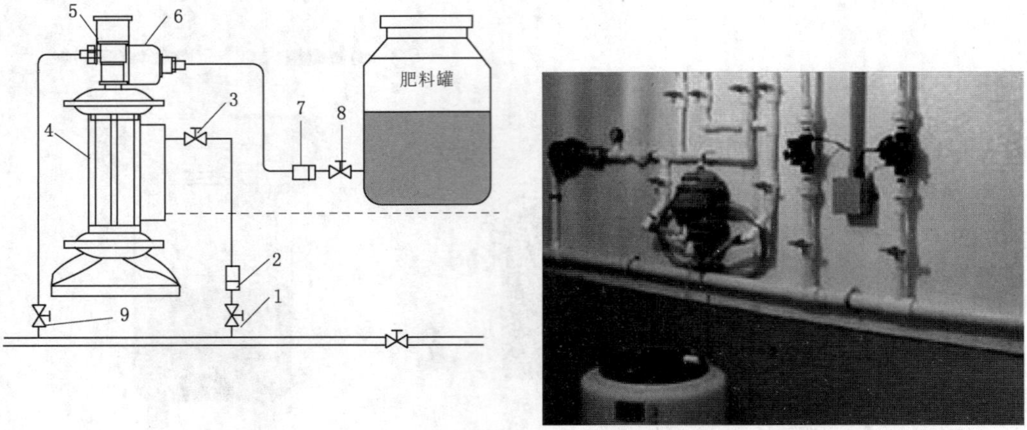

(d) 隔膜泵工作原理及现场安装图

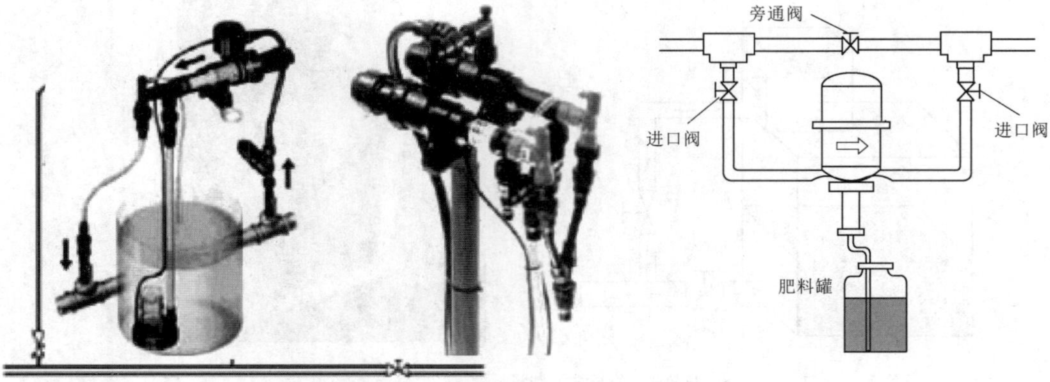

(e) 柱塞泵工作原理及安装示意图

图 5-30（二）　各种施肥器

1—动力进口阀；2—驱动水过滤阀；3—调节阀；4—肥料注射器；5—逆止阀；6—吸力阀；
7—肥料过滤器；8—施肥阀；9—肥料出口阀

（二）喷灌系统的施肥（药）

由于喷灌系统管路直径较大，如果结合喷肥、喷药，管路中的肥药可能得不到完全利用，易产生浪费，所以喷灌系统中不考虑加肥药装置。

喷灌系统加肥药解决的办法如下：

(1) 建立一种“田头钢管固定，田间软管（塑料）移动，人工喷洒”的模式，即另建一套直径仅 15mm 的喷药专用管路，配专用加药水泵。

(2) 不配加肥装置，而是先把颗粒化肥撒到作物根部，然后进行喷灌 15min，溶化肥料，“肥随水走”，渗入土壤，使施肥工作更为方便、经济、有效。

（三）肥药系统要注意的问题

肥药系统要注意的问题有以下几个方面：

(1) 化肥或农药的注入一定要放在水源与过滤器之间，使肥液先经过过滤器之后再进入灌溉管道，以免堵塞管道及灌水器。

（2）施肥和施农药后，必须利用清水把残留在系统内的肥液或农药全部冲洗干净，防止设备被腐蚀。

（3）在化肥或农药输液管与灌水管连接处一定要安装逆止阀，防止肥液或农药流进水源，更严禁直接把化肥和农药加进水源而造成环境污染。

六、管道及管件

管道是喷微灌工程的重要组成部分，管材必须保证在规定的工作压力下不发生开裂、爆管现象，工作安全可靠。管材在喷微灌系统中需用数量多，投资比重较大，需要在设计中按照因地制宜、经济合理的原则加以选择，此外，管道附件也是管道系统中不可缺少的配件。

固定式及半固定式微灌系统的地埋管道部分（干、支管），其选材和喷灌系统相同，必须能承受一定的压力。微灌系统的地面管道系统要求一定的抗老化性能，一般会采用柔韧性好的高密度聚乙烯管（HDPE），尤其是毛管基本都用聚乙烯管。

（一）喷微灌管材

大型喷微灌工程的骨干输水管道一般采用钢管、铸铁管、钢筋混凝土管及其连接件。微灌系统在经过过滤器后的管网则全部采用塑料管道及连接件。适用于喷微灌系统的管道种类繁多，一般按照材质分为金属管道和非金属管道，详见表 5-11。

表 5-11　　灌溉管道分类及适用范围

灌溉管道分类		管道材质	适用范围
金属管道		铸铁管、钢管	宜作地埋管道
		薄壁铝合金管、薄壁镀锌钢管	宜作地面移动管道
非金属管道	脆硬性管	钢筋混凝土管、石棉水泥管	宜作地埋管道
	塑料管	氯乙烯管、聚氯乙烯管、改性聚丙烯管	宜作地埋管道
		涂塑软管	宜作地面移动管道

1. 塑料管

塑料管按其材质可以分为聚氯乙烯管（PVC）、聚乙烯管（PE）和改性聚丙烯管（PP）等，如图 5-31 所示。聚氯乙烯管是目前灌溉工程使用最多的管道，其承压能力按管壁厚度和管径不同而异。聚乙烯管具体又可分为高密度聚乙烯管（HDPE）和低密度聚乙烯管（LDPE）。高密度聚乙烯管为高硬度管，半固定式喷灌系统中使用较多，低密度聚乙烯管为低硬度管，微灌系统中使用较多。聚乙烯管一般会加入炭黑做成黑色管。改性聚丙烯管多应用于喷灌系统。

5.20　硬聚氯乙烯管材规格与尺寸公差

5.21　低密度聚乙烯（LDPE、LLDPE）管材规格

塑料管的优点是重量轻，便于搬运，施工容易，能适应一定的不均匀沉陷，内壁光滑，不生锈，耐腐蚀，水头损失小。其缺点是存在老化脆裂问题，随温度升降变形大。喷灌工程中如果将其作为地埋管道使用，可以最大限度地克服老化脆裂缺点，同时减小温度变化幅度，因此地埋管道多选用塑料管。

塑料管的连接形式分为刚性连接和柔性连接，刚性连接有法兰连接、承插粘接和焊接等；柔性连接多为一端 R 型扩口或使用铸铁管件套橡胶圈止水

（a）PVC管　（b）PE管　（c）PP管

图 5-31　PVC 管、PE 管、PP 管

承插连接。

2. 铸铁管

铸铁管可分为铸铁承插直管和沙型离心铸铁管及铸铁法兰直管。

铸铁管的优点是承压能力大，一般为 1MPa；工作可靠；寿命长，可使用 30～50 年；管件齐全，加工安装方便等。其缺点是重量大，搬运不方便；造价高；内部容易产生铁瘤阻水。铸铁管一般采用法兰接口或者承插接口方式进行连接。

3. 钢管

常用的钢管有无缝钢管（热轧和冷拔）、焊接钢管和水煤气钢管等。

钢管的优点是能够承受动荷载和较高的工作压力，与铸铁管相比较，管壁较薄，韧性强，不易断裂，节省材料，连接简单，铺设简便。其缺点是造价较高，易腐蚀，使用寿命较短。因此，钢管一般用于系统的首部连接、管路转弯、穿越道路及障碍等处。

钢管一般采用焊接、法兰连接或者螺纹连接方式。

4. 钢筋混凝土管

钢筋混凝土管分为自应力钢筋混凝土管和预应力钢筋混凝土管，均是在混凝土浇制过程中，使钢筋受到一定拉力，从而保证其在工作压力范围内不会产生裂缝。

钢筋混凝土管的优点是不易腐蚀，经久耐用；长时间输水，内壁不结污垢，保持输水能力；安装简便，性能良好。其缺点是质脆、重量较大，搬运困难。

钢筋混凝土管的连接，一般采用承插式接口，分为刚性、柔性接头。

5. 薄壁铝合金管

5.22　薄壁铝合金管材的规格与尺寸公差

薄壁铝合金管材的优点是重量轻；能承受较大的工作压力；韧性强，不易断裂；不锈蚀，耐酸性腐蚀；内壁光滑，水力性能好；寿命长，一般可使用 15～20 年。其缺点是价格较高；抗冲击能力差；耐磨性不及钢管；不耐强碱性腐蚀等。

薄壁铝合金管材的配套管件多为铝合金铸件和冲压镀锌钢件。铝合金铸件不怕锈蚀，使用管理简便，有自泄功能；冲压镀锌钢件转角大，对地形变化适应能力强。

薄壁铝合金管材的连接多采用快速接头连接。

6. 涂塑软管

用于喷灌工程中的涂塑软管主要有锦纶塑料软管和维纶塑料软管两种。锦纶塑料软管是用锦纶丝织成网状管坯后，在内壁涂一层塑料而成；维纶塑料软管是用维纶丝织成网状管坯后，在内、外壁涂注聚氯乙烯而成。

涂塑软管的优点是重量轻，便于移动，价格低。其缺点是易老化，不耐磨，怕扎、怕压折，一般只能使用 2～3 年。

涂塑软管接头一般采用内扣式消防接头，常用规格有 $\varphi50$、$\varphi65$ 和 $\varphi80$ 等几种。这种接头用橡胶密封圈止水，密封性能较好。

（二）连接件及附件

1. 管道连接件

连接件是连接管道的部件，可根据需要将管道连接成一定形状的管网，也称为管件。不同管材配套不同的管件。如铸铁管和钢管可以焊接、螺纹连接和法兰连接，铸铁管可以用承插方式连接，钢筋混凝土管和石棉水泥管可以用承插方式、套管方式及浇注方式连接，塑料管可用焊接、螺纹、套管粘接或承插等方式连接。由于灌溉系统中的管材绝大多数采用聚乙烯管，本书仅介绍其连接件，如图 5－32 所示。

图 5－32　管道连接件

5.23 管材与管件

(1) 接头。接头的作用是连接管道。根据两个被连接件管道的管径大小，分为同径和异径接头。根据连接方式不同，聚乙烯接头分为倒钩内承插式接头（32mm以内管径的管材连接）、螺纹式接头和螺纹锁紧式接头（65mm以内管径的管材连接）三种。

(2) 三通和四通。主要用于管道分叉时的连接件，对于单向分水的用三通，对于双向分水的用四通。同接头一样，有等径和异径之分，及三种连接方式。

(3) 弯头。主要用于管道转弯或坡度改变处的管道连接，同接头一样，有三种连接方式。一般按转弯的中心角大小分类，常用的有90°、45°等。

(4) 异径管。又称大小头。用于连接不同管径的直管段。

(5) 堵头。用于封闭管道的末端。有内插式和螺纹式两种。

(6) 密封紧固件。用于内接式管件与管连接时的紧固。

(7) 旁通。用于支管与毛管间的连接。

2. 竖管和支撑件

竖管是连接喷头的短管，其长度可按照作物茎高不同或同一作物不同的生长阶段来确定，为了拆卸方便，竖管下部常安装可快速拆装的自闭阀（插座）。

支架是为稳定竖管因喷头工作而产生的晃动而设置的，硬质支管上的竖管可用两脚支架固定，软质支管上的竖管则需用三脚支架固定，如图5-33(a)所示。

微喷头工作压力相对较低，流量小，采用软质聚氯乙烯或聚乙烯连接管（内径φ4mm）与毛管连接。除此之外，地插式微喷头只需采用插杆支撑，使其置于规定高度。地插杆材质通常为碳钢或塑料。倒挂式微喷头还需配有双倒钩、重锤、防滴阀，如图5-33(b)所示。

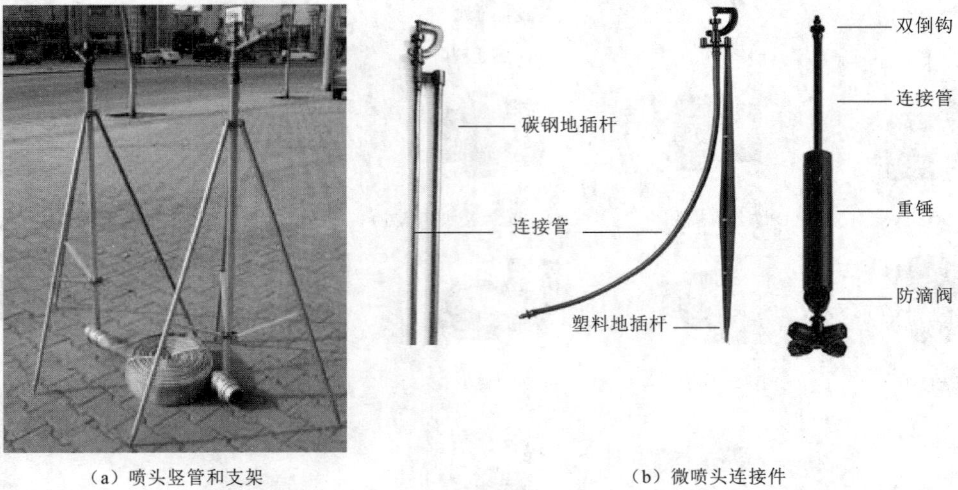

(a) 喷头竖管和支架　　(b) 微喷头连接件

图5-33 喷灌及微喷灌支撑件

3. 打孔器

微灌系统的毛管与支管的连接件连接，都需要在支管上打孔。特制打孔器（图5-

34）是利用刃口下压切割塑料打孔，开孔圆整，且能在支管上形成向管内开孔的凸起。这样便于倒钩结构连接件插入安装及承压力时与倒钩密封。

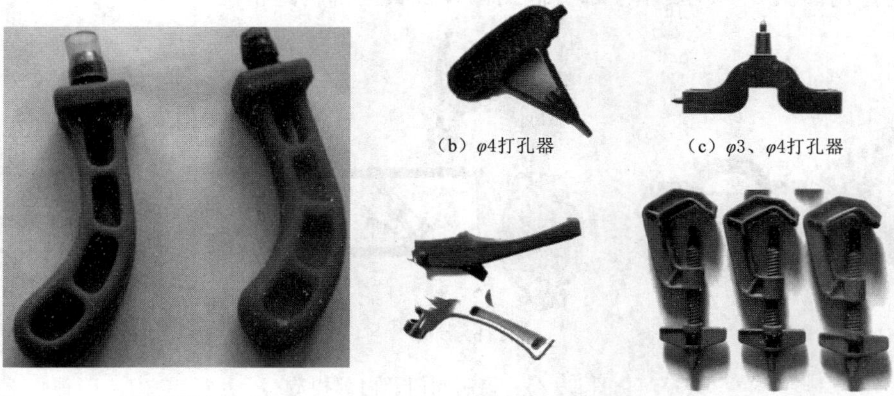

（a）简易手柄打孔器　（b）φ4打孔器　（c）φ3、φ4打孔器　（d）φ16、φ20水带打孔器　（e）φ16、φ10、φ10打孔器

图 5－34　打孔器

七、附属设备

有压灌溉系统能够正常工作的基本条件是工作压力和流量都在设计要求范围内，无异常情况。为保证系统的安全运行，方便管理人员实时监测与控制系统的运行状况，且系统某一部件出现问题时可以及时关闭整个系统进行维修，需要在系统中安装控制、测量与保护装置。

（一）控制部件

控制部件的作用是控制水流的流向、流量和总供水量，可有计划地按要求的流量将水流分配输送至系统各部分的设备，主要有各种阀门和专业给水部件。

1. 给水栓

给水栓是地下管道系统的水引出地面进行灌溉的放水口。根据阀体结构形式，可分为移动式给水栓、半固定式给水栓和固定式给水栓，相应的适用条件及特点详见表 5－12。

表 5－12　　给水栓分类及特点

给水栓类别	特　点
移动式给水栓（分体式移动给水装置）	下栓体密封，上栓体可移动使用，系统运行时不需停机就能启闭给水栓、更换灌水点。在半固定喷灌系统中应用最多，一般在固定干管与移动支管之间用其连接
半固定式给水栓	集密封、控制给水于一体。非灌溉期可卸下，室内保存。同一灌溉系统同时工作的出水口必须在开机运行前安装好栓体，如需轮换使用，也必须停机
固定式给水栓（整体固定式给水装置）	集密封、控制给水于一体。不能拆卸。同一系统的每一个取水口必须安装一套给水装置，投资相对较大

2. 控制阀门

阀门是灌溉系统的必需部件，其控制管道启闭和调节流量。按结构不同，可有闸阀、蝶阀、截止阀几种，50mm 以上的阀门多用法兰连接，50mm 以下的阀门用螺纹连接。一般手动驱动。

不同的阀门起着不同的作用。蝶阀、球阀、闸阀和电磁阀起到控制水流方向，截断和接通管道中水流的作用。止回阀、安全阀、减压阀、调节阀和进排气阀则主要起到保护系统安全的作用。图 5-35 展示了部分阀门图片及其内部构造情况。

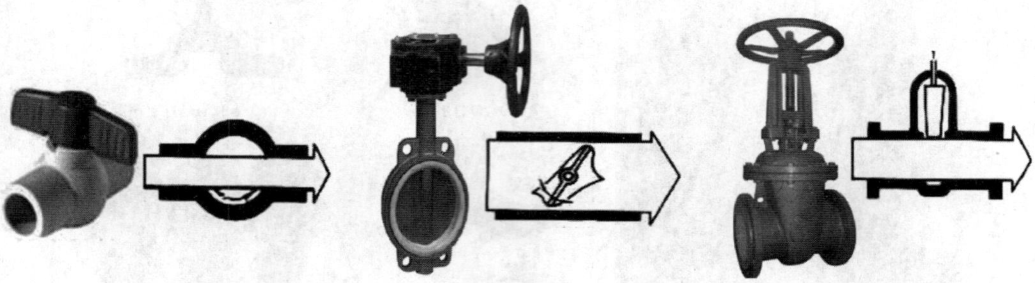

(a) 球阀　　(b) 蝶阀　　(c) 闸阀

图 5-35　控制阀门及内部构造

（二）安全保护装置

灌溉系统相关部件必须安装保护装置，防止系统内因压力变化或水倒流对喷灌设备产生破坏，保证系统正常运行。图 5-36 展示了部分安全保护装置图片及其内部构造情况。

5.24　华维进排气阀

5.25　各类阀件

1. 进（排）气阀

进（排）气阀能够自动排气和进气，且当压力水来时能够自动关闭的一种安全保护设备。主要作用是排除管内空气，破坏管道真空，有些还具有止回水功能。一般安装在管道系统的最高处和管路中凸起处。

2. 安全阀

安全阀用于减少管道内超过规定的压力值，它可以防护关闭水锤和充水水锤。一般安装在管路的较低处。

3. 止回阀

止回阀也称逆止阀，一般安装在水泵出口管路上，当切断水流时，用于防止含有肥料的水倒流进水源，还可防止水流倒流引起水泵叶轮倒转，进而保护水泵。

（三）流量与压力调节装置

流量与压力调节装置都是通过自动改变过水断面来调节流量与压力的，实际上是通过限制流量的方法达到减小流量或压力的一种装置，并不会增加系统流量或压力。

（四）量测装置

量测装置可实时监测管道中的工作压力和流量，正确判断系统工作状态，及时发现并排除系统故障，防止造成严重损失。主要有压力表、流量计和水表，如图 5-37 所示。

1. 压力表

压力表是所有灌溉系统必需的量测装置，它通过量测管道内水压，实时反映系统是否处于正常工作状态。通常安装在首部枢纽、轮灌区入口处、支管入口处等控制节点处。

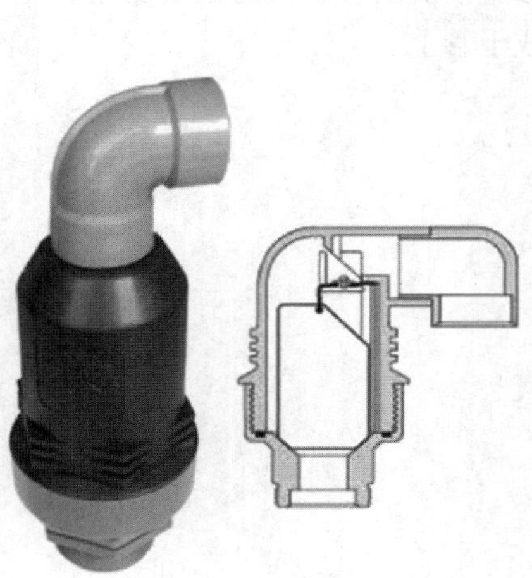

（a）进(排)气阀

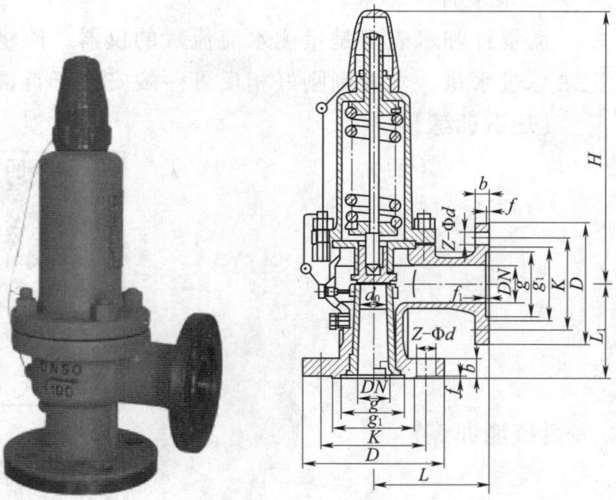

（b）安全阀

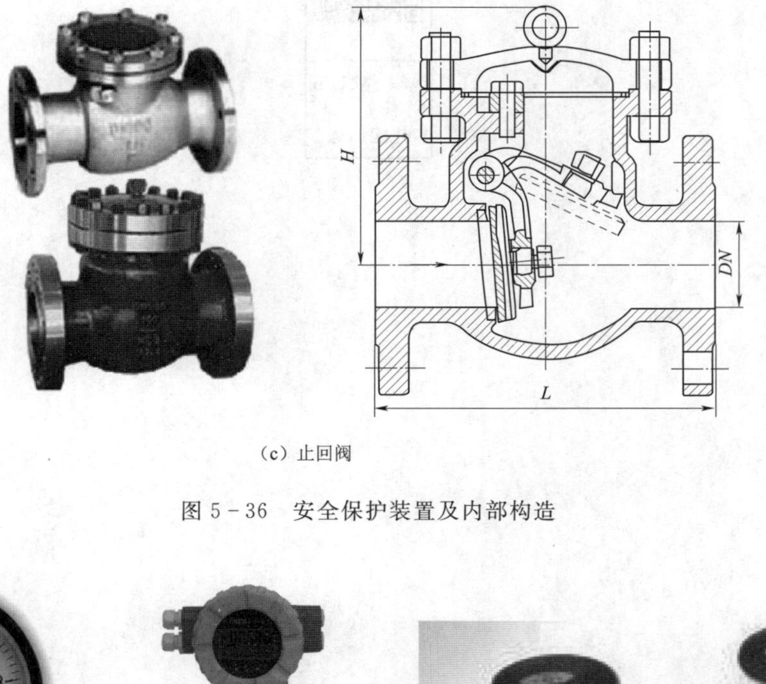

（c）止回阀

图 5-36 安全保护装置及内部构造

（a）压力表

（b）流量计

（c）水表

图 5-37 量测装置

2. 流量计和水表

流量计和水表都是量测水流流量的仪器。流量计能够直接反映管道内的流量变化，不记录总过水量。水表则刚好相反。一般安装于首部枢纽或干管上。

【知识训练】

5.26　项目五
任务三
知识训练

【技能训练】

5.27　项目五
任务三
技能训练

项目六　喷微灌工程设计

【知识目标】

1. 掌握喷灌工程设计原理及步骤。

2. 掌握微灌工程设计原理及步骤。

【技能目标】

1. 能进行喷灌工程的设计。

2. 能进行微灌工程的设计。

6.0 课程导学

任务一　喷 灌 工 程 设 计

【任务目标】

1. 掌握喷灌工程规划设计原理及步骤。

2. 掌握喷灌工程的设计方法。

一、喷灌工程规划设计

（一）喷灌工程规划设计的要求

（1）喷灌工程规划设计应符合当地水资源开发利用规划，符合农业、林业、牧业、园林绿地规划的要求，并与灌排设施、道路、林带、供电等系统建设，与土地整理复垦规划、农业结构调整规划相结合。

（2）喷灌工程应根据灌区地形、土壤、气象、水文与水文地质、作物种植以及社会经济条件，通过技术经济分析及环境评价确定。

（3）在经济作物、园林绿地及蔬菜、果树、花卉等高附加值的作物，灌溉水源缺乏的地区，高扬程提水灌区，受土壤或地形限制难以实施地面灌溉的地区，有自压喷灌条件的地区，集中连片作物种植区及技术水平较高的地区，可以优先发展喷灌工程。

（4）喷灌工程宜采取连片开发、整体设计和分期实施的方式，形成具有适度规模的喷灌工程。

（二）喷灌工程规划设计方法

下面以管道式喷灌工程为例，说明喷灌工程规划设计方法。

1. 基本资料收集

进行喷灌工程的规划设计，需要认真收集灌区的一些基本资料。主要包括自然条件（地形、土壤、作物、水源、气象资料）、生产条件（水利工程现状、生产现状、喷灌区划、农业生产发展规划和水利规划、动力和机械设备、材料和设备生产供应情况、生产组织和用水管理）和社会经济条件（灌区的行政区划，经济条件，交通情况，市、县、镇发展规划)。

2. 水源分析计算

喷灌工程设计必须进行水源水量和喷灌用水量的平衡计算。当水源的天然来水过程不能满足喷灌用水量要求时，应建蓄水工程。蓄水工程的容积应根据来水和用水的平衡关系来确定，限于篇幅，具体计算方法可参考其他资料。

喷灌水质应符合现行《农田灌溉水质标准》(GB 5084—2021) 的规定。

【例 6-1】 某项目水源水量和灌溉用水量的平衡计算。

某井灌区有六眼机井，单井平均出水量在 $110m^3/h$ 左右，总出水量 $660m^3/h$，灌溉期可供水量为 $118.35\times10^4m^3$。

现状年，地面灌溉净需水量为 $114.84\times10^4m^3$，毛需水量为 $196.98\times10^4m^3$。

节水项目实施后计算的灌溉净需水量为 $89.1\times10^4m^3$，毛需水量为 $99.02\times10^4m^3$。

平衡计算：水源水量－节水灌溉毛需水量 $=118.35\times10^4-99.02\times10^4=19.33\times10^4(m^3)>0$

满足要求。项目实施后，比项目实施前的地面灌溉方式年节约水量 $97.96\times10^4m^3$。

3. 工程选型

工程选型应因地制宜，综合以下因素选择：水源类型及位置；地形地貌，地块形状、土壤质地；作物生长期降水量，灌溉期间风速、风向；灌溉对象；社会经济条件、生产管理体制、劳动力状况及劳动者素质；动力条件。

具体选择如下：

(1) 地形起伏较大、灌水频繁、劳动力缺乏，灌溉对象为蔬菜、茶园、果树等经济作物及园林、花卉和绿地，宜选用固定式喷灌系统。

(2) 地面较为平坦的地区，灌溉对象为大田粮食作物，气候严寒、冻土层较深的地区，宜选用半固定式和移动式喷灌系统。

(3) 土地开阔连片、地势平坦、田间障碍物少，使用管理者技术水平较高，灌溉对象为大田作物、牧草等，集约化经营程度相对较高，选用大、中型机组式喷灌系统。

(4) 丘陵地区零星、分散耕地的灌溉，水源较为分散、无电源或供电保证率较低的地区，选用轻、小型机组式喷灌系统。

4. 喷头的选择与布置

(1) 喷头的选择。选择喷头时，需要根据作物种类、土壤性质以及当地喷头与动力的生产与供需情况，考虑喷头的工作压力、流量、射程、组合喷灌强度、喷洒扇形角度可否调节、土壤的允许喷灌强度、地块大小形状、水源条件、用户要求等因素，进行选择。喷头选定后要符合下列要求：

1) 组合后的喷灌强度不超过土壤的允许喷灌强度值。

2) 组合后的喷灌均匀系数不低于《喷灌工程技术规范》(GB 50085—2007) 规定的数值。

3) 雾化指标应符合作物要求的数值。

4) 有利于减少喷灌工程的年费用。

(2) 喷头的布置。喷灌系统中喷头的布置包括喷头的喷洒方式、喷头的组合形式、组合的校核、喷头沿支管上的间距及支管间距等。喷头布置得合理与否，直接关系到整个系统的灌水质量。

1）喷头的喷洒方式。喷头的喷洒方式因喷头的形式不同可有多种，如全圆喷洒、扇形喷洒、带状喷洒等。在管道式喷灌系统中，除了在田角路边或房屋附近使用扇形喷洒外，其余均采用全圆喷洒。全圆喷洒能充分利用射程，允许喷头有较大的间距，并可使组合喷灌强度减小。

2）喷头的组合形式。喷头的组合形式，就是指喷头在田间的布置形式，一般用相邻的四个喷头的平面位置组成的图形表示。喷头的组合间距用 a 和 b 表示：a 表示同一支管上相邻两喷头的间距，b 表示相邻两支管的间距。喷头的组合形式可分为正方形组合和长方形组合，其中正方形组合 $a=b$。喷头组合形式的选择，要根据地块形状、系统类型、风向风速等因素综合考虑。

3）喷头组合间距的确定。喷头的组合间距合理与否，直接影响喷灌质量。喷头的组合间距，不仅直接受喷头射程的制约，同时也受到喷灌系统所要求的喷灌均匀度和喷灌区土壤允许喷灌强度的限制。一般可按以下步骤确定喷头的组合间距。

第一步，根据设计风速和设计风向确定间距射程比。

为使喷灌的组合均匀系数 C_u 达到 75%以上，旋转式喷头在设计风速下的间距射程比可按表 6-1 确定。

表 6-1 喷头组合间距

设计风速/(m/s)	组合间距	
	垂直风向	平行风向
0.3～1.6	$(1.1\sim1)R$	$1.3R$
1.6～3.4	$(1\sim0.8)R$	$(1.3\sim1.1)R$
3.4～5.4	$(0.8\sim0.6)R$	$(1.1\sim1)R$

注 1. R 为喷头射程。
2. 在每一档风速中可按内插法取值。
3. 在风向多变采用等间距组合时，应选用垂直风向栏的数值。
4. 表中风速是指地面以上 10m 高处的风速值。

第二步，确定组合间距。

根据初选喷头的射程 R 和选取的间距射程比 K_a、K_b 值，按下式计算组合间距：

喷头间距 $$a=K_aR \tag{6-1}$$

支管间距 $$b=K_bR \tag{6-2}$$

计算得到 a、b 值后，还应调整到可适应管道的规格长度。对于固定式喷灌系统和移动式喷灌系统，计算的喷头的组合间距可按调整后采用，但对于半固定喷灌系统则需要把 a、b 值调整为标准管节长的整数倍。调整后的 a、b 值，如果与式（6-1）、式（6-2）计算的结果相差较大，则应校核计算间距射程比 a、b 值是否超过表 6-1 中规定的数值，如不超过，则 $C_u\geqslant75\%$仍满足，如超出表中所列数值，则需重新调整间距。

4）组合喷灌强度的校核。在选喷头、定间距的过程中已满足了雾化程度和均匀度的要求，但是否满足喷灌强度的要求，还需进行验证。验证的公式为

$$\rho\leqslant[\rho] \tag{6-3}$$

将式（5-4）代入式（6-3），得

$$K_{\omega}C_{\rho}\rho_{s}\leqslant[\rho] \tag{6-4}$$

式中 $[\rho]$——灌区土壤的允许喷灌强度，mm/h；

其他符号意义同前，系数值查表5-4、表5-5。

如果计算出的组合喷灌强度大于土壤的允许喷灌强度，可以通过以下方式加以调整，直至校核满足要求：①改变运行方式，变多行多喷头喷洒为单行多喷头喷洒，或者变扇形喷洒为全圆喷洒；②加大喷头间距，或支管间距；③重选喷头，重新布置计算。

5）喷头布置。喷头布置要根据不同地形情况进行，图6-1给出了不同地形时的喷头布置形式。

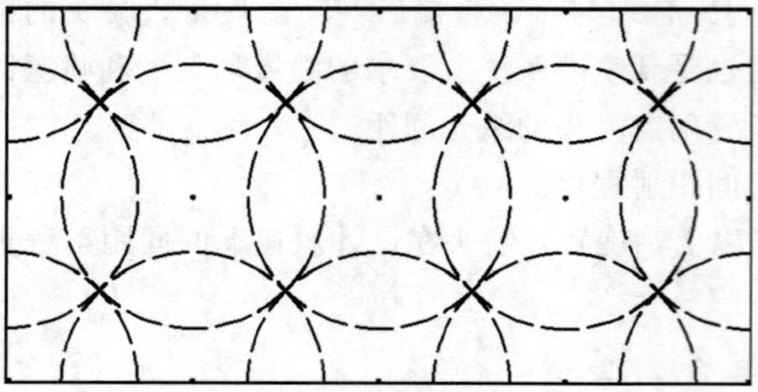

（a）长方形区域

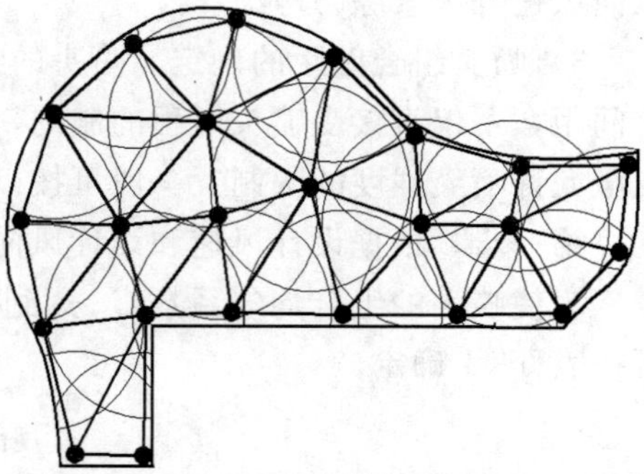

（b）不规则区域

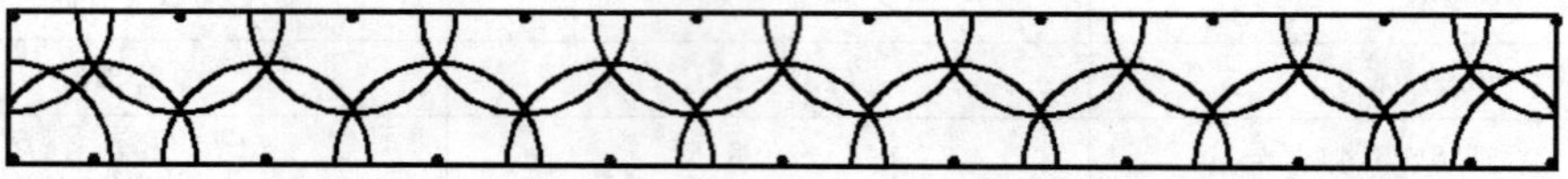

（c）狭长区域

图6-1 不同地形时的喷头布置图

5. 管道系统的布置

喷灌系统的管道一般由干管、分干管和支管三级组成，喷头通常通过竖管安装在最末一级管道上。管道系统需要根据水源位置、灌区地形、作物分布、耕作方向和主风向等条件进行布置。

（1）布置原则。管道系统的布置原则如下：

1）管道总长度最短、水头损失最小、管径小，且有利于水锤防护，各级相邻管道应尽量垂直。

2）干管一般沿主坡方向布置，支管与之垂直并尽量沿等高线布置，保证各喷头工作压力基本一致。

3）平坦地区，支管尽量与作物的种植方向一致。

4）支管必须沿主坡方向布置时，需按地面坡度控制支管长度，上坡支管据首尾地形高差加水头损失小于0.2倍的喷头设计工作压力、首尾喷头工作流量差小于等于10%确定管长，下坡支管可缩小管径抵消增加的压力水头或者设置调压设备。

5）多风向地区，支管垂直主风向布置（出现频率75%以上），便于加密喷头，保证喷洒均匀度。

6）充分考虑地块形状，使支管长度一致。

7）支管通常与温室或大棚的长度方向一致，对棚间地块应考虑地块的尺寸。

8）水泵尽量布置在喷洒范围的中心，管道系统布置应与排水系统、道路、林带、供电系统等紧密结合，降低工程投资和运行费用。

（2）布置形式。管道系统的布置主要有“丰”字形和梳齿形两种，如图 6－2 所示。

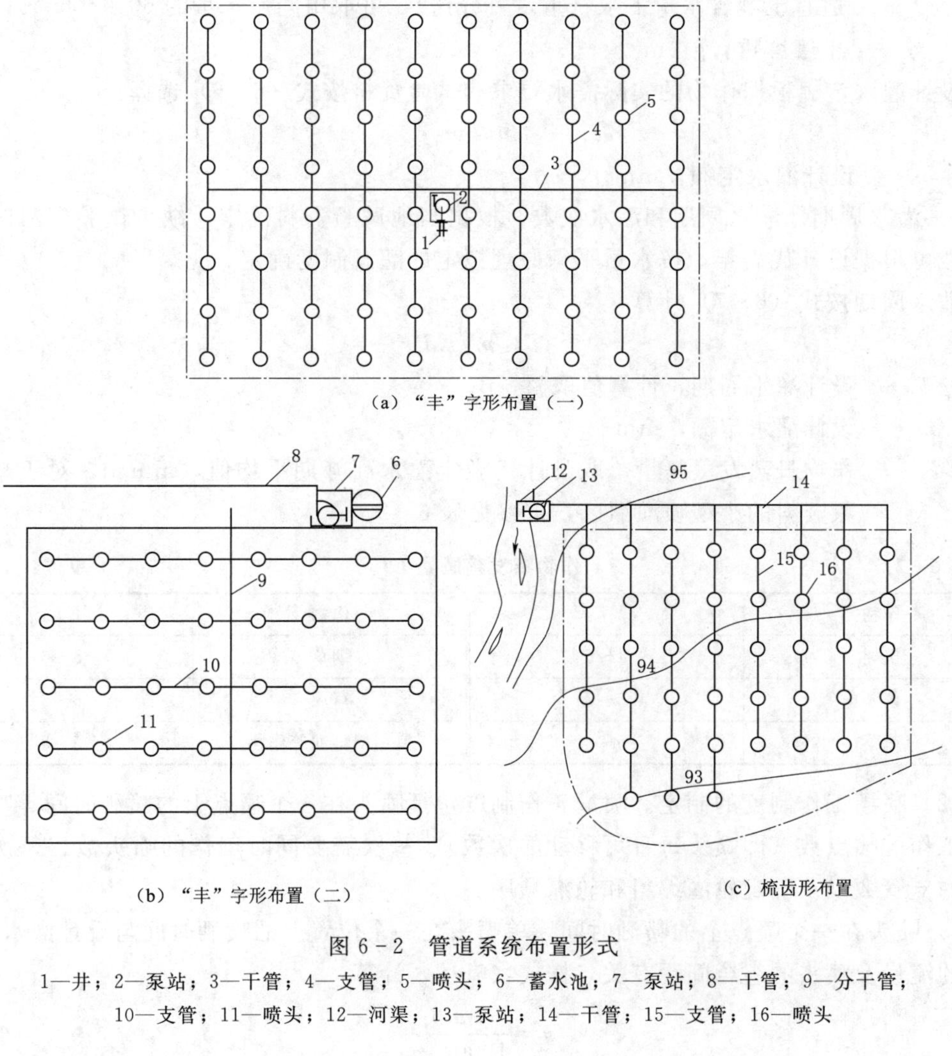

(a)“丰”字形布置（一）

(b)“丰”字形布置（二）

(c) 梳齿形布置

图 6－2　管道系统布置形式

1—井；2—泵站；3—干管；4—支管；5—喷头；6—蓄水池；7—泵站；8—干管；9—分干管；10—支管；11—喷头；12—河渠；13—泵站；14—干管；15—支管；16—喷头

6. 灌溉设计保证率

喷灌系统规划设计前应首先确定灌溉设计标准，按照《喷灌工程技术规范》（GB/T 50085—2007）的规定，以地下水为水源的喷灌工程其灌溉设计保证率不应低于 90%，其他情况下喷灌工程的灌溉设计保证率不应低于 85%。

7. 喷灌制度设计

（1）喷灌制度。喷灌制度包括灌水定额与灌水周期两个方面。

1）灌水定额。最大灌水定额根据试验资料确定，或采用式（6-5）确定：

$$m_s=0.1\gamma h(\beta_1-\beta_2) \tag{6-5}$$

式中　m_s——最大灌水定额，mm；

h——计划湿润层深度，cm，一般大田作物取40～60cm，蔬菜取20～30cm，果树取80～100cm；

β_1——适宜土壤含水量上限（重量百分比），可取田间持水量的85%～95%；

β_2——适宜土壤含水量下限（重量百分比），可取田间持水量的60%～65%；

γ——土壤容重，g/cm^3。

设计灌水定额根据作物的实际需水要求和试验资料按式（6-6）选择：

$$m\leqslant m_s \tag{6-6}$$

式中　m——设计灌水定额，mm。

2）灌水周期。灌水周期和灌水次数，根据当地试验资料确定。缺少试验资料时，灌水次数可根据设计代表年，按水量平衡原理拟定的灌溉制度确定。

灌水周期按式（6-7）计算：

$$T\leqslant m/ET_d \tag{6-7}$$

式中　T——设计灌水周期，计算值取整，d；

m——设计灌水定额，mm；

ET_d——作物日蒸发蒸腾量，取设计代表年灌水高峰期平均值，mm/d，对于缺少气象资料的小型喷灌灌区，可参见表6-2。

表6-2　作物蒸发蒸腾量 ET_d　　单位：mm/d

作物	ET_d	作物	ET_d
果树	4～6	烟草	5～6
茶园	6～7	草坪	6～8
蔬菜	5～8	粮、棉、油等作物	5～8

（2）喷灌工作制度的制定。喷灌工作制度包括喷头在一个喷点上的喷洒时间、喷头每日可工作的喷点数（即喷头每日可移动的次数）、每次需要同时工作的喷头数、每次同时工作的支管数以及确定轮灌编组和轮灌顺序。

1）喷头在一个喷点上的喷洒时间。单喷头在一个位置上的喷洒时间与设计灌水定额、喷头的流量及喷头的组合间距有关，按式（6-8）计算：

$$t=\frac{mab}{1000q_p\eta_p} \tag{6-8}$$

式中　t——喷头在一个工作位置的灌水时间，h；

m——设计灌水定额，mm；

a——喷头布置间距，m；

b——支管布置间距，m；

q_p——喷头的设计流量，m^3/h；

η_p——田间喷洒水利用系数，根据气候条件可在下列范围内选取：风速低于3.4m/s

时，$\eta_p=0.8\sim0.9$；风速为3.4～5.4m/s时，$\eta_p=0.7\sim0.8$。

2）单喷头一天内可以工作的位置数。单个喷头一天内可以工作的位置数，按式（6-9）计算：

$$n_d=\frac{t_d}{t+t_Y} \tag{6-9}$$

式中　n_d——一天工作位置数；

t_d——日灌水时间，h，参见表6-3；

t——一个工作位置的灌水时间，h；

t_Y——移动喷头时间，h，有备用喷头交替使用时取零，可据实际情况确定。

表6-3　　适宜日灌水时间

喷灌系统类型	固定管道式			半固定管道式	移动管道式	定喷机组式	行喷机组式
	农作物	园林	运动场				
灌水时间/h	12～20	6～12	1～4	12～18	12～16	12～18	14～21

3）灌区内可以同时工作的喷头数。灌区可以同时工作的喷头数，按式（6-10）计算：

$$n_p=\frac{N_p}{n_d T} \tag{6-10}$$

式中　n_p——同时工作的喷头数；

N_p——灌区喷头总数；

其余符号意义同前。

4）同时工作的支管数。半固定式喷灌系统和移动式喷灌系统，由于尽量将支管长度布置相同，所以同时工作的喷头数除以支管上的喷头数，就可以得到同时工作的支管数。

$$n_{支}=\frac{n_p}{n_{喷头}} \tag{6-11}$$

式中　$n_{支}$——同时工作的支管数；

$n_{喷头}$——支管上的喷头数。

当支管长度不同时，需要考虑工作压力和支管组合的喷头，来具体计算轮灌组内的支管及支管数。

5）轮灌组划分。喷灌系统的工作制度分续灌和轮灌。续灌是对系统内的全部管道同时供水，即整个喷灌系统同时灌水。其优点是灌水及时，运行时间短，便于管理；缺点是干管流量大，工程投资高，设备利用率低，控制面积小。因此，续灌的方式只用于单一且面积较小的情况。绝大多数灌溉系统一般采用轮灌工作制度，即将支管划分为若干组，每组包括一个或多个阀门，灌水时通过干管向各组轮流供水。

轮灌组划分的原则如下：①轮灌组的数目满足需水要求，控制的灌溉面积与水源可供水量相协调；②轮灌组的总流量尽可能一致或相近，稳定水泵运行，提高动力机和水泵的效率，降低能耗；③轮灌组内，喷头型号一致或性能相似，种植品种一致或灌水要求相近；④轮灌组所控制的范围最好连片集中便于运行操作和管理，自动灌溉控制系统往往将同一轮灌组中的阀门分散布置，最大限度地分散干管中流量，减小管径，降低造价。

支管的轮灌方式，就是固定式喷灌系统支管的轮流喷洒顺序，半固定式喷灌系统支管的移动方式。正确选择轮灌方式，可以减少干管管径，降低投资。两根、三根支管的经济轮灌方式如图 6-3 所示：图 6-3（a）、（b）两种情况干管全部长度上均要通过两根支管的流量，干管管径不变；图 6-3（c）、（d）两种情况只有前半段干管通过全部流量，而后半段干管只需通过一根支管的流量，这样后半段干管的管径可以减少。可见图 6-3（c）、（d）两种情况较好；图 6-3（c）为三条支管同时工作，耗时短。

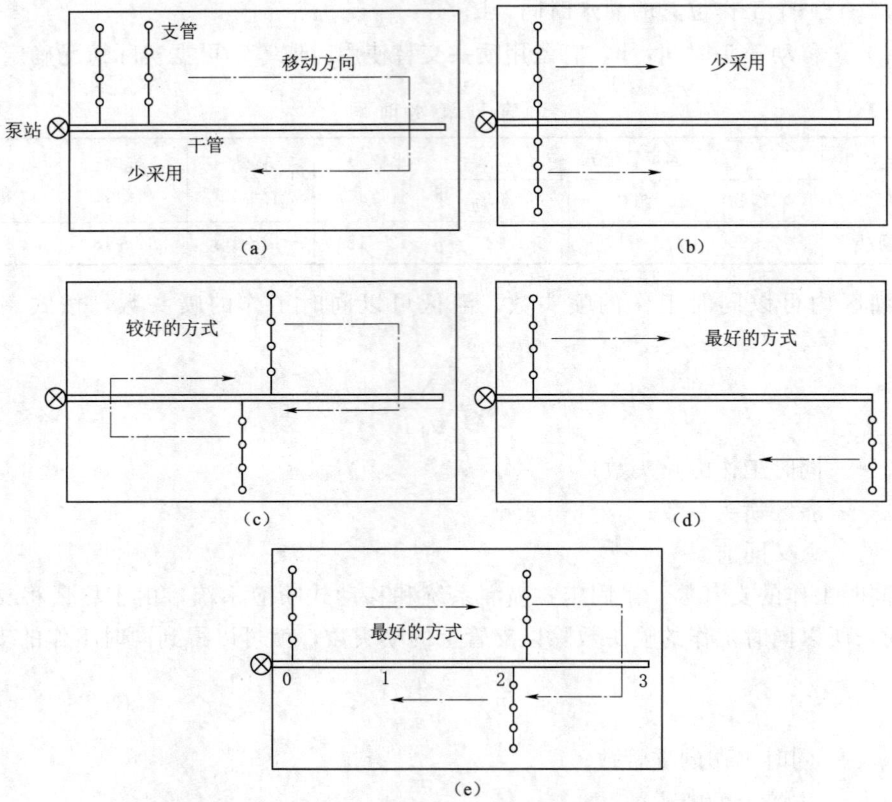

图 6-3 两根、三根支管的不同轮灌方式

8. 管道水力计算

管道水力计算的任务是确定各级管道管径和计算管道水头损失。

（1）管径的选择。

1）干管管径确定。对于规模不太大的喷灌工程，可用如下经验公式来估算这类管道的管径：

$$当 Q<120m^3/h 时, D=13\sqrt{Q} \quad (6-12)$$

$$当 Q\geqslant 120m^3/h 时, D=11.5\sqrt{Q} \quad (6-13)$$

式中 Q——管道流量，m^3/h；

D——管径，mm。

2）支管管径的确定。支管管径的确定，为使喷洒均匀，要求同一条支管上任意两个喷头之间的工作压力差应在设计喷头工作压力的20%以内。显然，支管若在平坦的地面上铺设，其首末两端喷头间的工作压力差应最大。若支管铺设在地形起伏的地面上，则其最大的工作压力差并不一定发生在首末喷头之间。考虑地形高差 ΔZ 的影响时，上述规定可表示为

$$h_{\omega}+\Delta Z\leqslant 0.2h_{p} \tag{6-14}$$

式中　h_{ω}——同一支管上任意两喷头间支管段水头损失，m；

ΔZ——两喷头的进水口高程差，m，顺坡铺设支管时，ΔZ 的值为负，逆坡铺设支管时，ΔZ 的值为正；

h_{p}——喷头设计工作压力水头，m。

因此，同一支管上工作压力差最大的两喷头间的水头损失即为

$$h_{\omega}\leqslant 0.2h_{p}-\Delta Z$$

当一条支管选用同管径的管子时，从支管首端到末端，由于沿程出流，支管内的流速水头逐次减小，抵消了局部水头损失，所以计算支管内水头损失时，可直接用沿程水头损失来代替其总水头损失，即 $h_{f}=h_{\omega}$，则上式可改为

$$h_{f}\leqslant 0.2h_{p}-\Delta Z \tag{6-15}$$

设计时，一般先假定管径，然后计算支管的沿程水头损失，再按上述公式校核，最后选定管径。计算出管径后，还需要根据现有管道规格确定实际管径。

（2）管道水力计算。

1）管道沿程水头损失。管道沿程水头损失可按式（6-16）计算，各种管材的 f、m 及 b 值可按表6-4确定。

$$h_{f}=f\frac{LQ^{m}}{d^{b}} \tag{6-16}$$

式中　h_{f}——沿程水头损失，m；

f——摩阻系数；

L——管长，m；

Q——流量，m^3/h；

d——管内径，mm；

m——流量指数；

b——管径指数。

表6-4　　f、m、b 数值表

管材		f	m	b
混凝土管、钢筋混凝土管	$n=0.013$	1.312×10^{6}	2	5.33
	$n=0.014$	1.516×10^{6}	2	5.33
	$n=0.015$	1.749×10^{6}	2	5.33
钢管、铸铁管		6.25×10^{5}	1.9	5.1
硬塑料管		0.948×10^{5}	1.77	4.77
铝管、铝合金管		0.861×10^{5}	1.74	4.74

注　n 为粗糙系数。

2）等距等流量多喷头（孔）支管的沿程水头损失可按式（6－17）、式（6－18）计算：

$$h'_{fz}=Fh_{fz} \tag{6-17}$$

$$F=\frac{N\left(\frac{1}{m+1}+\frac{1}{2N}+\frac{\sqrt{m-1}}{6N^2}\right)-1+X}{N-1+X} \tag{6-18}$$

式中 h'_{fz}——多喷头（孔）支管沿程水头损失；

N——喷头或孔口数；

X——多孔支管首孔位置系数，即支管入口至第一个喷头（或孔口）的距离与喷头（或孔口）间距之比；

F——多口系数，初步计算时可采用表6－5确定。

表6－5　多口系数计算简表

N	m=1.74		m=1.75		m=1.77		m=1.85		m=1.9		m=2	
	X=1	X=0.5	X=1	X=0.5	X=1	X=0.5	X=1	X=0.5	X=1	X=0.5	X=1	X=0.5
2～3	0.600	0.496	0.598	0.495	0.596	0.492	0.587	0.481	0.582	0.474	0.572	0.461
4～5	0.485	0.420	0.484	0.418	0.481	0.416	0.471	0.404	0.466	0.398	0.455	0.386
6～7	0.446	0.399	0.445	0.398	0.442	0.395	0.432	0.384	0.426	0.378	0.415	0.366
8～11	0.420	0.388	0.419	0.386	0.416	0.383	0.406	0.373	0.400	0.366	0.389	0.354

3）管道局部水头损失。应按式（6－19）计算，初步计算可按沿程水头损失的10%～15%考虑。

$$h_j=\xi\frac{v^2}{2g} \tag{6-19}$$

式中 h_j——局部水头损失，m；

ξ——局部阻力系数；

v——管道流速，m/s；

g——重力加速度，9.81m/s^2。

9. 水泵及动力选择

（1）喷灌系统设计流量。喷灌系统设计流量按式（6－20）计算：

$$Q=\sum_{i=1}^{n_p}\frac{q_p}{\eta_G} \tag{6-20}$$

式中 Q——喷灌系统设计流量，m^3/h；

q_p——设计工作压力下的喷头流量，m^3/h；

n_p——同时工作的喷头数目；

η_G——管道系统水利用系数，取0.95～0.98。

（2）喷灌系统的设计水头。喷灌系统的设计水头按式（6－21）计算：

$$H=Z_d-Z_S+h_s+h_p+\sum h_f+\sum h_j \tag{6-21}$$

式中 H——喷灌系统设计水头，m；

Z_d——典型喷点的地面高程，m；

Z_S——水源水面高程，m；

h_s——典型喷点的竖管高度，m；

h_p——典型喷点喷头的工作压力水头，m；

$\sum h_f$——由水泵进水管至典型喷点喷头进口处之间管道的沿程水头损失，m；

$\sum h_j$——由水泵进水管至典型喷点喷头进口处之间管道的局部水头损失，m。

自压喷灌支管首端的设计水头的计算见《喷灌工程技术规范》(GB/T 50085—2007)。

10. 结构设计

结构设计应详细确定各级管道的连接方式，选定阀门、三通、四通弯头等各种管件规格，绘制纵断面图、管道系统布置示意图及阀门井、镇墩结构等附属建筑物结构图等。

(1) 固定管道一般应埋设在地下，埋设深度应大于最大冻土层深度和最大耕作层深度，以防被破坏；在公路下埋深应为0.7～1.2m；在农村机耕道下埋深为0.5～0.9m。

(2) 固定管道的坡度，应根据地形、土质和管径确定，土质差和管径大时，管坡应缓些，反之可陡些，土质和管径管坡通常采用1∶1.5～1∶3，以利施工，便于满足土壤稳定性。

(3) 管径D较大或有一定坡度的管道，应设置镇墩和支墩以固定管道、防止发生位移，支墩间距为 $(3\sim5)D$，镇墩设在管道转弯处或管长超过30m的管段。

(4) 随地形起伏时，管道最高处应设排气阀，在最低处安装泄水阀。

(5) 应在干、支管首端设置闸阀和压力表，以调节流量和压力，保证各处喷头都能在额定的工作压力下运行，必要时，应根据轮灌要求布设节制阀。

(6) 为避免温度和沉陷产生的固定管道损坏，固定管道上应设置一定数量的柔性接头。

(7) 竖管高度根据作物的植株高度决定，以不阻碍喷头喷洒为最低限度，一般高出地面0.5～2m。

(8) 管道连接。硬塑料管的连接方式主要有扩口承插式、胶接粘合式、热熔连接式。扩口承插式是目前管道灌溉系统中应用最广泛的一种形式。附属设备的连接一般有螺纹连接、承插连接、法兰连接、管箍连接、粘合连接等。在工程设计中，应根据附属设备维修、运行等情况来选择连接方式。公称直径大于50mm的阀门、水表、安全阀、进排气阀等多选用法兰连接；对于压力测量装置以及公称直径小于50mm的阀门、水表、安全阀等多选用螺纹连接。附属设备与不同材料管道连接时，需通过一段钢法兰管或一段带丝头的钢管与之连接，并应根据管材不同采用不同的方法。与塑料管连接时，可直接将法兰管或钢管与管道承插连接后，再与附属设备连接。

11. 技术经济分析

规划设计结束时，最后列出材料设备明细表，并编制工程投资预算，进行工程经济效益分析，为方案选择和项目决策提供科学依据。

二、喷灌工程规划设计示例

(一) 基本资料

1. 地理位置和地形

南方一现代化水利园区蔬菜种植示范区，地块长470m，宽180m。灌区地形为经平整后的水平田，地势平坦，有1：2000的地形图。

2. 土壤

当地土质为壤土，土质肥沃，田间允许最大含水率23.4%（占干土质量百分数），允许最小含水率18.2%（占干土质量百分数），土壤容重为$1.3g/cm^3$，土壤允许喷灌强度$[\rho]=12mm/h$。计划湿润层深度为30cm。喷灌水利用系数取0.8。

3. 气候

亚热带季风气候。当地多年平均降水量1782mm，最大年降雨量2498mm（1959年），最小年降雨量1026mm（1963年），降水年内分配不均，冬春干旱，夏秋洪涝，一般4—9月的降雨量占全年降水量的80%以上。多年平均风速为2.7m/s，最大风速24m/s。灌溉季节风向多变，基本上春夏多吹东南风，秋冬吹西北风。

4. 作物

种植作物为叶菜类蔬菜，茎秆最大高度为40cm。采取轮作制，南北方向种植。根据当地资料分析，其种植的叶菜类蔬菜最大需水量范围在4.2～8.4mm/d。

5. 水源

距灌区北端40m处，修建一泵房，利用渠道引上游2km处的水库水源为灌区供水，其流量为$74m^3/h$，水质较好，为灌区首选水源。水泵安装点高程为86.1m，取水水位为84.3m，灌区高程82.5m。

另外，在灌区南边有一河道，也可以在特别干旱的情况下通过处理用于灌溉。

6. 社会经济情况和交通运输

本地区经济较发达，交通十分便利，电力供应有保证，当地电费为0.65元/(kW·h)。喷灌设备供应充足。

（二）喷灌制度拟定

1. 设计灌水定额

利用式（6-5）计算。式中各项参数取值为：$\gamma=1.3g/cm^3$，$h=30cm$，$\beta_1=23.4\%$，$\beta_2=18.2\%$。则

$$m=0.1\gamma h(\beta_1-\beta_2)=0.1\times1.3\times30\times(23.4-18.2)=20.28(cm)$$

2. 设计喷灌周期

利用式（6-7）计算。根据已知条件，取叶菜类最大日需水量的中间值6.2mm/d。则

$$T=\frac{m}{ET_d}=\frac{20.28}{6.2}=3.3(d)$$

取3d。

（三）喷灌系统选型

通过比较分析蔬菜生产的特点和技术经济条件，确定采用半固定式喷灌系统，即干管采用地埋式固定PVC管道，支管采用移动比较方便的铝合金管道。

（四）喷头选型与组合间距确定

1. 喷头选择

根据《喷灌工程技术规范》（GB/T 50085—2007），蔬菜的雾化指标不得低于4000。

初选 ZY-1 型喷头，喷嘴直径 6.5mm，工作压力 0.35MPa，流量 $3m^3/h$，射程 18m。该类型喷头的雾化指标为

$$W_h=\frac{h_p}{d}=\frac{1000\times35}{6.5}=5385$$

满足作物对雾化指标的要求。

6.1　喷头选型

2. 组合间距确定

本喷灌范围灌溉季节风向多变，喷头宜作等间距布置。风速为 2.7m/s，根据表 6-1 取 $K_a=K_b=1$，则

$$a=b=K_aR=1\times18=18(\text{m})$$

取 $a=b=18$m。

3. 设计喷灌强度

因为喷灌地区经过平整，平均坡度很小，故土壤允许喷灌强度不用折减，取 $[\rho]=$ 12mm/h。按照单支管多喷头同时全圆喷洒情况计算组合喷灌强度。灌溉季节平均风速 2.7m/s，支管与主风向基本成 45°夹角布置。按风向夹角为 45°这种最不利的情况考虑，风系数采用线性插值的方法，用表 6-5 求出的值中间内插求 K_w 的值。

$$K_w(45^\circ)=(1.12\times2.7^{0.302}+1.08\times2.7^{0.194})/2=1.41$$

$$C_\rho=\frac{\pi}{\pi-(\pi/90)\arccos(a/2R)+(a/R)\sqrt{1-(a/2R)^2}}=1.64$$

$$\rho_s=\frac{1000q}{\pi R^2}=\frac{1000\times3}{\pi\times18^2}=2.95(\text{mm/h})$$

$$\rho=K_wC_\rho\rho_s\eta=1.41\times1.64\times2.95\times0.8=5.46\text{mm/h}<[\rho]=12(\text{mm/h})$$

设计喷灌强度满足土壤允许喷灌强度的要求。

（五）管道系统布置

喷灌区域地形平坦，地块形状十分规则。根据水源条件，在地块最北端设置取水泵。基于上述情况，拟采用干、支管两级布置。干管在地块北端，东西方向穿越灌溉区域，两边分水，支管垂直干管，平行作物种植方向南北布置。

6.2　管道系统布置

平面布置详图如图 6-4 所示。

（六）喷灌工作制度拟定

(1) 喷头在一个喷点上的喷洒时间，即

$$t=\frac{abm}{1000q\eta}=\frac{18\times18\times20.28}{1000\times3\times0.8}=2.74(\text{h})$$

(2) 喷头每日可工作的喷点数。为充分利用每天可能的喷灌时间，也避免在刚喷灌过的湿地上拆装支管，确定配置两套移动支管，因此支管的拆装不占用喷洒作业时间。规定夜间不作业，白天连续工作 12h，所以

$$n_d=\frac{t_d}{t+t_y}=\frac{12}{2.74}=4.38(\text{次})$$

取 4 次，这样每天的实际工作时间为 $4\times2.74=10.96$(h)，即 10h58min。

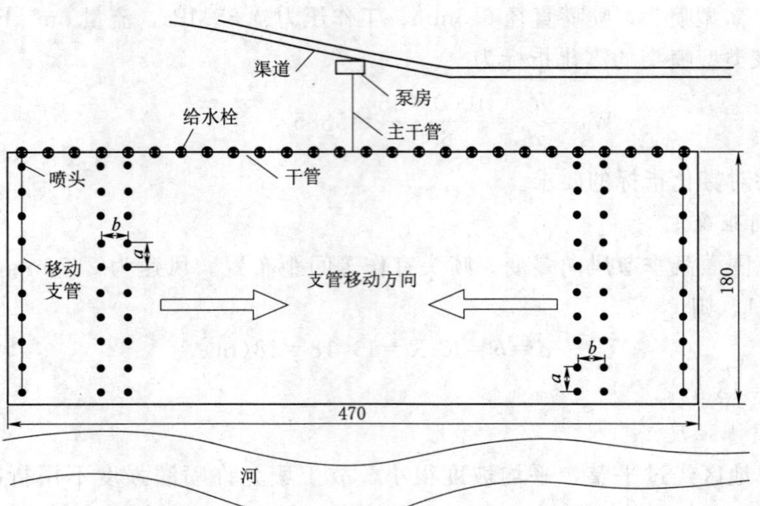

图 6-4 系统平面布置图

(3) 每次需要同时工作的喷头数，即

$$n_{\mathrm{p}}=\frac{N_{\mathrm{p}}}{n_{\mathrm{d}}T}=\frac{260}{4\times3}=21.7(\text{个})$$

取 20 个。

(4) 每次需要同时工作的支管数，即

$$n_{\text{支}}=\frac{n_{\mathrm{p}}}{n_{\text{喷头}}}=\frac{20}{10}=2(\text{根})$$

(5) 运行方案。根据同时工作的支管数以及管道布置情况，决定在干管两侧分别同时运行一条支管，每一条支管控制喷灌区域一半面积，分别自干管两端起始向地块中间运行。

(七) 管道水力计算

1. 管径的选择

(1) 支管管径的确定。

$$h_{\mathrm{w}}+\Delta Z\leqslant 0.2h_{\mathrm{p}}$$

$$h_{\mathrm{w}}=f\frac{Q_{\text{支}}^{m}}{d^{b}}LF$$

喷灌区域地形平坦，h_{w} 应为支管上第一个喷头与最末一个喷头之间的水头损失。

式中，$f=0.861\times10^{5}$，$Q=3\times9=27(\mathrm{m^3/h})$，$m=1.74$，$b=4.74$，$L=162\mathrm{m}$，$\Delta Z=0$，则

$$F=\frac{N\left(\frac{1}{m+1}+\frac{1}{2N}+\frac{\sqrt{m-1}}{6N^{2}}\right)-1+X}{N-1+X}=\frac{9\times\left(\frac{1}{1.74+1}+\frac{1}{2\times9}+\frac{\sqrt{1.74-1}}{6\times9^{2}}\right)-1+1}{9-1+1}=0.42$$

$$h_{\mathrm{w}}=f\frac{Q_{\text{支}}^{m}}{d^{b}}LF=0.861\times10^{5}\times\frac{27^{1.74}}{d^{4.74}}\times162\times0.42\leqslant0.2\times35$$

解上式得到：$d=60\text{mm}$。

为安全起见，选择外径为76mm、内径为73mm的薄壁铝合金管材为移动支管。

（2）干管管径确定。根据系统运行方式，干管通过的流量为$Q=3\times10=30(\text{m}^3/\text{h})$，主干管通过的流量为$Q=30\times2=60(\text{m}^3/\text{h})$，则

$$D_{干}=13\sqrt{Q}=13\times\sqrt{30}=71.2(\text{mm})$$

$$D_{主干}=13\sqrt{Q}=13\times\sqrt{60}=100.7(\text{mm})$$

据此，选择干管时为了减少水头损失，确定采用规格为$\varphi90\times2.8\text{mm}$ PVC管材，承压能力0.63MPa；主干管选择$\varphi110\times3.4\text{mm}$ PVC管材，承压能力0.63MPa。

2. 管道水力计算

（1）沿程水头损失。

1）支管沿程水头损失。支管长度$L=171\text{m}$，则

$$h_{支f}=f\frac{Q_{支}^{m}}{d^{b}}LF=0.861\times10^{5}\times\frac{30^{1.74}}{73^{4.74}}\times171\times0.39=3.1(\text{m})$$

2）干管沿程水头损失。干管长度$L=225\text{m}$，则

$$h_{干f}=f\frac{Q_{支}^{m}}{d^{b}}L=0.948\times10^{5}\times\frac{30^{1.77}}{84.4^{4.77}}\times225=5.69(\text{m})$$

3）主干管沿程水头损失。主干管长度$L=40\text{m}$，则

$$h_{主干f}=f\frac{Q_{支}^{m}}{d^{b}}L=0.948\times10^{5}\times\frac{60^{1.77}}{103.2^{4.77}}\times40=1.32(\text{m})$$

沿程水头总损失　　$\sum h_{f}=3.1+5.69+1.32=10.11(\text{m})$

（2）局部水头损失。

局部水头总损失　　$\sum h_{j}=0.1\sum h_{f}=1(\text{m})$

（3）主干管入口压力水头。灌区地势平坦，典型喷点即距主干管最远的喷头。主干管入口接水泵出口，其所需压力水头为

$$H_{M}=h_{p}+h_{竖管}+\sum h_{f}+\sum h_{j}+\Delta Z_{2}=35+0.6+10.11+1-3.6=43.11(\text{m})$$

式中　$h_{竖管}$——竖管高度即喷头距地面高，取0.6m；

ΔZ_{2}——灌区高程同水泵高程差，取−3.6m。

（八）水泵及动力选择

1. 设计流量

$$Q=Nq=20\times3=60(\text{m}^3/\text{h})$$

根据设计流量，水泵口径选择75～100mm。

2. 设计扬程

设计扬程需再考虑水泵基准面和取水口水位的高程差1.8m。水泵进水管长4m，材质为钢材，口径一般比水泵进口大一级，有一个90°弯头和渐缩管。由于系统流量较小，水泵取水的水头损失设为5m。

$$H=H_{M}+\sum h_{f}+\sum h_{j}+\Delta Z_{1}=43.11+5+1.8=49.91(\text{m})$$

式中　ΔZ_{1}——水泵基准面和取水口水位的高程差，取1.8m。

3. 选择水泵及动力

根据当地设备供应情况及水源条件，选择两台65BPZ－55喷灌离心泵，其性能参数见表6－6。

表6－6　水泵性能参数表

型号	额定流量 /(m^3/h)	设计扬程 /m	水泵效率 /%	额定功率 /kW	转速 /(r/min)
65BPZ－55	36	55	64	8.8	2900

（九）管网系统结构设计

根据本喷灌工程的具体情况，φ90×2.8mm PVC管道之间连接采用R型扩口胶圈连接，与给水栓三通之间采用热承插胶粘接。主干管φ110×3.4mm PVC，一端与井泵出水口法兰连接，另一端通过变径三通与干管φ90×2.8mm PVC管材连接。

主干管和干管三通分水连接处需浇筑镇墩，以防管线充水时发生位移。镇墩规格为0.5m×0.5m×0.5m。首部管道高点安装空气阀，便于气体排出，也可以在停机时补充气体，截断管道水流，防止水倒流引起的电机高速反转。

考虑机耕作业影响，要求地埋管道埋深0.5m。出地管道上部安装给水栓下体，并通过给水栓开关与移动铝合金管道连接。

喷头、支架、竖管成套系统通过插座与铝合金三通管连接。

（十）喷灌工程材料设备用量

喷灌工程材料、设备用量详见表6－7。

表6－7　喷灌工程材料、设备用量表

序号	材料、设备名称	规格型号	单位	数量
1	水泵	65BPZ－55	套	2
2	控制器		套	1
3	首部连接系统	φ110	套	1
4	水压力表	1.0MPa	套	1
5	闸阀	φ110	只	1
6	空气阀	KQ42X－10	只	1
7	钢变径三通	φ90×φ110×φ90	只	1
8	PVC管材	φ110×3.4	m	45
9	PVC管材	φ90×2.8	m	460
10	给水栓三通	φ90×76	只	24
11	给水栓弯头	φ90×76	只	2
12	法兰截阀体	φ76	只	26
13	截阀开关	φ76	只	4
14	快接挂钩套装	φ76	套	112
15	铝合金直管	φ76×6000	根	80

续表

序号	材料、设备名称	规格型号	单位	数量
16	铝合金三通管	$\varphi76\times33\times6000$	根	40
17	铝合金堵头	$\varphi76$	只	8
18	插座	$\varphi33$	只	40
19	竖管	$\varphi33\times1000$	根	40
20	支架	$\varphi33\times1500$	副	40
21	喷头 ZY-1	6.5	只	40

【知识训练】

6.3 项目六
任务一
知识训练

【技能训练】

6.4 项目六
任务一
技能训练

任务二 微 灌 工 程 设 计

【任务目标】

1. 掌握微灌工程规划设计原理及步骤。
2. 掌握微灌工程的设计方法。

一、微灌工程规划设计

（一）微灌工程规划设计原则

（1）微灌工程的规划，应与其他的灌溉工程统一安排。在规划时应结合各种灌水技术的特点，因地制宜地统筹安排，使各种灌水技术都能发挥各自的优势。

（2）微灌工程规划应考虑多目标综合利用。目前微灌大多用于干旱缺水的地区，规划微灌工程时应与当地人畜饮水与乡镇工业用水统一考虑，以求达到一水多用。

（3）微灌工程规划要重视经济效益。在进行微灌工程规划时，要先考虑在经济收入高的经济作物区发展微灌，力求获得最大的经济效益。

(4) 因地制宜、合理地选择微灌形式。在规划和选择微灌形式时，应贯彻因地制宜的原则，切忌不顾条件盲目照搬外地经验。

(5) 近期发展与远景规划相结合。微灌工程规划要将近期安排与远景发展结合起来，根据人力、物力和财力，作出分期开发计划。使微灌工程建成一处，用好一处，尽快发挥工程效益。

(二) 微灌工程规划设计方法

1. 基本资料的收集

(1) 地形资料：地形图（1/500～1/200）并标注灌区范围。

(2) 土壤资料：土壤质地、田间持水率、渗透系数等。

(3) 作物情况：作物的种植密度，走向、株行距等。

(4) 水文资料：取水点水源来水系列及年内月分配资料、泥沙含量、水井位置、供电保证率、水井出水量、动水位等。

(5) 气象资料：逐月降雨、蒸发、平均温度、湿度、风速、日照、冻土深。

(6) 其他社会经济情况：行政单位人口、土地面积、耕地面积、管理体制等。

2. 水源分析与用水量的计算

(1) 水源来水量分析。水源来水量分析的任务是研究水源在不同设计保证率年份的供水量、水位和水质，为工程规划设计提供依据，微灌工程水源通常有以下几种类型：井、泉类水源，河渠类水源，塘、坝类水源。

(2) 灌溉用水量分析。微灌用水量应根据设计水文年的降雨、蒸发、植物种类及种植面积等因素计算确定。

(3) 水量平衡计算。水量平衡计算的目的是根据水源情况确定微灌面积或根据面积确定需要供水的流量。

1) 微灌面积的确定。已知来水量确定灌溉面积：

$$A=\frac{\eta Q_s t_d}{10I_a} \tag{6-22}$$

无淋洗要求时

$$I_a=E_a \tag{6-23}$$

有淋洗要求时

$$I_a=E_a+I_L \tag{6-24}$$

式中 A——可灌面积，hm^2；

Q_s——水源可供流量，m^3/h；

I_a——设计供水强度，mm/d；

E_a——设计耗水强度，mm/d；

I_L——设计淋洗强度，mm/d；

t_d——水源每日供水时数，h/d；

η——灌溉水利用系数。

2) 确定需要的供水流量。当灌溉面积已经确定，需要确定系统需水流量时，可以采用式（6-22）计算。

【例 6-2】 某地埋滴灌系统水量平衡计算。

(1) 基本资料：某井灌区，机井出水量为在 $200m^3/h$ 以上，地埋滴灌系统面积为 1200 亩，作物最大耗水强度，4.5mm/d，试确定微灌面积。

(2) 计算单井控制面积，其中：$E_a=4.5mm/d$，$t=20h$，$\eta=0.95$。

根据现有机井出水量，计算控制面积：

$$A=\eta Q_s t_d/10I_a=(0.95\times200\times20)/(10\times4.5)$$
$$=84.4(hm^2)\times15=1267\text{ 亩}$$

最大控制面积为 1267 亩。

(3) 平衡分析：系统的面积为 1200 亩，面积小于 1267 亩，机井出水量满足设计要求。

3. 微灌系统布置

微灌系统的布置通常是在地形图上作初步布置。然后将初步布置方案带到实地与实际地形作对照，进行修正。微灌系统布置所用的地形图比例尺一般为 1/500～1/200。

微灌管网应根据水源位置、地形、地块等情况分级，一般应由干管、支管和毛管三级管道组成。面积大可增设总干管、分干管或分支管，面积小可只设支、毛管两级。

(1) 毛管和灌水器的布置。毛管和灌水器的布置方式取决于作物种类和所选灌水器的类型。下面分别介绍滴灌系统和微喷灌系统毛管及灌水器的一般布置形式。

滴灌系统毛管和灌水器的布置：

1) 单行毛管直线布置。如图 6-5 (a) 所示，毛管顺作物行布置。一行作物布置一条毛管，滴头安装在毛管上。这种布置方式适用于幼树和窄行密植作物。

2) 单行毛管带环状管布置。如图 6-5 (b) 所示，当滴灌成龄果树时，常常需要用一根分毛管绕树布置，其上安装 4～6 个单出水口滴头，环状管与输水毛管相连接。这种布置形式增加了毛管总长。

3) 双行毛管平行布置。滴灌高大作物，可用双行毛管平行布置，如图 6-5 (c) 所示，沿作物行两边各布置一条毛管，每株作物两边各安装 2～3 个滴头。

4) 单行毛管带微管布置。当使用微管滴灌果树时，每一行树布置一条毛管，再用一段分水管与毛管连接，在分水管上安装 4～6 条微管，如图 6-5 (d) 所示。也有将微管直接插于输水毛管上，这种安装方式毛管的用量少，因而降低了工程造价。

上述各种布置形式滴头的位置一般与树干的距离约为树冠半径的 2/3。

微喷灌毛管和灌水器的布置：

微喷头的结构和性能不同，毛管和微喷头的布置也不同。根据微喷头喷洒直径和作物种类，一条毛管可控制一行作物，也可控制若干行作物。如图 6-6 所示是常见的几种布置形式。

(2) 干支管布置。干、支管的布置取决于地形、水源、作物分布和毛管的布置。其布置应达到管理方便、工程费用少的要求。在山区，干管多沿山脊布置，或沿等高线布置。支管则垂直等高线布置，向两边的毛管配水。在平地，干、支管应尽量双向控制，两侧布置下级管道，以节省管材。

系统布置方案不是唯一的，有很多可以选择的方案，具体实施时，应结合水力设计优化管网布置，尽量缩短各级管道的长度。

(3) 首部枢纽布置。首部枢纽是整个微灌系统操作控制的中心，其位置的选择主要是以投资省，便于管理为原则。一般首部枢纽与水源工程相结合。如果水源较远，首部枢纽可布置在灌区旁边，有条件时尽可能布置在灌区中心，以减少输水干管的长度。

4. 微灌工程规划设计参数的确定

(1) 设计耗水强度。设计耗水强度采用设计年灌溉季节月平均耗水强度峰值，并由当地试验资料确定，在无实测资料时可通过计算或按表 6-8 选取。

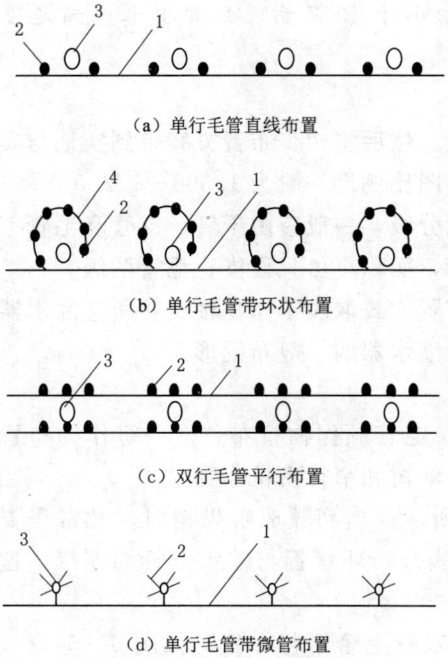

图 6-5 滴灌系统毛管和灌水器的布置形式

1—毛管；2—滴头；3—作物；4—微管

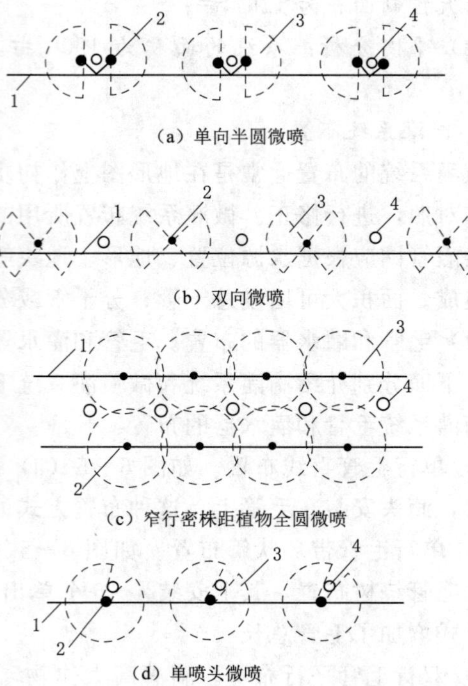

图 6-6 微喷灌毛管与灌水器布置图

1—毛管；2—微喷头；3—喷洒范围；4—作物

表 6-8 设计耗水强度参考值 单位：mm/d

植物种类	滴灌	微喷灌	作物	滴灌	微喷灌
葡萄、树、瓜果	3～7	4～8	蔬菜（保护地）	2～4	—
粮、棉、油等作物	4～7	—	蔬菜（露地）	4～7	5～8
冷季型草坪	—	5～8	人工种植的紫花苜蓿	5～7	—
暖季型草坪	—	3～5	人工种植的青贮玉米	5～9	—

注 1. 干旱地区宜取上限值。
2. 对于在灌溉季节敞开棚膜的保护地，应按露地选取设计耗水强度值。
3. 葡萄、树等选用涌泉灌时，设计耗水强度可参照滴灌选择。
4. 人工种植的紫花苜蓿和青贮玉米设计耗水强度参考值适用于内蒙古、新疆干旱和极度干旱地区。

(2) 微灌设计土壤湿润比。微灌的土壤湿润比，是指在计划湿润土层内，湿润土体占总土体的比值。通常以地面以下 20～30cm 处湿润面积占总灌溉面积的百分数来表示。土壤湿润比取决于作物、灌水器流量、灌水量、灌水器间距和所灌溉土壤的特性等。

规划设计时，要根据作物的需要、工程的重要性及当地自然条件等，可按表 6-9 选取。

表 6-9　微灌设计土壤湿润比参考值　%

植物种类	滴灌	微喷灌	作物	滴灌	微喷灌
果树	30～40	40～60	人工灌木林	30～40	—
乔木	25～30	40～60	蔬菜	60～90	70～100
葡萄、瓜类	30～50	40～70	小麦等密植作物	90～100	—
草灌木（天然的）	—	100	马铃薯、甜菜、棉花、玉米	60～70	—
人工牧草	60～70	—	甘蔗	60～80	—

注　干旱地区宜取上限值。

由于设计土壤湿润比越大，工程保证程度就要求越高，投资及运行费用也越大。

设计时将选定的灌水器进行布置，并计算土壤湿润比。要求其计算值稍大于设计土壤湿润比，若小于设计值就要更换灌水器或修改布置方案。常用灌水器典型布置形式的土壤湿润比 P 的计算公式如下。

滴灌：

1）单行毛管直线布置，土壤湿润比按式（6-25）计算：

$$P=\frac{0.785D_w^2}{S_eS_l}\times100\% \tag{6-25}$$

式中　P——土壤湿润比，%；

D_w——土壤水分水平扩散直径或湿润带宽度，其大小取决于土壤质地、滴头流量和灌水量大小，m，取值可按表 6-10；

S_e——灌水器或出水点间距，m；

S_l——毛管间距，m。

表 6-10　不同滴头流量下、不同土壤质地的最大湿润直径

滴头流量/(L/h)	1.5			2.0			4.0			8.0			12.0		
土壤质地	粗	中	细	粗	中	细	粗	中	细	粗	中	细	粗	中	细
最大湿润直径/m	0.2	0.5	0.9	0.3	0.7	1.0	0.6	1.0	1.3	1.0	1.3	1.7	1.7	1.3	2.0

注　1. 粗—粗沙、沙土；中—沙壤、壤土；细—粉沙、黏壤到黏土。
2. 本表选自《温室灌溉》，周长吉，化学工业出版社，2005。

2）双行毛管直线布置，按式（6-26）计算：

$$P=\frac{P_1S_1+P_2S_2}{S_r}\times100\% \tag{6-26}$$

式中　S_1——一对毛管的窄间距，m；

P_1——与 S_1 相对应的土壤湿润比，%；

S_2——一对毛管的宽间距，m；

P_2——与 S_2 相对应的土壤湿润比，%；

S_r——作物行距，m。

3）绕树环状多出水点布置，按式（6-27）、式（6-28）计算：

$$P=\frac{0.785D_w^2}{S_tS_r}\times 100\% \tag{6-27}$$

$$P=\frac{nS_eS_w}{S_tS_r} \tag{6-28}$$

式中 D_w——地表以下30cm深处的湿润带宽度，m；

S_t——果树株距，m；

S_r——果树行距，m；

n——一株果树下布置的灌水器数，个；

S_e——灌水器或出水口间距，m；

S_w——湿润带宽度，m。

微喷灌：

1）微喷头沿毛管均匀布置时的土壤湿润比为

$$P=\frac{A_w}{S_eS_l}\times 100\% \tag{6-29}$$

$$A=\frac{\theta}{360}\pi R^2 \tag{6-30}$$

式中 A_w——微喷头的有效湿润面积，m^2；

θ——湿润范围平面分布夹角，当为全圆喷洒时，$\theta=360°$；

R——微喷头的有效喷洒半径，m；

其余符号意义同前。

2）一株树下布置 n 个微喷头时的土壤湿润比计算公式为

$$P=\frac{nA_w}{S_tS_r}\times 100\% \tag{6-31}$$

式中 n——一株树下布置的微喷头数，个；

其余符号意义同前。

【例6-3】 土壤湿润比的校核。

荔枝基本沿等高线种植，株行距为4.5m×6.0m，每行树布置一条毛管，毛管沿等高线布置，毛管间距等于果树行距，即6.0m。沿毛管上微喷头间距与荔枝树株距相等，即4.5m。微喷头的射程为2.0m。设计土壤湿润比为40%，试校核微灌土壤湿润比。

解： 计算微灌土壤湿润比：$P=\frac{\pi R^2}{6\times 4.5}=\frac{3.14\times 2^2}{27}=46.5\%>40\%$

满足设计湿润比的要求。

（3）微灌的灌水均匀度。影响灌水均匀度的因素很多，如灌水器工作压力的变化、灌水器的制造偏差、堵塞情况、水温变化、微地形变化等。目前在设计微灌工程时能考虑的只有水力学（压力变化）和制造偏差两种因素对均匀度的影响。微灌的灌水均匀度可以用克里斯琴森（Christiansen）均匀系数 C_u 来表示。并由式（6-32）计算：

$$C_u=\frac{1-\overline{\Delta q}}{\bar{q}} \tag{6-32}$$

$$\overline{\Delta q}=\frac{1}{n}\sum_{i-1}^{n}|q_i-\overline{q}| \tag{6-33}$$

式中 C_u——微灌均匀系数；

$\overline{\Delta q}$——灌水器流量的平均偏差，L/h；

q_i——各灌水器流量，L/h；

$\overline{q}$——灌水器平均流量，L/h；

n——所测的灌水器数目，个。

《微灌工程技术规范》(GB/T 50485—2020) 规定，微灌均匀系数不低于0.8。

(4) 灌水器流量和工作水头偏差率。流量偏差率指同一灌水小区内灌水器的最大、最小流量之差与设计流量的比值。灌水器流量和工作水头偏差率按式 (6-34) 和式 (6-35) 计算：

$$q_v=\frac{q_{max}-q_{min}}{q_d}\times100\% \tag{6-34}$$

$$h_v=\frac{h_{max}-h_{min}}{h_d}\times100\% \tag{6-35}$$

式中 q_v——灌水器流量偏差率,%，其值取决于均匀系数 C_u，二者关系为：当 C_u＝98%、95%、92%时，q_v＝10%、20%、30%；

q_{max}——灌水器最大流量，L/h；

q_{min}——灌水器最小流量，L/h；

q_d——灌水器设计流量，L/h；

h_v——灌水器工作水头偏差率,%；

h_{max}——灌水器最大工作水头，m；

h_{min}——灌水器最小工作水头，m；

h_d——灌水器设计工作水头，m。

灌水器流量偏差率与工作水头偏差率之间的关系可用式 (6-36) 表示：

$$h_v=\frac{q_v}{x}\left(1+0.15\,\frac{1-x}{x}q_v\right) \tag{6-36}$$

式中 x——灌水器流态指数；

其余符号意义同前。

《微灌工程技术规范》(GB/T 50485—2020) 规定，灌水器的流量偏差率不应大于20%，即 $[q_v]\leqslant20\%$。

(5) 灌溉水利用系数。微灌的主要水量损失是由于灌水不均匀和某些不可避免的损失所造成的，常用式 (6-37) 表示微灌的灌水有效利用率，即

$$\eta=V_m/V_a \tag{6-37}$$

式中 η——灌溉水有效利用系数；

V_m——微灌时储存在作物根层的水量，m^3/亩；

V_a——微灌的灌溉供水量，m^3/亩。

《微灌工程技术规范》(GB/T 50485—2009) 规定，微灌灌溉水有效利用系数滴灌不低于0.90，微喷灌、涌泉灌不低于0.85。

(6) 灌溉设计保证率。《微灌工程技术规范》(GB/T 50485—2009) 规定，微灌工程灌溉设计保证率应根据自然条件和经济条件确定，不应低于85%。

5. 微灌系统的设计

(1) 微灌灌溉制度的确定。微灌灌溉制度是指作物全生育期（对于果树等多年生作物则为全年）每一次的灌水量、灌水周期，一次灌水延续时间，灌水次数和全生育期（或全年）灌水总量。

1) 设计灌水定额 m。可根据当地试验资料或按式 (6-38) 计算确定：

$$m_{max}=0.001\gamma zP(\theta_{max}-\theta_{min}) \tag{6-38}$$

式中　m_{max}——最大净灌水定额，mm；

γ——土壤容重，g/cm^3；

z——计划湿润土层深度，cm；

P——微灌设计土壤湿润比，%；

θ_{max}——适宜土壤含水率上限（占干土重量的百分比），%，取田间持水量的80%～100%；

θ_{min}——适宜土壤含水率下限（占干土重量的百分比），%，取田间持水量的60%～80%。

2) 设计灌水周期 T。设计灌水周期取决于作物、水源和管理情况，可根据试验资料确定。在缺乏试验资料的地区，可参照邻近地区的试验资料并结合当地实际情况按式 (6-39) 计算确定：

$$T_{max}=\frac{m_{max}}{I_a} \tag{6-39}$$

式中　T_{max}——设计最大灌水周期，d；

其余符号意义同前。

3) 一次灌水延续时间 t。可根据当地试验资料或按式 (6-40) 计算确定：

$$t=\frac{mS_eS_l}{q_d} \tag{6-40}$$

式中　t——一次灌水延续时间，h；

q_d——灌水器流量，L/h。

对于成龄果树，一株树安装 n 个灌水器时：

$$t=\frac{mS_tS_r}{nq_d} \tag{6-41}$$

式中　S_t——果树株距，m；

S_r——果树行距，m。

(2) 微灌系统工作制度的确定。微灌系统的工作制度和喷灌一样，有续灌和轮灌两种主要情况，具体优缺点参看喷灌部分。不同的工作制度要求系统的流量不同，因而工程费用也不同，在确定工作制度时，应根据作物种类、水源条件和经济状况等因素作出合理选择。

在划分轮灌组时，要保证土壤水分能够得到及时补充，并便于管理。有条件时最好是

一个轮灌组集中连片，各组控制的灌溉面积相等。按照作物的需水要求，全系统轮灌组的数目 N 为

$$N \leqslant \frac{CT}{t} \tag{6-42}$$

日轮灌次数 n：

$$n = \frac{C}{t} \tag{6-43}$$

式中 C——系统日工作时间，要根据当地水源和农业技术条件确定，一般不宜大于 22h；

其余符号意义同前。

（3）微灌系统水力计算。微灌管道水力计算，是在已知所选灌水器的工作压力和流量以及微灌工作制度情况下，确定各级管道通过的流量，通过计算输水水头损失，来确定各级管道合理的内径。

管道流量的确定：

1）毛管流量的确定。毛管流量是毛管上灌水器流量的总和，即

$$Q_{毛} = \sum_{i=1}^{n} q_i \tag{6-44}$$

当毛管上灌水器流量相同时：

$$Q_{毛} = nq_d \tag{6-45}$$

式中 $Q_{毛}$——毛管流量，L/h；

n——毛管上同时工作的灌水器个数；

q_i——第 i 号灌水器设计流量，L/h；

q_d——流量相同时，单个灌水器的设计流量，L/h。

2）支管流量计算。支管流量是支管上各条毛管流量的总和，即

$$Q_{支} = \sum_{i=1}^{n} Q_{毛i} \tag{6-46}$$

式中 $Q_{支}$——支管流量，L/h；

$Q_{毛i}$——不同毛管的流量，L/h；

其余符号意义同前。

3）干管流量计算。由于支管通常是轮灌的，有时是两条以上支管同时运行，有时是一条支管运行，故干管流量是由干管同时供水的各条支管流量的总和，即

$$Q_{干} = \sum_{i=1}^{n} Q_{支i} \tag{6-47}$$

式中 $Q_{干}$——干管流量，L/h 或 m^3/h；

$Q_{支i}$——不同支管的流量，L/h 或 m^3/h；

其余符号意义同前。

当一条干管控制若干个轮灌区，在运行时各轮灌区的流量不一定相同，为此，在计算干管流量时，对每个轮灌区要分别予以计算。

各级管道管径的选择：

为了计算各级管道的水头损失，必须首先确定各级管道的管径。管径必须在满足微灌

的均匀度和工作制度前提下确定。

1）允许水头偏差的计算。一般在进行微灌水力计算时，把每条支管上同时运行的毛管所控制的面积看成是一个微灌小区，为保证整个小区内灌水的均匀性，对小区内任意两个灌水器的水力学特性有如下要求。

灌水小区的流量或水头偏差率应满足如下条件：

$$q_v \leqslant [q_v] \tag{6-48}$$

$$h_v \leqslant [h_v] \tag{6-49}$$

式中 $[q_v]$——设计允许流量偏差率，规范规定，不应大于20%；

$[h_v]$——设计允许水头偏差率，见式（6-35）。

灌水小区中，灌水器的流量差异取决于灌水器的水头差异，灌水器的最大水头和最小水头与流量偏差率的关系为

$$\begin{cases} h_{\max}=(1+0.65q_v)^{\frac{1}{x}}h_d \\ h_{\min}=(1-0.35q_v)^{\frac{1}{x}}h_d \end{cases} \tag{6-50}$$

灌水小区的允许水头偏差，应按式（6-51）计算：

$$[\Delta h]=h_{\max}-h_{\min} \tag{6-51}$$

式中 $[\Delta h]$——灌水小区允许水头偏差，m。

采用补偿式灌水器时，灌水小区内设计允许的水头偏差应为该灌水器允许的工作水头范围。

2）允许水头偏差的分配。由于灌水小区的水头偏差分别由支管和毛管两级管道共同产生，应通过技术经济比较来确定其在支、毛管间的分配。

毛管进口不设调压装置时。均匀地形坡度，且支、毛管比降不大于1时，分配比例按式（6-52）计算：

$$\begin{cases} \beta_1=\dfrac{[\Delta h]+L_2J_2-L_2J_1(a_1n_1)^{(4.75-1.75a)/(4.75+a)}}{[\Delta h]\times\left[\dfrac{L_2}{L_1}(a_1n_1)^{(4.75-1.75a)/(4.75+a)}+1\right]} \quad (r_1\leqslant 1, r_2\leqslant 1) \\ \beta_2=1-\beta_1 \end{cases} \tag{6-52}$$

$$C=b_0d^a$$

式中 β_1——允许水头偏差分配给支管的比例；

β_2——允许水头偏差分配给毛管的比例；

L_1——支管长度，m；

L_2——毛管长度，m；

J_1——沿支管地形比降；

J_2——沿毛管地形比降；

a_1——支管上毛管布置系数，单侧布置时为1，双侧对称布置时为2；

n_1——支管上单侧毛管的根数；

r_1、r_2——支、毛管的降比；

a——指数；

C——管道价格，元/m；

b_0——系数；

其余符号意义同前。

则毛管允许水头偏差 $[\Delta h_2]=\beta_2\times[\Delta h]$

由于式（6-52）计算分配比例较为麻烦，我国以往采用支管、毛管间的分配比例为 0.45 和 0.55。美国灌溉工程手册认为分配给毛管的水头差应不大于允许水头差的 50%。现行《微灌工程技术规范》（GB/T 50485—2020）规定，支、毛管经济的水头损失分配比例为 0.5 和 0.5。

坡地毛管进口设置调压装置时。山区坡地毛管布置时，一般均在毛管进口安装水阻管、压力调节器等，以使各毛管进口压力值相等，此时小区设计允许的水头偏差应全部分配给毛管，即

$$[\Delta h]=[h_v]h_d \tag{6-53}$$

式中 $[\Delta h]$——允许的毛管水头偏差，m。

3）毛管管径确定。按毛管的允许水头损失值，初步估算毛管的内径 $d_毛$：

$$d_毛=\sqrt[b]{\frac{KFfQ_毛^m L}{[\Delta h]_毛}} \tag{6-54}$$

式中 $d_毛$——初选毛管内径，mm；

K——考虑到毛管上管件或灌水器产生的局部水头损失而加大的系数，其取值范围一般在 1.1～1.2 之间；

F——多口系数，$F=\frac{1}{m+1}\left(\frac{N+0.48}{N}\right)^{m+1}$ $(N\geqslant 3)$；

f——摩阻系数；

$Q_毛$——毛管流量，L/h；

L——毛管长度，m；

m——流量指数；

b——管径指数。

由于毛管的直径一般均大于 8mm，式（6-54）中，各种管材的 f、m、b 值，可按表 6-11 选用。

4）支管管径确定。

当平坦地形，毛管进口未设调压装置时，支管管径的初选。

按上述分配给支管的允许水头差，用式（6-55）初估支管管径 $d_支$。

表 6-11 管道沿程水头损失系数、指数

管材			f	m	b
塑料硬管	光滑区		0.464	1.77	4.77
聚乙烯管（LDPE）	$D>8$mm		0.505	1.75	4.75
	$D\leqslant 8$mm	$Re>2320$	0.595	1.69	4.69
		$Re\leqslant 2320$	1.750	1.00	4.00

注 1. Re 为雷诺数。

2. 微灌用聚乙烯管相应于水温 10℃，其他温度时应修正。

$$d_{支}=\sqrt[b]{\frac{KFfQ_{支}^{m}L}{[\Delta h]_{支}}} \tag{6-55}$$

式中　K——考虑到支管管件产生的局部水头损失而加大的系数，K 通常的取值范围在1.05～1.1之间；

L——支管长度，m；

其余符号意义同前。

f、m、b 值仍从表6-11中选取。需注意的是，应按支管的管材种类正确选用表中系数。

当为坡地，毛管进口采用调压装置时，由于此时设计允许的水头差均分配给了毛管，支管应按经济流速来初选其管径 $d_{支}$：

$$d_{支}=1000\sqrt{\frac{4Q_{支}}{3600\pi v}} \tag{6-56}$$

式中　$d_{支}$——支管内径，mm；

$Q_{支}$——支管进口流量，m^3/h；

v——塑料管经济流速，m/s，一般取 $v=1.2\sim1.8$。

5）干管管径的确定。干管管径可按毛管进口安装调压装置时，支管管径的确定方法计算确定。

在上述三级管道管径都计算出后，还应根据塑料管的规格，最后确定实际各级管道的管径。必要时还需根据管道的规格，进一步调整管网的布局。

微灌系统使用的管材与管件，必须选择其公称压力符合微灌系统设计要求的产品，地面铺设的管道应不透光、抗老化、施工方便、连接牢固可靠。一般情况下，直径50mm以上各级管道和管件可选用聚氯乙烯产品；直径在50mm以下各级管道和管件应选用微灌用聚乙烯产品。

管网水头损失的计算：

1）沿程水头损失计算。对于直径大于8mm的微灌用塑料管道，应采用勃氏公式计算沿程水头损失，即

$$h_{f}=\frac{fQ^{m}}{d^{b}}L \tag{6-57}$$

式中　h_f——沿程水头损失，m；

f——摩阻系数；

Q——管道流量，L/h；

d——管道内径，mm；

L——管长，m；

m——流量指数；

b——管径指数。

式（6-57）中各种塑料管材的 f、m、b 值，可从表6-11中选取。

微灌系统中的支、毛管出流孔口较多，一般可视为等间距、等流量分流管，其沿程水头损失可按式（6-58）计算（当 $N\geqslant3$ 时）：

$$h_f'=\frac{fSq_d^m}{d^b}\left[\frac{(N+0.48)^{m+1}}{m+1}-N^m\left(1-\frac{S_0}{S}\right)\right] \tag{6-58}$$

式中 h_f'——等距多孔管沿程水头损失，m；

S——分流孔的间距，m；

S_0——多孔管进口至首孔的间距，m；

N——分流孔总数；

q_d——毛管上单孔或灌水器的设计流量，L/h；

其余符号意义同前。

2）局部水头损失计算。局部水头损失的计算公式为

$$h_j=\zeta\frac{v^2}{2g} \tag{6-59}$$

式中 h_j——局部水头损失，m；

ζ——局部水头损失系数；

v——管中流速，m/s；

g——重力加速度，9.8m/s^2。

当参数缺乏时，局部水头损失也可按沿程水头损失的一定比例估算，支管和毛管宜为0.1～0.2。

毛管的极限孔数与极限铺设长度：

水平毛管的极限孔数，按式（6-60）计算。设计采用的毛管分流孔数不得大于极限孔数。

$$N_m=\mathrm{INT}\left[\frac{5.446[\Delta h_毛]d^{4.75}}{KS_eq_d^{1.75}}\right]^{0.364}+0.52 \tag{6-60}$$

式中 N_m——毛管的极限分流孔数；

LNT[*]——将括号内实数舍去小数成整数；

$[\Delta h_毛]$——毛管的允许水头偏差，m，$[\Delta h_毛]=\beta_2\times[\Delta h]$或$(h_{max}-h_{min})/2$；

d——毛管内径，mm；

K——水头损失扩大系数，$K=1.1$～1.2；

S_e——毛管上分流孔的间距，m；

q_d——毛管上单孔或灌水器的设计流量，L/h。

均匀地形坡毛管的极限孔数计算按《微灌工程技术规范》（GB/T 50485—2020）进行。

极限铺设长度，采用以下公式计算：

$$L_m=S_e(N_m-1)+S_0 \tag{6-61}$$

式中 S_0——多孔管进口至首孔的间距；

其余符号意义同前。

【例6-4】 毛管设计及水力计算。

已知毛管设计最长铺设长度120m，支管进口压力水头为$h_d=11$m。计算：①设计滴头工作压力偏差率H_v，设计允许流量偏差率$q_v=0.2$，流态指数$x=0.45$；②毛管极限

孔数 N_m，毛管上单孔的设计流量 $q_d=1.1L/h$，毛管的内径 $D=15.9mm$，毛管水头损失扩大系数 $K=1.1$，毛管滴头间距 $S_e=0.4m$；③毛管最大铺设长度 L，多孔管进口至首孔的间距 $S_0=0.4m$。

解：(1) 毛管允许工作压力偏差率：

$$H_v=\frac{1}{x}q_v\left(1+0.15\frac{1-x}{x}q_v\right)=\frac{1}{0.45}\times0.2\left(1+0.15\frac{1-0.45}{0.45}\times0.2\right)=0.46$$

(2) 毛管极限孔数：

$$N_m=\left(\frac{5.446D^{4.75}h_dH_v}{KS_eq_d^{1.75}}\right)^{0.364}+0.52$$

$$=\left(\frac{5.446\times15.9^{4.75}\times11\times0.46}{1.1\times0.4\times1.1^{1.75}}\right)^{0.364}+0.52=507.4=507$$

毛管最大铺设长度：

$$L_m=N_mS_e+S_0=507\times0.4+0.4=203(m)$$

毛管设计铺设长度 120m 是合理的。

节点的压力均衡验算：

微灌管网必须进行节点的压力均衡验算。从同一节点取水的各条管线同时工作时，节点的水头必须满足各条管线对该节点的水头要求。由于各管线对节点水头要求不一致，因此必须进行处理，处理办法有：①调整部分管段直径，使各条管线对该节点的水头要求一致；②按最大水头作为该节点的设计水头，其余管线进口根据节点设计水头与该管线要求的水头之差，设置调压装置或安装调压管（又称水阻管）加以解决，压力调节器价格较高，经济条件不满足时可采用后一种方法，即在管线进口处安装一段比该管管径细得多的塑料管，以造成较大水阻力，消除多余压力。

从同一节点取水的各条管线分为若干轮灌组时，各组运行时的压力状况均需计算，同一组内各管线对节点水头要求不一致时，应按上述处理方法进行平衡计算。

(4) 机泵选型配套。微灌系统的机泵选型配套，主要依据系统设计扬程、流量和水源取水方式而定。

1) 微灌系统的设计流量。系统设计流量可按式 (6-62) 计算：

$$Q=\sum_{i=1}^{n}q_i \tag{6-62}$$

式中 Q——系统的设计流量，L/h；

q_i——第 i 号灌水器设计流量，L/h；

n——同时工作的灌水器个数。

2) 系统设计扬程。系统设计扬程按最不利轮灌条件下系统设计水头计算：

$$H=Z_p-Z_b+h_0+\sum h_f+\sum h_j \tag{6-63}$$

式中 H——系统的扬程，m；

Z_p——典型毛管进口的高程，m；

Z_b——系统水源的设计水位，m；

h_0——典型毛管进口的设计水头，m；

$\sum h_f$——水泵进水管至典型毛管进口的管道沿程水头损失，m；

$\sum h_j$——水泵进水管至典型毛管进口的管道局部水头损失，m。

3）机泵选型。根据设计扬程和流量。就可以从水泵型谱或水泵性能表中选取适宜的水泵。一般水源设计水位或最低水位与水泵安装高度间的高差超过 8.0m 时，宜选用潜水泵；反之，则可选用离心泵等。根据水泵的要求，选配适宜的动力机，防止出现“大马拉小车”或“小马拉大车”的情况。在电力有保证的条件下，动力机应首选电动机。必须说明的是，所选水泵必须使其在高效区工作，并应为国家推荐的节能水泵。

（5）首部枢纽设计。首部枢纽设计就是正确选择和合理配置有关设备和设施。首部枢纽对微灌系统运行的可靠性和经济性起着重要作用。

1）过滤器。选择过滤器主要考虑水质和经济两个因素。筛网过滤器是最普遍使用的过滤器，但含有机污染物较多的水源使用沙石过滤器能得到更好的过滤效果，含沙量大的水源可采用离心式过滤器，但必须与筛网过滤器配合使用。

2）施肥器。应根据各施肥设备的特点及灌溉面积的大小选择，小型灌溉系统可选用文丘里施肥器。

3）水表。水表的选择要考虑水头损失值在可接受的范围内，并配置于肥料注入口的上游，防止肥料对水表的腐蚀。

4）压力表。压力表是系统观测设备，均应设置在干管首部，一般装置精度在 2.5 级以上的压力表，以控制和观测系统供水压力。

5）阀门。在管道系统中要设计节制阀、放水阀、进排气阀等。一般节制阀设置在水泵出口处的干管上和每条支管的进口处，以控制水泵出口流量和控制支管流量，实行轮灌。每个节制阀控制一个轮灌区。放水阀一般设置在干、支管的尾部，其作用是放掉管中积水。上述两种阀门处应设计阀门井，其顶部应高于阀门 20cm，其余尺寸以方便操作为度。非灌溉季节，阀门井用盖板封闭，以保护阀门和冬季保温。

进排气阀一般设置在干管上。在管道布置时，因地形的起伏有时不可避免地产生凸峰，管网运行时这些地方易产生气团，影响输水效率，故应设置排气阀将空气排出。

逆止阀一般设置在输水干管首部。当水泵运行压力较高时，由于停电等原因突然停机，将造成较大的水锤压力，当水锤压力超过管道试验压力，水泵最高反转转速超过额定转速 1.25 倍；管道水压接近气化压力时，应设置逆止阀。

（6）投资预算及经济评价。规划设计结束时，列出材料设备用量清单，并进行投资预算与效益分析，为方案选择和项目决策提供科学依据。

二、微灌工程规划设计示例

（一）基本资料

1. 地理位置和地形

南部省份某县级节水增效示范项目区，区内耕地 73.3hm^2。微灌地块东西宽 154m，南北长 272m。灌区地势平坦，有 1：2000 的地形图。

2. 土壤

当地土质为壤土，土质肥沃，田间允许最大含水率 24.3%（占干土质量百分数），允许最小含水率 16.2%（占干土质量百分数），土壤容重为 1.40g/cm^3。计划湿润层深度为

20cm。灌溉水利用系数取0.95。

3. 气候

亚热带季风气候。当地多年平均降水量1016mm，但年季变化大，最大年降雨量1612.7mm，最小年降雨量405.7mm，降水年内分配不均，一般5—9月的降雨量占全年降水量的61.7%以上。多年平均风速为3.3m/s。

4. 作物

大棚结构形式主要为拱形塑料大棚，规格为66m×8m，南北走向共布置有16×4个。种植作物为大棚蔬菜，主要有西红柿、黄瓜、辣椒、茄子等茄果类蔬菜。采取轮作制，起垅沿长方向，垅距1m，株距0.3～0.5m。

5. 水源

示范区灌溉、人畜、生活水源主要来自当地塘坝及河水。灌区引河水进入其西侧大沟，再由水泵提水灌溉，可供灌溉水量为20～40m^3/h。

6. 社会经济情况和交通运输

本地区经济较发达，交通十分便利，电力供应有保证，各种原材料及设备购置方便。

（二）设计参数

设计保证率：≥85%。

设计湿润比：≥60%。

灌溉水利用率：0.95。

设计耗水强度：2～7mm/d。

流量偏差率：20%。

（三）水量平衡计算

系统最大日运行时间取，$t_d=15$h；引水量取，$Q=30m^3/h$；耗水强度取，$I_a=5mm/d$；微灌面积为41888m^2，即4.2hm^2。则灌区水源可供灌溉面积为

$$A=\frac{\eta Q t_d}{10I_a}=\frac{0.95\times30\times15}{10\times5}=8.55(hm^2)>4.2hm^2$$

水源引水量满足灌溉面积需求。

（四）灌水器选择

灌水器选择绿源公司的内镶滴灌带，壁厚0.20mm，管径16mm，滴头间距30cm，额定流量1.38L/h，额定工作压力100kPa，湿润直径为0.55m。

（五）管道系统布置

滴灌管沿垅长布置，长为66m。每个大棚布设8条毛管。毛管与支管采用辅管连接。支管采用厚壁PE管，铺设于地表或埋入地下30cm以下。干管计划采用0.4MPa的PVC管以地埋形式铺设。平面布置详图如图6-7所示。

系统湿润比校核：

$$P=\frac{0.785D_w^2}{S_eS_l}$$

$$P=0.785\times0.55^2/0.3/1=79\%>60\%$$

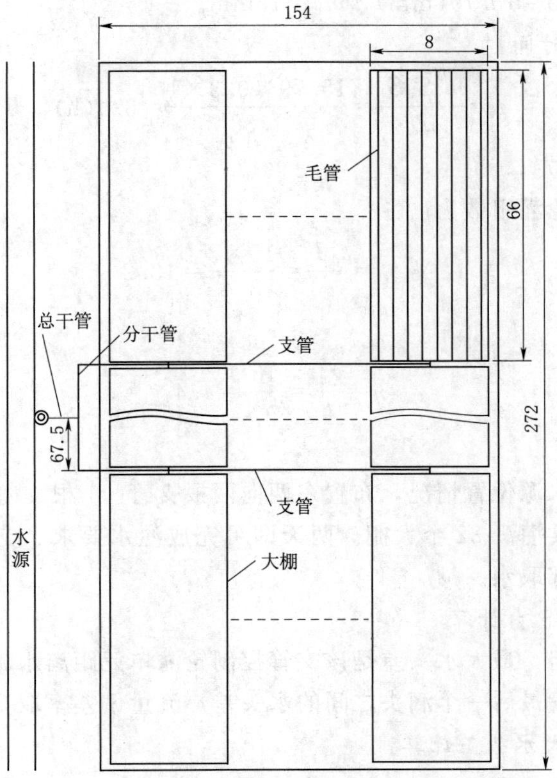

图 6-7 系统平面布置图（单位：mm）

说明上述灌水器与毛管布置方式满足要求，土壤湿润比取 79%。

（六）灌溉制度拟定

1. 最大净灌水定额

$$m_{\max}=0.001\gamma zP(\theta_{\max}-\theta_{\min})$$

土壤湿润比 79%，计划湿润层深度为 0.2m，则最大净灌水定额为

$$m_{\max}=0.001\times1.4\times20\times79\times(24.3-16.2)=17.91(\text{mm})$$

2. 设计灌水周期

$$T\leqslant T_{\max}=\frac{m_{\max}}{I_a}$$

$$T\leqslant T_{\max}=\frac{17.91}{5}=3.58(\text{d})$$

取 $T=3\text{d}$。

3. 设计灌水定额

设计净灌水定额由下式计算：

$$m_d=TI_a$$

设计毛灌水定额由下式计算：

$$m'=\frac{TI_a}{\eta}$$

则 $m'=3\times5/0.95=15.79(\mathrm{mm})$，$m_d=15\mathrm{mm}$。

4. 一次灌水延续时间

$$t=\frac{m'S_eS_l}{q_d}=\frac{15.79\times0.3\times1}{1.38}=3.4(\mathrm{h})$$

（七）工作制度拟定

系统允许的最大轮灌组数为

$$N_{max}=\frac{t_dT}{t}=\frac{15\times3}{3.4}=13.2$$

日轮灌次数 n 为

$$n=\frac{t_d}{t}=\frac{15}{3.4}=4.4$$

取 4 次。

根据大棚布置和水源位置情况，布置东西向两根支管。1 根支管一次供应 4 个大棚的灌溉用水需求，一天共灌溉 32 个大棚。两天即可完成灌水要求。支管连接上分干管，再汇至总干管，连接首部取水。

（八）管道设计及水力计算

由于灌区地势平坦，最大水头差是该支管控制轮灌单元距离水源较近毛管上的首个滴头与距离水源最远毛管最后一个滴头之间的水头差，流量偏差率取 20%。

1. 毛管允许的最大水头差计算

$$h_{max}=(1+0.65q_v)^{\frac{1}{x}}h_d$$

$$h_{min}=(1-0.35q_v)^{\frac{1}{x}}h_d$$

式中　h_{max}——滴头允许最大水头，m；

h_{min}——滴头允许最小水头，m；

q_v——流量偏差率，取 0.20；

x——流态指数，取 0.5；

h_d——额定压力，m。

得 $h_{max}=12.77\mathrm{m}$，$h_{min}=8.65\mathrm{m}$。

小区允许的最大水头差：$[\Delta h]=h_{max}-h_{min}=12.77-8.65=4.12(\mathrm{m})$。

根据毛管分配水头差$[\Delta h_{毛}]=0.5[\Delta h]$，支管分配水头差 $[\Delta h_{支}]=0.5[\Delta h]$的原则，则毛管、支管各分配到水头差 2.06m。

2. 毛管允许的极限长度计算

$$L_m=\left[\mathrm{INT}\left(\frac{5.446[\Delta h_{毛}]d^{4.75}}{KS_eq_d^{1.75}}\right)^{0.364}+0.52\right]S_e+S_0$$

$$=\left[\mathrm{INT}\left(\frac{5.446\times2.06\times15.6^{4.75}}{1.1\times0.3\times1.38^{1.75}}\right)^{0.364}+0.52\right]\times0.3+0.15$$

$$=102(\mathrm{m})$$

由大棚尺寸可知，系统中毛管铺设长度为 66m，小于允许的极限长度，所以拟定的毛管长度合理。

3. 毛管水头损失计算

毛管长度为66m，其共有220个滴头，即每条毛管流量为303.6L/h。毛管水头损失：

$$h_{毛}=\frac{fSq_{d}^{m}}{d^{b}}\left[\frac{(N+0.48)^{m+1}}{m+1}-N^{m}\left(1-\frac{S_0}{S}\right)\right]$$

$$=\frac{0.505\times0.3\times1.38^{1.75}}{15.6^{4.75}}\left[\frac{(220+0.48)^{1.75+1}}{1.75+1}-220^{1.75}\left(1-\frac{0.15}{0.3}\right)\right]=0.58(m)$$

一个大棚供水由1根辅管将水从支管引入毛管，根据设计，一个大棚由1根辅管控制8根毛管，其流量为8条毛管的流量和，即2428.8L/h。选φ32 PE管作为辅管，公称压力0.40MPa，内径26.6mm。这样的辅管为多孔管，其沿程水头损失按多孔管计算：

$$h_{辅}=\frac{fSq_{d}^{m}}{d^{b}}\left[\frac{(N+0.48)^{m+1}}{m+1}-N^{m}\left(1-\frac{S_0}{S}\right)\right]$$

$$=\frac{0.505\times1\times303.6^{1.75}}{26.6^{4.75}}\left[\frac{(8+0.48)^{1.75+1}}{1.75+1}-8^{1.75}\left(1-\frac{0.5}{1}\right)\right]=0.21(m)$$

$h_{辅}+h_{毛}=0.58+0.21=0.79(m)$，小于2.06m，满足灌水小区毛管分配的水头差要求。

毛管进口处水头为

$$H_{毛}=h_{辅}+h_{毛}+h_{min}=0.79+8.65=9.44(m)$$

4. 支管水头损失计算

分配给支管的水头损失为

$$\Delta h_{支}=[\Delta h]-h_{毛}-h_{辅}=4.12-0.79=3.33(m)$$

根据轮灌组的划分，1根支管控制4个大棚，末端流量为4857.6L/h，前端流量为9715.2L/h，计算得经济管径分别为29mm和41mm。初选PVC管$D32\times0.7$、$D50\times1$为支管，公称压力0.4MPa。

估算支管的水头损失：

$$h_{支1}=1.1f\frac{Q^{m}}{D^{b}}L=1.1\times0.505\times\frac{(220\times1.38\times8\times2)^{1.75}}{30.6^{4.75}}\times9.5=1.31(m)$$

$$h_{支2}=1.1f\frac{Q^{m}}{D^{b}}L=1.1\times0.505\times\frac{(220\times1.38\times8\times4)^{1.75}}{48^{4.75}}\times144=7.86(m)$$

$$h_{支}=h_{支1}+h_{支2}=1.31+7.86=9.17(m)>3.33m$$

改选PVC管$D63\times1.3$为支管，公称压力0.4MPa，估算支管的水头损失：

$$h_{支2}=1.1f\frac{Q^{m}}{D^{b}}L=1.1\times0.505\times\frac{(220\times1.38\times8\times4)^{1.75}}{60.4^{4.75}}\times144=2.64(m)$$

$$h_{支}=h_{支1}+h_{支2}=1.31+2.64=3.95(m)>3.33m$$

考虑到每段支管都要控制2～4个大棚，及管材采购和安装的方便，支管全部采用$D63\times1.3$的PVC管为支管，公称压力0.4MPa。

$$h_{支1}=1.1f\frac{Q^{m}}{D^{b}}L=1.1\times0.505\times\frac{(220\times1.38\times8\times2)^{1.75}}{60.4^{4.75}}\times9.5=0.05(m)$$

$$h_{支}=h_{支1}+h_{支2}=0.05+2.64=2.69(m)<3.33m$$

所以支管的选择是合理的。

支管进口处水头为：

$$H_{支2}=H_{毛}+h_{支1}=9.44+0.05=9.49(\text{m})$$

$$H_{支}=H_{支1}+h_{支2}=9.49+2.64=12.13(\text{m})$$

5. 干管水头损失计算

根据轮灌组的划分，支管流量即分干管流量，为 9715.2L/h，仍采用支管管材，PVC 管 $D63\times1.3$，公称压力 0.4MPa。

估算分干管的水头损失：

$$h_{分干}=1.1f\frac{Q^m}{D^b}L=1.1\times0.505\times\frac{(220\times1.38\times8\times4)^{1.75}}{60.4^{4.75}}\times67.5=1.24(\text{m})$$

总干管流量为 2 根分干管流量的总和，为 19430.4L/h，采用 PVC 管 $D63\times1.3$，公称压力 0.4MPa。

估算总干管的水头损失：

$$h_{总干}=1.1f\frac{Q^m}{D^b}L=1.1\times0.505\times\frac{(220\times1.38\times8\times4\times2)^{1.75}}{60.4^{4.75}}\times10.2=0.63(\text{m})$$

总干管进口处水头为

$$H_{总干}=H_{支}+h_{分干}+h_{总干}=12.13+1.24+0.63=14(\text{m})$$

（九）首部枢纽设计

系统首部枢纽的设计包括过滤装置、施肥设施、控制量测设施及保护装置的设计。

1. 过滤器

因水源为塘水，所含杂质主要为藻类，经拦污栅＋网式过滤器过滤后能满足滴灌要求，故首部选用一组网式过滤器即可。

2. 施肥设施

本系统选用文丘里施肥器。

3. 水泵与动力选型

水泵选型考虑流量与扬程两个因素。系统每次灌水流量为 $19.4\text{m}^3/\text{h}$，总干管进口处水头为 13.26m。由于条件未给出水泵安装高度和取水点的高差等，计首部高程差和水头损失为 10m。

$$H_{扬程}=H_{总干}+\Delta Z+h_{首}=14+10=24(\text{m})$$

根据当地设备供应情况及水源条件，选择一台 SLS65－160B 离心泵，其性能参数见表 6－12。

表 6－12　　水泵性能参数表

型　号	额定流量 /(m^3/h)	设计扬程 /m	水泵效率 /%	额定功率 /kW	转速 /(r/min)
SLS65－160B	21.6	24	58	2.2	2900

（十）微灌工程材料设备用量

微灌工程材料、设备用量详见表 6－13。

表 6-13　　　　微灌工程材料、设备用量表

序号	材料、设备名称	规格型号	单位	数量
1	水泵	SLS65-160B	套	1
2	过滤器		套	1
3	文丘里施肥器		套	8
4	水压力表	1.0MPa	套	1
5	闸阀	$\varphi63$	只	1
6	逆止阀	$\varphi63$	只	1
7	三通	$\varphi63$	只	1
8	PVC管材	$D63\times1.3$	m	460
9	PE管材	$\varphi32$	m	512
10	堵头	$\varphi63$	只	2
11	堵头	$\varphi16$	只	512
12	滴灌管	16-300-1.38L/h	m	33800
13	打孔器	$\varphi16$	个	8

【知识训练】

6.5　项目六
任务二
知识训练

【技能训练】

6.6　项目六
任务二
技能训练

项目七　喷微灌工程施工与运行管理

【知识目标】

1. 掌握首部枢纽的安装要求和步骤。
2. 掌握各级管道安装的要求和步骤。
3. 掌握系统各部分的运行管理步骤。
4. 掌握灌溉系统各部分的维护与保养技术。

【技能目标】

1. 能进行首部枢纽的安装。
2. 能进行管网的安装。
3. 能进行系统运行管理和维护。

7.0　课程导学

任务一　首部枢纽施工安装

【任务目标】

1. 了解沉淀池的修建。
2. 掌握水泵的安装要领与试运行。
3. 掌握过滤、施肥装置的安装要领与步骤。
4. 掌握测量仪表及保护控制设备安装要领。

首部枢纽修建应注意布置尽量紧凑、合理，以节约工程投资。

室内布置应力求整齐、有序，并留有通道，以便各种设备与设施的安装和检修，同时应满足通风、采光、散热要求。过滤站安装前，应按过滤站的外形尺寸做好基础处理。做混凝土基础，应保证地面平整、坚实，并留有排沙及冲洗水流道。当过滤、施肥等设备布置在室内时，应布设专门的排水设施，以便于将过滤器等设备的反冲洗污水排到室外，避免泵房内地面积水使电气设备受潮。

一、沉淀池修建

当水中悬浮物浓度超过200mg/kg时，有的灌溉系统，尤其是滴灌系统，需要设置沉淀池对水体进行初级处理。沉淀池按设计要求施工，具体步骤和工程质量应符合《水电水利工程施工技术标准规范与养护安全规程实用手册》的规定。

1. 沉淀池修建的要求

滴灌系统从沉淀池中取水的位置应达到设计要求。沉淀池必须可以清洗，在灌溉季节结束后，应放空沉淀池中的水，并对其进行维护。沉淀池应建成泥沙沉淀效果较好的窄、浅、长形。

2. 沉淀池修建的步骤

沉淀池按横断面形状可分为矩形、梯形、漏斗形，目前梯形沉淀池应用较为普遍。具体修建步骤分为：施工放线，基坑开挖及基础处理，铺防渗膜，沙砾料和刚性材料保护层的施工，沉淀池池壁的施工。

二、水泵安装

1. 水泵的安装要求

首先，水泵的安装，必须按照水泵说明书要求安装。

水泵出厂时已装配、调试完善的部分不应随意拆卸。水泵安装地基基础的尺寸、位置、标高应符合设计要求。水泵与管路连接后，应复校找正情况。与水泵连接的管子内部与管端应清洗干净，清除杂物，密封面不应损坏。水泵安装完毕运行前，应检查动力机的转向是否符合水泵的转向要求，各紧固连接部位不应松动。对于深井泵，井管管口伸出基础相应平面不小于25mm，井管与基础间应垫放软质隔离层，井管内应无油泥和污染物。在水泵的取水口处安装处理过滤设施，先除去水中漂浮的大颗粒杂质，必要时选择浑水泵。

2. 水泵的安装步骤

（1）水泵就位前的复查。复查内容主要包括：水泵的生产合格证、说明书、检验报告是否齐全；基础的尺寸、位置、标高是否符合设计要求；设备是否存在缺件、损坏和锈蚀等情况，管口保护物和堵盖是否完好；盘车是否灵活，无阻滞、卡住现象，无异常声音。

（2）水泵的找平。水泵找平时应以水平中开面、轴的外伸部分、底座的水平加工面等为基准进行测量。

（3）水泵的找正与连接。主动轴与从动轴以联轴器连接时［图5-27（a）］，两轴的不同轴度、两半联轴器端面间的间隙应符合设备技术文件的规定。原动机与水泵（或变速器）连接前，应先单独试验原动机的转向，确认无误后再连接。主动轴与从动轴找正、连接后，应盘车检查转动是否灵活。水泵与管路连接后，应复校找正情况，如由于与管路连接而出现偏差，应调整管路。

（4）水泵的试运行。检查各紧固连接部位，不应松动，润滑油脂的规格、质量、数量应符合设备技术文件的规定，有预润要求的部位应按设备技术文件的规定进行预润。润滑、水封、轴封、冷却、加热、液压、气动等附属系统的管路应冲洗干净，保持通畅。水泵启动前，水泵的出、入口阀门应处于全开启位置，离心泵出口阀门应全闭，其运转中不应有不正常的声音，压力、流量、温度和其他要求应符合设备技术文件的规定，各密封部位不应泄漏。试运转结束后，关闭泵的出、入口阀门和附属系统的阀门。如长时间停泵放置，应采取必要的措施，防止设备沾污、锈蚀和损坏。离心泵不应在出口阀门全闭的情况下长时间运转。

三、过滤系统、水肥装置的安装

1. 过滤系统的安装要求

微灌，尤其是滴灌的过滤系统一般由两种或两种以上过滤器组合构成（图5-29），安装应满足以下基本要求：

（1）各级过滤设施的安装顺序应符合设计要求，不得随意更改。

（2）过滤器各组件应按水流标记方向及其在图样中所处的位置进行安装。

（3）合理布置反冲洗管，以利于过滤器的冲洗。

（4）安装配备相应的量测仪表、控制与保护设备等。

（5）自动反冲洗式过滤器的传感器等电器元件，按产品规定接线图安装，并通电检查运转状况。

2. *施肥装置的安装要求*

施肥装置安装应满足的基本要求：

（1）进出水管与首部管路连接应牢固，如使用软管，严禁扭曲打褶。

（2）施肥装置应安装在初级与末级过滤器之间。

（3）与施肥罐连接的进、出水口不能反向安装。

3. *过滤系统、施肥装置的安装步骤*

首先，查验过滤器及施肥装置的生产合格证、说明书，确保安装应用合格产品；在安装水泵时，应就首部水泵的地基平台进行处理，确保过滤系统和施肥装置的安装水平；在安装过程中，应该按照产品的使用说明顺序连接，并按输水流向的标记安装，不得反向，不可接错位置。过滤系统和施肥装置的安装如图 7-1 所示。

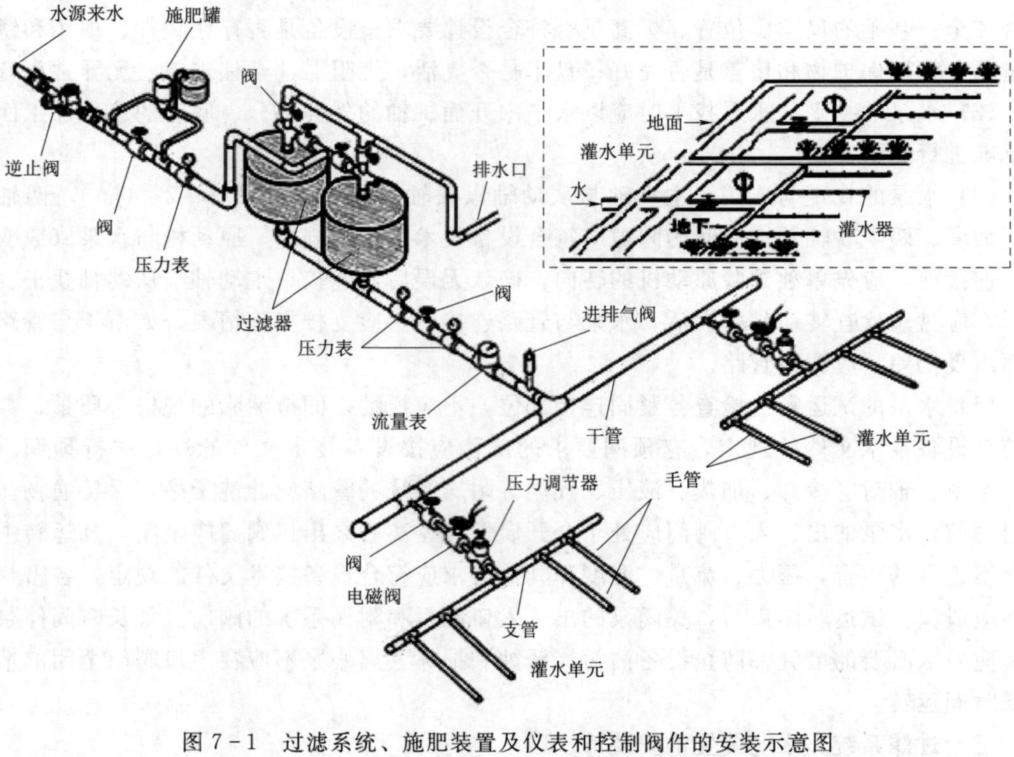

图 7-1　过滤系统、施肥装置及仪表和控制阀件的安装示意图

当过滤器采用的是沙石过滤器时，安装好后，应将过滤介质冲洗干净，然后再装入过滤器内。但在使用前应关闭出水口的阀门，对介质进行反冲洗，每组两罐交替进行，每次反冲洗最多清洗两罐，冲洗标准以在容器内冲洗后无浑浊水为准。

7.1 自动反冲洗叠片过滤器的组装

7.2 沙石过滤器的组装

7.3 筛网过滤器

7.4 离心过滤器的组装

四、测量仪表及保护控制设备安装要求

测量仪表与保护控制设备安装应满足以下基本要求，如图 7-1 所示。

(1) 测量仪表和保护设备安装前应清除封口和接头的油污和杂物，安装按设计要求和水流方向标记进行。

(2) 检查安装的管件配件，如螺栓、止水胶垫、螺纹口等是否完好，管件及连接处不得有污物、油迹和毛刺，不得使用老化和直径不合规格的管件。

(3) 截止阀与逆止阀应按流向标志安装，不得反向。

(4) 安装前应清除封口和接头的油污和杂物，压力表宜装在环形连接管上，如用直管连接，应在连接管上与仪表之间安装控制阀。

(5) 法兰中心线应与管件轴线重合，螺栓要紧固齐全，并能自由穿入孔内，止水胶垫不得阻挡过水断面。

(6) 安装三通、球阀等螺纹件时，用生料带或塑料薄膜缠绕，确保连接牢固不漏水。

【知识训练】

7.5 项目七 任务一 知识训练

【技能训练】

7.6 项目七 任务一 技能训练

任务二 管网的施工安装

【任务目标】

1. 掌握不同级别的管道安装要领。

2. 输水管网施工是灌溉系统施工安装的主体工程，工作量大，施工环节多，涉及地下干管、分干管及地面支（辅）管、毛管的安装。

一、地下干管、分干管安装

地下干管、分干管一般采用硬聚氯乙烯（U－PVC）管，其施工安装过程为放线、管槽开挖、管道安装、部分回填及试压。其中，施工放线就是在管线埋设的位置进行测量、规划、定位并清除所有障碍。

1. 管槽形式

管槽断面主要有矩形、梯形和复合式 3 种形式，采用哪一种形式应根据项目区土质、地下水位、管材型号规格、最大冻土层深度及施工方法确定。

2. 管槽开挖

施工放线及管槽形式确定后，即可进行管槽开挖。管槽开挖时有如下要求：

（1）基槽应平整顺直，并应按规定放坡。当依靠重力排水时，管沟纵坡应大于 2‰，以便将管中的余水排入排水井或排水渠。

（2）应按施工放线轴线和槽底设计高程开挖管槽，开挖管槽宽不宜小于 40cm。

（3）地基处理。管线应尽量避开较弱、不均质地带和岩石地带，若无法避开，须进行地基处理。一般采用原土地基即可；对松软土或回填土应夯实，夯实密度应达到设计要求；当地下水位较高，土层受到扰动时，一般应铺碎石垫层处理；对于坚硬岩石可采取超挖再回填沙土的办法处理，超挖深度不应小于 10cm。

（4）应将管槽底部石块、杂物清除干净，并一次整平。管槽经过岩石、卵石等硬基础处，槽底超挖不宜小于 10cm；为方便安装，管槽开挖时弃土应置于管槽一边 30cm 以外。管底坡度应均匀，以便管道排空无积水。

（5）镇墩、阀门安装处的开挖与管槽开挖同时进行。

3. 管道安装

管槽开挖完成并经质量检查合格后，进行管道安装，一般过程为：管材放入沟槽、连接、部分回填、试压、全部回填。

（1）管道安装要求。

1）安装前要认真复测管槽，管槽基坑应符合设计图样要求。

2）安装施工过程中，及时填写施工记录，并按施工内容进行阶段验收，尤其对一些意外情况的处理应及时记录清楚。

3）管道上的附属设备（如闸阀、水表等）与管道连接时，应垫置加固支撑，避免设备的重量加压在管道上。

4）管道安装时，如遇地下水或积水，应采取排水措施。

5）管道穿越公路、沟道等处时，应采取加套管、砌筑涵洞等措施。

6）对暴露的管线应采取防腐蚀处理。

7）管道安装工作间断期间，应及时封闭敞开的管口，以防老鼠等小动物钻入。

8）塑料管承插连接时，承插口与密封圈规格应匹配。

9）在干管与支管连接处设置闸阀井，在干管的末端设置排水井。

不同类型的管道，连接方式不同，具体可参看《管道输水工程技术》（水利部农村水利司编著）。

（2）管道固定及附属设施的安装。在管道分岔、拐弯、变径、末端、阀门位置和直管处，每隔一定距离应设置镇墩。管道的水平或垂直转弯处以及各级管道在建筑物的进出口等部位，都应设置镇墩。如果安装管道较长、地形坡降较大或地形比较复杂，要加设镇墩或支墩。镇墩、支墩的体积和结构通过计算确定。要注意的是不能将镇墩、支墩和管道一起浇筑，镇墩、支墩浇筑时先留预埋件，安装后进行固定。在装阀门的位置要安装闸阀井，在管道末端安装排水井。

（3）管槽回填。在管段无接缝处先覆土固定，待安装完毕后经冲洗试压，全面检查质量合格后方可回填。回填前应清除槽内一切杂物，排除积水，在管壁四周10cm内的覆土不应用直径大于2.5cm的碎石和直径大于5cm的土块回填，回填土应高于原地面10cm，并分层压实。回填必须在管道两侧同时进行，严禁单侧回填，并应严格按照施工要求进行填埋。采用机械回填时，应先人工覆土，覆土厚度不小于30cm。

二、地面支管、辅管的安装

1. 安装要求

（1）应按设计要求由上而下依次安装。

（2）管端应剪成平口，不得有裂纹，并防止混进杂物。

（3）厚壁支管连接前应清除杂物，将辅管套在旁通口，气温低时对管端预热后安装。

（4）支管、辅管铺设时应留有余量，呈S形铺设，以避免热胀冷缩造成的管道和管件脱落。

2. 支管安装

目前，微灌系统中使用的支管有薄壁和厚壁两种，薄壁支管居多，支管在铺设时不宜拉得过紧，铺设1～2天后使其处于自由弯曲状态，并在当地时间早上8：00前后测量、打孔或截断。具体安装步骤可参看《管道输水工程技术》（水利部农村水利司编著）。

三、毛管的安装

1. 毛管与支管、辅管连接的要求

（1）铺设毛管时，在地两边应留有1.0～2.0m的伸缩余量。

（2）毛管与支管、辅管连接的管端应剪成平口。

（3）严禁毛管与支管、辅管连接时打褶。

2. 毛管与支管、辅管的连接步骤

毛管铺设完毕，将支、辅管按要求安装好后，进行毛管与支、辅管的连接。

（1）在支管或辅管上打孔，孔眼位置要与毛管铺设位置对准。

（2）将毛管与支、辅管连接处用剪刀或小刀剪裁成平口状。

（3）当采用按扣三通连接时，孔眼朝上，将按扣三通承插端装入孔内。当采用旁通连接时，孔口朝向毛管铺设的一侧，且与地面平行。孔眼打好后，将旁通插入支管。

【知识训练】

7.7　项目七
任务二
知识训练

【技能训练】

7.8　项目七
任务二
技能训练

任务三　喷微灌系统的运行管理

【任务目标】

1. 掌握喷微灌系统试运行方法。
2. 掌握喷微灌系统运行管理要领。
3. 掌握喷微灌系统维护要领。

一、系统试运行

（一）管道冲洗

管道冲洗的主要目的是，将安装过程中产生的废料及管道中进入的泥土等杂物冲出管道，以免造成系统运行中管道或滴管带堵塞，保证系统正常运行。

1. 冲洗前检查

首先要检查仪器、仪表、设备是否配套完好、操作灵活，压力表精度不低于 2.5 级，阀门开关灵活，排气装置通畅，管道连接紧密。

2. 管道冲洗程序

管道的冲洗应由上至下逐步进行，按干管、支管、辅管和毛管的顺序冲洗，支管和毛管应按轮灌组冲洗，冲洗过程中及时检查管道情况，并做好冲洗记录。

(1) 打开系统枢纽总控制阀和待冲洗管道的阀门，关闭其他阀门，然后启动水泵，对干管进行冲洗，直到干管末端出水清洁为止，并关闭干管末端阀门。

(2) 打开一个轮灌组的各支管进口和末端阀门，进行支管冲洗；然后关闭支管末端阀门冲洗毛管，要求支、毛管末端出水清洁为止；最后再检查下一个轮灌组的冲洗情况。

（二）管道试压

在灌溉系统管网安装完成后和试运行前，要对各连接处进行检查和试压，确保滴灌系统在运行过程中不出现问题。

1. 试压前检查

(1) 对系统首部枢纽进行检查，确保系统首部各设备都能够正常工作。

(2) 对试压设备、压力表、放气管及进水管等设施进行检查，检查管道能否正常排气及放水，保证系统的密封性及其功能。

(3) 对管道接口、镇墩等其他附属设施的外观以及回填情况进行认真检查，并及时检查阀门、弯头及三通等支撑是否牢固。

2. 试压程序及要求

(1) 进行管道渗漏性试验。缓慢地向试压管道中注水，排除管道中的空气，管道充满水后，在无压情况下，至少保持 2h，无渗漏。

(2) 进行管道严密性试验。管道内的压力达到额定工作压力的 1.2 倍后，保持压力 1h，检查各部位是否有渗漏或其他不正常现象。为保持管内压力，可向管内补水。进行严密性试验时，若在 2h 中无渗漏为合格。

(3) 严密性试验合格后进行强度试验。管内试验压力不得超过设计工作压力的 1.5 倍且最小不得低于 0.5MPa，并保持 2h 或满足设计的特殊要求。每当压力降低 0.2MPa 时，则向管内补水，为保持管内压力所增补的水为漏水量的计算值，根据有无异常和漏水量来判断强度试验的结果。

(三) 试运行操作

灌溉系统试运行是对系统安装是否合格的检验。试运行时，应按设计要求分轮灌组进行，并严格按照系统设计制定的运行方案执行，否则将造成系统压力不平衡、灌水不均匀等不良后果。

(1) 根据田间管网运行要求，打开田间灌溉系统一个轮灌组的各灌水小区控制阀门和相应输水管道的控制阀门。

(2) 关闭系统首部枢纽过滤装置的进水阀门。

(3) 开启水泵后，再缓慢打开系统首部过滤装置的进水阀。

(4) 待一个轮灌组试运行结束后，先开启下一个轮灌组各控制阀门，再关闭试运行结束的轮灌组各控制阀门，对下一轮灌组进行田间管网的试运行。

二、系统运行管理

(一) 系统运行管理要求

1. 系统首部

(1) 对沉淀池（或蓄水池）等水源工程应经常检查，发现损坏及时维修，对其内的沉积物要定期清洗。在灌溉季节结束时，应放掉存水，以免因冬季寒冷冻坏水池。

(2) 水泵应严格按照操作手册的规定进行操作与管理。

(3) 过滤器在每次工作前要进行清洗；在微灌系统运行过程中，应严格按过滤器设计的流量与压力进行操作，严禁超压、超流量运行，若过滤器进、出口压力差超过 25%～30%，要对过滤器进行反冲洗或清洗；灌溉施肥结束后，要及时对过滤器进行冲洗。

(4) 施肥罐中注入的固体肥料（或药物）颗粒不得超过施肥罐容积的 2/3。

2. 输配水管网系统

(1) 灌溉季节开始前，应对地埋管道进行检查、试水，保证管道畅通，闸阀及安全保护设备应启动自如，阀门井中应无积水，裸露地面的管道部分应完整无损，量测仪表要盘面清晰，指针灵敏。灌溉季节结束时，应对管道中的泥沙进行冲洗，排放余水，对系统进行维修保养，阀门井应加盖保护，在寒冷地区，阀门井与干、支管接头处应采取防冻措施；地面管道应避免直接暴晒，停止使用时，存放于通风、避光的库房里，塑料管道冬季应注意防冻。

(2) 定期检查系统管网的运行情况，如有漏水要立即处理；系统管网在每次工作前要先进行冲洗，在运行过程中，要检查系统水质情况，视水质情况对系统进行冲洗。

(3) 严格保证系统在设计压力下安全运行；系统运行时每次开启一个轮灌组，当一个轮灌组结束后，必须先开启下一个轮灌组，再关闭上一个轮灌组，严禁先关后开。

(4) 系统第一次运行时，需调试压力，使系统各支管进口的压力大致相等。

(5) 系统运行过程中，要经常巡视，必要时要进行流量测定，发现问题及时处理，并按要求定期进行冲洗。

(6) 田间农业管理人员在放苗、定苗、锄草时应避免损伤毛管。

(二) 系统运行管理步骤

1. 沉淀池

系统运行前先清除沉淀池中的脏物。当水质较浑浊时，应关闭沉淀池的进水口，待水清后再进入沉淀池，并在沉淀池进水口设置拦污栅，以免沉淀池过滤负担过重。

2. 水泵

水泵的操作及维修工作都必须严格执行国家有关电气设备工作安全的组织措施和技术措施相应的规定，确保自身和他人的安全及电气设备不受损害。

3. 过滤器

灌溉水质的好坏，直接影响到过滤器的清洗次数。为保持好的过滤效果，清洗工作要经常进行。

(1) 筛网过滤器，如图 7-2 (a) 所示。手工清洗时，拆开压盖，取出滤芯用刷子刷洗滤芯筛网上的污物并用清水冲洗干净。自动反冲洗的过滤器装有冲洗排污阀，运行过程中，当过滤器上、下游压力表的差值超过一定限度（3～5mH_2O）时，表示滤芯筛网上积存的污物已超标，需要冲洗。打开冲洗排污阀，冲洗 20～30s 后关闭，即可恢复正常运行。如压差仍然很大，可将上述操作重复一次，直至恢复正常。

7.9　叠片过滤器的工作原理和反冲洗

(2) 旋流式水沙分离器，如图 7-2 (b) 所示。利用离心力推动水中泥沙及其他密度较高的固体颗粒向管壁移动，形成旋流，向下沉淀汇集到储污罐中，清水则上升并通过分离器顶部出水口进入灌溉管道。集沙罐设有排沙口，工作时要经常检查集沙罐，定时排沙，以免罐中沙量太多，使离心式过滤器不能正常工作。

(3) 叠片过滤器，如图 7-2 (c) 所示。手工清洗时，将滤芯拆下，松开环状塑料片，用水冲洗即可。自动反冲洗时，叠片必须能自行松散，因受水体中有机物和化学杂质的影响，有些叠片往往被粘在一起，不易彻底冲洗干净，需冲洗多次。

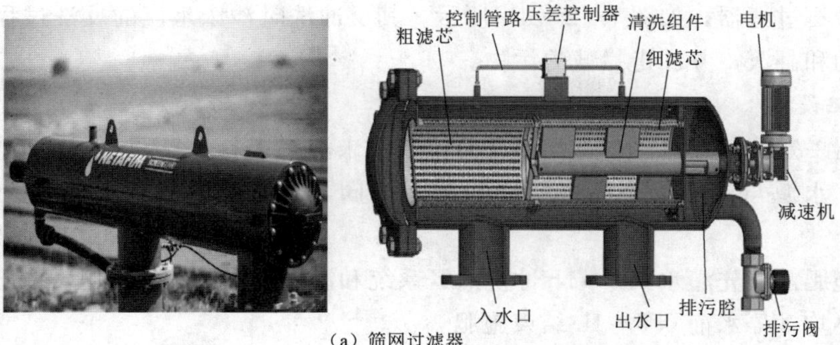

（a）筛网过滤器

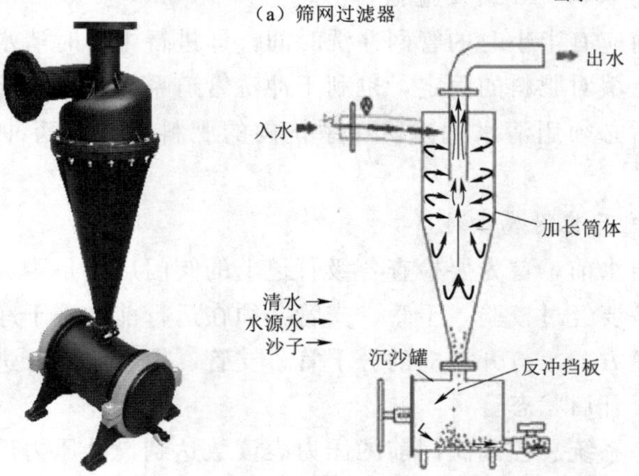

（b）旋流式水沙分离器

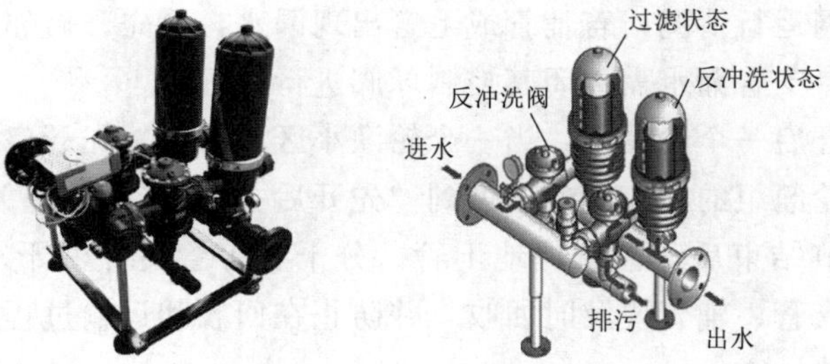

（c）叠片过滤器

（d）沙石过滤器

图 7－2　各过滤器及相应反冲洗原理

(4) 沙石过滤器，如图7-2(d)所示。其反冲洗时沙床水流的反洗过程，反向水流使沙床浮动和翻滚，并冲走拦截的污物。

4. 施肥设备

施肥器一定要装在水源与过滤器之间，以免未溶解肥料、农药或其他杂质进入系统，造成堵塞；水源与施肥器之间一定要安装逆止阀，以防肥料液或农药进入水源，造成污染。

(1) 施肥前，先灌水0.5～1h冲洗灌溉系统和湿润土体，然后施肥。注肥切忌快速注入、施肥不均。停水前0.5～1h结束施肥。

(2) 轮灌组更换前应有半小时的管网冲洗时间，即进行半小时清水冲洗，以便肥料能渗到根层土壤，减少土壤对肥料的固定，也利于冲洗管道系统，避免肥料在管内沉积。

(3) 施肥、施药后必须用清水把残留在系统内的肥料液或农药冲洗干净，防止设备腐蚀。

5. 输配水管网系统及其附属设施

(1) 管网系统在通水前，首先要检查各级管道上的阀门启闭是否灵活，管道上装设的压力表、排气阀等设备要经过校验，干管、支管必须在运行前冲洗干净。

(2) 根据设计轮灌方式，打开相应的分干管、支管、辅管或毛管进水口的阀门，使相应灌水小区的阀门处于开启状态。

(3) 启动水泵，待系统总控制阀门前的压力表读数达到设计压力后，开启闸阀使水流进入管网，并使闸阀后的压力表达到设计压力。

(4) 检查地面管网运行情况，若辅管或毛管出现漏水，可先开启邻近一个球阀，再关闭对应球阀进行处理，支管漏水需关闭其控制球阀进行处理。

(5) 灌水时每次开启一个轮灌组，当一个轮灌小区结束后，先开启下一个轮灌组的各级阀门，再关闭当前轮灌组的相应阀门，做到“先开后关”，严禁“先关后开”。

(6) 每年灌溉季节结束后，应将埋地干管、分干管等管道冲洗干净，并排净管内余水。对铺设于地表的支管、辅管要及时回收，并防止在回收和运输过程中损坏管道。

三、系统维护保养

(一) 日常维护与保养

1. 系统首部

(1) 水源工程。需定期对蓄水池内的泥沙等沉积物进行清洗、排除，由于敞开式蓄水池中容易繁殖藻类，在灌溉季节应定期向池中投入硫酸铜（绿矾），使水中的硫酸铜浓度在0.1～1.0mg/L之间，防止藻类滋生。

(2) 水泵。在水泵每次停止工作后，应擦净水泵表面的水迹，防止生锈。机械密封润滑剂应无固体颗粒，严禁机械密封在干磨情况下工作。

(3) 过滤器。筛网过滤器要经常检查滤网，发现损坏及时修复或更换。灌溉季节过后，应取出网芯，刷洗晾干后备用。沙石过滤器视水质情况每年对介质进行1～6次彻底清洗。

(4) 施肥装置。每年灌溉季节结束时，应检查铁质化肥罐（桶）的内壁，看是否有防腐蚀层局部脱落的现象，如果有脱落要及时处理，以免因肥料液腐蚀产生铁的化合物堵塞灌水器。

(5) 测量仪表。每年灌溉季节结束时，应对首部枢纽安装的测量仪表（压力表、水表等）进行检查、保养和调试。

2. 系统管网

定期冲洗管道，支管应根据供水质量情况进行冲洗。灌溉水质较差的情况下，要经常冲洗毛管，一般至少每月打开尾端的堵头，在正常工作压力下彻底冲洗一次，以减少堵塞的发生。

（二）入冬前的维护

灌溉季节结束后，应对灌溉系统进行全面的维护，以确保来年的正常运行。

1. 系统首部

(1) 水源工程。在寒冷地区，放掉蓄水池内的存水，否则易冻坏蓄水池。

(2) 水泵。停机后应打开泵壳下的放水塞，把水放净，防止锈蚀或冻坏水泵。

(3) 过滤系统。

1) 叠片过滤器。把各个叠片组清洗干净，用干布将塑壳内的密封圈擦干放回，开启集沙罐一端的堵头，将罐中积存物排出，然后将水放净，再将过滤器压力表下的选择钮置于排气位置。

2) 沙石过滤器。打开过滤器罐体的盖子和罐体底部的排水阀，将水全部排净。将过滤器压力表下的选择钮置于排气位置。若罐体表面或金属进水管路的金属镀层有损坏，应立即清锈后重新喷涂。

(4) 施肥系统。在进行维护时，关闭水泵，开启与主管道相连的注肥口和驱动注肥系统的进水口，排去空气。

1) 注肥泵。用清水冲洗注肥泵，按照相关说明拆开注肥泵，取出注肥泵驱动活塞，用润滑油进行正常的润滑保养，然后拭干各部件后重新组装好。

2) 注肥罐。仔细清洗罐内残液并晾干，清洗软管并置于罐体内保存。每年在注肥罐的顶盖及手柄螺纹处涂上防锈油，若罐体表面的金属镀层有损坏，则清锈后重新喷涂。并注意不要丢失各个连接部件。

2. 田间系统管网

灌溉季节结束时，需对整个系统进行清洗，打开若干轮灌组阀门（少于正常轮灌阀门数），开启水泵，一次打开主管和支管的末端堵头，将管道内积存的污物冲洗出去，然后把堵头装回，将毛管弯折封闭。

3. 次年灌溉季节开始前的准备

(1) 将系统重新安装连接。检查泵及动力设备连接是否正确。

(2) 检查过滤器各部件是否完好，连接是否正确，紧固所有的螺钉。

(3) 检查注肥罐或注肥泵的零部件和它们与系统的连接是否正确，清除罐体内的积存污物，以防进入管道系统。

(4) 检查所有给水栓，若有损坏应及时修理。

(5) 关闭主、支管道上的排水底阀，打开相应的阀门，开启水泵，依次冲洗主、支管道及毛管。

【知识训练】

7.10　项目七
任务三
知识训练

【技能训练】

7.11　项目七
任务三
技能训练

项目八　低压管道灌溉工程设计与施工

【知识目标】

1. 熟悉低压管道的概念、系统组成、常用构件。
2. 掌握低压管道的规划、设计方法。
3. 掌握低压管道水力计算的方法。
4. 了解低压管道施工方法和管理要点。

【技能目标】

1. 能够进行低压管道的田间规划。
2. 能够进行低压管道的工程设计。
3. 能够指导低压管道工程的施工。
4. 能够指导低压管道系统的日常管理。

8.0　课程导学

任务一　低压管道灌溉工程认知

【任务目标】

1. 熟悉低压管道的概念、特点。
2. 熟悉低压管道系统的组成。
3. 了解低压管道系统的管材和管件。

8.1　低压管道输水灌溉工程认知

一、低压管道输水灌溉技术的特点与类型

（一）低压管道输水灌溉技术的概念

管道输水灌溉是以管道代替明渠输水灌溉的一种工程形式，通过一定的压力，将灌溉水由分水设施输送到田间。管道压力一般不超过0.4MPa，故称为低压管道。

（二）低压管道的特点

1. 节水节能

管道输水可以减少渗漏损失和蒸发损失，与土垄沟相比，管道输水损失可减少5%，水的利用率比土渠提高了30%～40%，比混凝土等衬砌方式节水5%～15%。

减少了水的使用量，对于井灌区，意味着降低能耗。

2. 省地省工

(1) 节省占地。土渠输水，田间渠道用地一般占灌溉面积的1%～2%，有的多达3%～5%，而管道输水只占灌溉面积的0.5%，提高了土地利用率。

（2）节省工作量。①管道输水速度快，避免了跑水漏水现象，缩短了灌水周期；②节省了巡渠和清淤维修用工。

3. 投资少，效益高

（1）投资少。管灌投资较低，一般每亩在100～300元。而投资喷灌，每亩约1000～2000元，滴灌每亩约300～500元，故低压管道的亩均投资数较低。

（2）效益高。因低压管道基本能保证适时适量灌水，故较大程度地满足了作物的生长需求，能起到增产的作用。

4. 适应性强

（1）相比渠道管道，低压管道可以越沟、爬坡和跨桥，基本不受地形的限制。

（2）施工安装方便，便于群众掌握。

（3）配上田间地面移动的软管，可解决零散地的灌溉问题。

（三）低压管道系统的组成

管道输水灌溉系统由水源与取水工程部分、输水配水管网系统和田间灌水系统三部分组成（图8-1）。

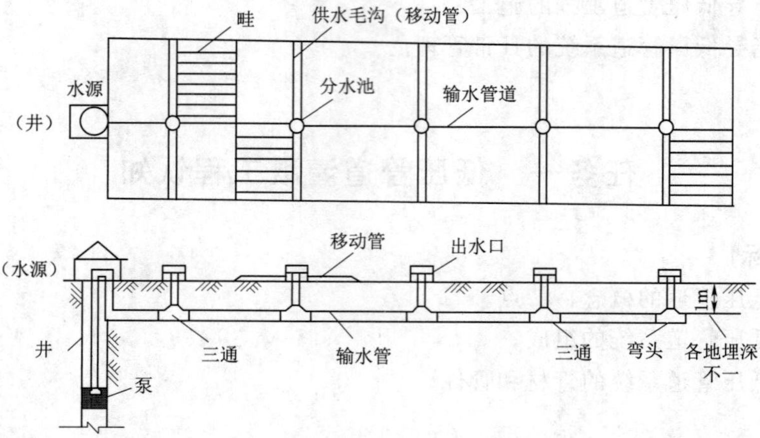

图8-1　低压管道输水灌溉系统示意图

1. 水源与取水工程

（1）水源形式。管道输水灌溉系统的水源有井、泉、沟、渠道、塘坝、河湖和水库等。

（2）水质要求。水质应符合农田灌溉用水标准，且不含有大量杂草、泥沙等杂物。

（3）建筑及设备要求。井灌区的取水工程应根据用水量和扬程大小，选择适宜的水泵和配套动力机，压力表及水表，并建有管理房。

自压灌区或大中型提水灌区的取水工程还应改进水闸、分水闸、拦污栅及泵房等配套建筑物。

如图8-1所示，该低压灌溉输水灌溉系统有一个水源，即水井。

2. 输配水管网系统

输配水管网系统是指管道输水灌溉系统中的各级管道，分水设施，保护装置和其他附属设施。

在面积较大灌区，管网可由干管、分干管、支管和分支管等多级管道组成。

如图 8-1 所示，有一条输水干管，从水源分出，在其上分出 5 个出水口，该条干管即输水管道。图中有若干个出水口，出水口接分水池，出水口和分水池即为分水设施。

3. 田间灌水系统

田间灌水系统指出水口以下的田间部分，它仍属地面灌水，因而应采取地面节水灌溉技术，达到灌水均匀，并减少灌水定额的目的。

如图 8-1 所示，水流从出水口（分水池）流出后，由供水毛沟或移动管输送到田间，供水毛沟或移动管即为田间灌水系统，其中的供水毛沟实质是田间毛渠。

（四）管道输水系统的分类

1. 按压力获取方式分类

按压力获取方式可分为机压提水输水系统和自压输水系统。

(1) 机压提水输水系统。它又分为水泵直送式和蓄水池式。当水源水位不能满足自压输水要求时，要利用水泵加压将水输送到所需要的高度或蓄水池中，通过分水口或管道输水至田间。

适用条件：目前，井灌区大部分采用直送式。

(2) 自压输水系统。在水源较高，可利用地形自然落差所提供的水头作为管道输水所需要的工作压力。

适用条件：在丘陵地区的自流灌区多采用这种形式。

2. 按管网形式分类

按管网形式可分为树状管网和环状管网两种类型。

(1) 树状管网。管网呈树枝状，水流通过"树干"流向"树枝"，如图 8-2 (a) 所示，即从干管流向支管、分支管，只有分流而无汇流。

(2) 环状管网。管网通过节点将各管道连接成闭合的环状，形成环状网如图 8-2 (b) 所示。环状网供水的保证率提高，但管材用量大、投资高，只在一些试点采用，国内目前主要为树状管网。

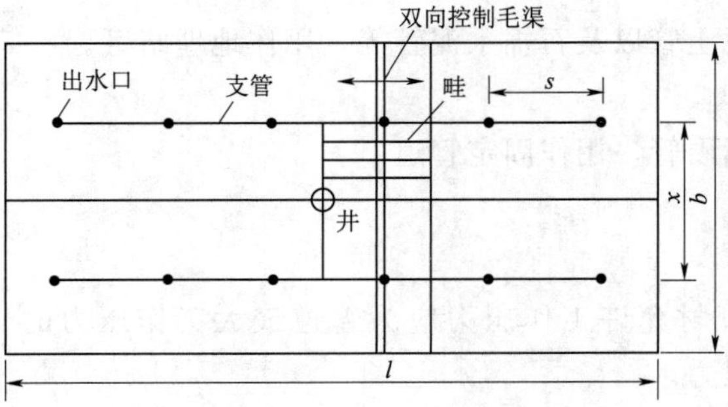

(a) 树状管网

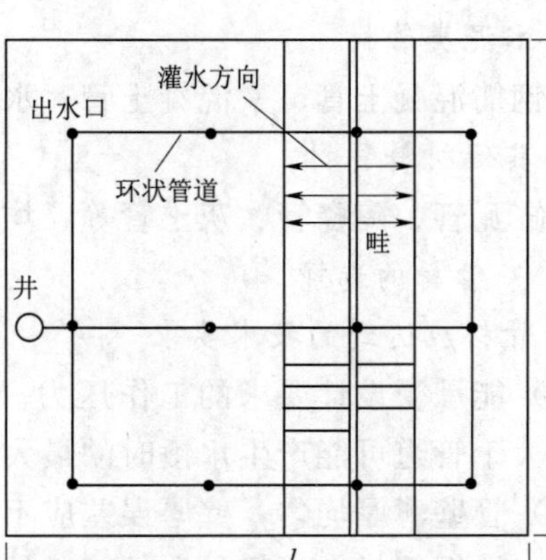

(b) 环状管网

图 8-2　树状环网和环状管网示意图

3. 按可移动程度分类

管网系统按可移动程度分为移动式、固定式和半固定式。

(1) 移动式。除水源外，机泵和输配水管道都是可移动的，工作压力一般为0.02～0.04MPa。

适用条件：特别适合于小水源、小机组和小管径的塑料软管配套使用。

优点：一次性投资低、适应性强，常作抗旱临时应用。

缺点：软管使用寿命短，易被杂草、秸秆划破，在作物生长后期，尤其是高秆作物灌溉比较困难。

(2) 固定式。机泵、输配水管道，给配水装置都是固定的，水从管道系统的出水口直接分水进入田间畦、沟。工作压力一般为0.04～0.1MPa。

优点：操作方便，省工效益好。

缺点：管道密度大、投资高。

(3) 半固定式。机泵固定，干（支）管和给水栓等埋于地下，移动软管输水进入田间沟、畦，它把上述两种形式的优点结合在一起，是比较常用的一种形式。移动软管的工作压力一般为0.005～0.11MPa。

二、低压管道输水灌溉工程管材与管件

（一）管材类型

在低压管道灌溉系统中，管材用量较大，占投资的2/3以上。所以选好管材非常重要。常用的管材有塑料管材、金属管材、水泥类管材、其他材料管材。

1. 塑料管材

塑料管材有硬管和软管两类。硬管如聚氯乙烯管、聚乙烯管、聚丙烯管和双壁波纹管等，一般常作为固定管道使用，也可用于地面移动管道。软管如改性聚乙烯薄塑料管、绵纶布管等，主要用作地面移动管道。

2. 金属管材

如各种钢管、铸铁管、铝合金管、薄壁钢管等，均为硬管材。钢管、铸铁管用作固定管道，铝合金管，薄壁钢管用作移动管道。

3. 水泥类管材

如钢筋混凝土管、素混凝土管、水泥土管以及石棉水泥管等，用作地埋暗管。

4. 其他材料管材

如缸瓦管、陶瓷管、灰土管等，均属硬管，用作固定管道。

（二）管材的选择

1. 管材应达到的技术要求

(1) 能承受设计要求的工作压力。管材允许工作压力应为管道最大工作压力的1.4倍，且大于管道可能产生水锤时的最大压力。

(2) 管壁薄厚均匀，壁厚误差应不大于5%。

(3) 地埋管材在农机具和外荷载的作用下管材的径向变形率不得大于5%。

(4) 便于运输和施工，能承受一定的沉降应力。

(5) 管材内壁光滑、糙率小，耐老化，使用寿命满足设计年限要求。

(6) 管材与管材、管材与管件连接方便，连接处同样满足相应的工作压力、满足抗弯折、抗渗漏、强度、刚度及安全等方面的要求。

(7) 移动管道要轻便，易快速拆卸、耐碰撞、耐摩擦，具有较好的抗穿透及抗老化能力等。

(8) 当输送的水流有特殊要求时，还应考虑对管材的特殊要求。

2. 管材选择的方法

(1) 考虑因素：管材价格、施工费用、工程的使用年限、工程维修费用等经济因素。

(2) 常规原则：

1) 通常在经济条件较好地区，固定管道可选择价格相对较高但施工、安装方便及运行可靠、管理简单的硬 PVC 管；移动管可选择塑料软管。

2) 在经济条件较差的地区，可选择价格低廉的管材，如固定管可选素混凝土管，水泥沙管等管材，移动软管可选择塑料软管。

3) 在将来可能发展喷灌地区，应选择承压能力较高的管材，以便今后发展喷灌时使用。

(三) 管道附件

管道附件包括连接附件和控制附件两类附件。

1. 连接附件

主要有同径和异径三通、四通、弯头、堵头及异径渐变管和快速接头等多种。快速接头主要用于地面移动管道上，以迅速连接管道，节省操作时间和减轻劳动强度。

2. 控制附件

控制附件是用来控制管道系统中的流量和水压的各种装置或构件。在管道系统中最常用的控制附件有阀门、进排气阀、给水装置、逆止阀、安全阀、调压装置、带阀门的配水井和放水井等。

(1) 给水装置。给水装置的形式：通常所说的给水装置一般是指出水口或给水栓。出水口是指把地下管道系统的水引出地面进行灌溉的放水口，它一般不能连接地面移动软管；能与地面移动软管连接的出水口称给水栓。

给水栓的要求：给水栓各地有定型产品，可根据需要选用，也有自行制造的。给水栓要坚固耐用、密封性能好、不漏水、软管安装拆卸方便等。

1) 给水栓的分类：按阀体结构分为移动式、半固定式、固定式三类。

a. 移动式给水装置也称分体移动式给水装置，它由上、下栓体两部分组成。其特点是：①止水密封部分在下栓体内，下栓体固定在地下管道的立管上，下栓体配有保护盖出露在地表面或地下保护池内；②系统运行时不需停机就能启闭给水栓、更换灌水点；③上栓体移动式使用，同一管道系统只需配 2～3 个上栓体，投资较省；④上栓体的作用是控制给水、出水方向。如 GY 系列给水栓。

b. 半固定式给水装置的特点是：①一般情况下，止水、密封、控制、给水于一体，有时密封面也设在立管上；②栓体与立管螺纹连接或法兰连接，非灌溉期可以卸下室内保存；③同一灌溉系统计划同时工作的出水口必须在开机运行前安装好栓体，否则更换灌水点时需停机；④同一灌溉系统也可按轮灌组配备，通过停机而轮换使用，不需每个出水口配一套，与固定式给水装置相比投资较省。如螺杆活阀式给水栓、LG型系列给水栓、球阀半固定式给水栓等。

c. 固定式给水装置也称整体固定式给水装置，其特点是：①集止水、密封、控制、给水于一体；②栓体一般通过立管与地下管道系统牢牢地结合在一起，不能拆卸；③同一系统的每一个出水口必须安装一套给水装置，投资相对较大。如丝盖式出水口、地上混凝土式给水栓、自动升降式给水栓等。有些固定式给水装置经改型（如加法兰等）后，可成为半固定式给水装置，如轻便式给水栓、杠杆压盖型给水栓等。

2）给水装置的选用原则：

a. 应选用经过专家鉴定并定型生产的给水装置。

b. 根据设计出水量和工作压力，选择的规模应在适宜流量范围内，且局部水头损失小。

c. 密封压力满足低压管道输水灌溉系统设计要求。

d. 在低压管道输水灌溉系统中，给水装置用量大，使用频率高，长期置于田间，因此在选用时还要考虑耐腐蚀、操作灵活、运行管理方便等因素。

e. 根据是否与地面软管连接来选择给水栓或出水口；根据保护难易程度选择移动式、半固定式或固定式。

3）定型给水装置的选用：经过十几年的研究开发与应用，目前我国定型给水装置较多，表8-1列出使用较广泛的几种，供参考。

表8-1　常用给水装置的主要性能参数及特点

型号名称	公称直径/mm	公称压力/MPa	局部阻力系数	主要特点	图号
G1Y1-H/L Ⅱ型、G1Y3-H/L Ⅲ型平板阀移动式给水栓	75，90，110，125，160	0.25，0.40	1.52～2.2	移动式，旋紧锁口连接，平板阀内外力结合止水，地上保护，适用于多种管材	
G1Y3-H/L Ⅳ型平板阀移动式给水栓	75	0.60，1.00	5.76	螺纹式外力结合止水，可调控流量，其特点同Ⅱ、Ⅲ型	
G2Y1-G型平板阀移动式给水栓	进/出口直径 80，100，150	0.20	1.50～2.00	移动式，倒钩连接装置，平板阀外力止水，地上保护，适用于多种管材	
G1Y5-S型球阀移动式给水栓	110	0.20	A型：1.23	移动式，快速接头式连接，浮阀内力止水，地上保护，适用于塑料管材	
G2Y5-H型球阀移动式给水栓	110	0.20	1.53	移动式，快速接头式连接，浮阀内力止水，地上保护，适用于塑料管材	
G3Y5-H型球阀移动式给水栓	200/100	0.20	1.53	移动式，丝连接，浮阀内力止水，地上保护，适用于混凝土管道系统	

续表

型号名称	公称直径/mm	公称压力/MPa	局部阻力系数	主要特点	图号
G2Y5-S/H型 球阀移动式给水栓	75，100，125，160	0.15	φ160时为3.47	移动式，浮阀内力止水，地上保护，集多功能于一体，适用于混凝土管材	
G2Y2-H型 平板阀移动式给水栓	75	0.05，0.10		移动式，橡胶活舌内力止水，地上保护，多适用于塑料管材	
G3B1-H型 平板阀半固定式给水栓	63	0.25	1.175	半固定式，平板阀外力止水，地上保护，适用于塑料管材	
G2B1-H（G）型 平板阀半固定式给水栓	A型：50～160 B型：110	0.25	A型：1.0～1.8	半固定式，平板阀外力止水，阀瓣与操作杆利用活节连接，不磨损密封垫圈，地上保护，多用于塑料管材	
G2B3-H型 平板阀半固定式给水栓	100/75，100/100，125/100		0.20	半固定式，丝堵外力止水，地上保护，适用于压力、流量较小的塑料管道系统	
G2B7-H型　丝堵半固定式出水口	75，90，110，125	0.20		半固定式，丝堵外力止水，地上保护，适用于压力、流量较小的塑料管道系统	
C7G7-N型　丝盖固定式出水口	100	0.20	0.4	固定式，平板阀外力上水，地上保护，适用于压力、流量较小的水泥预制管道系统	
C2G7-S/N型　丝盖固定式出水口	75，90，110，125	0.20		固定式，丝盖外力止水，地上保护，适用于压力、流量较小的塑料管道系统	
C2G1-S型 平板阀固定式给水栓	75	0.05	1.938	固定式，平板阀外力止水，地下保护，适用于塑料管材	
C2G7-S型 丝盖固定式给水栓	90，110	0.05		固定式，丝盖外力止水，地下保护，适用于塑料管材、压力较小的管道系统	
C2G1-N型 平板阀固定式出水口	114			固定式，平板阀外力止水，地上保护，适用于压力、流量较小的塑料管道系统	
C2G2-G型 平板阀固定式给水栓	160			固定式，平板阀外力止水，集节制闸、三通、给水于一体，适用于丘陵梯田塑料管道系统	
C1G1-S型 双向堵头固定式出水口	63，75，90，110，125			固定式，用密封胶垫与壳内摩擦力止水，地上保护，适用于压力、流量较小的塑料管道系统	

常见的给水装置如图 8-3～图 8-7 所示。

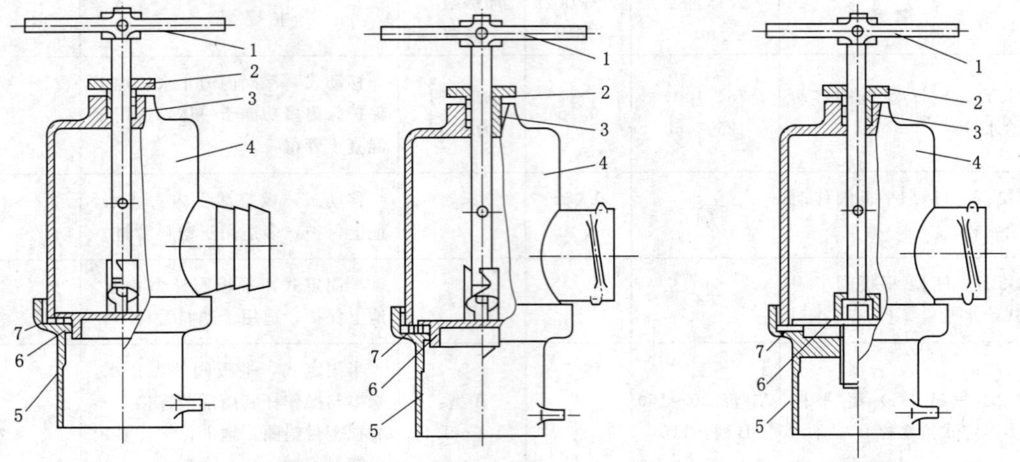

(a) G1Y2-H/L Ⅱ型　(b) G1Y3-H/L Ⅲ型　(c) G1Y3-H/L Ⅳ型

图 8-3　G1Y2-H/L、G1Y3-H/L 型平板阀移动式给水栓

1—阀杆；2—填料压盖；3—填料；4—上栓壳；5—下栓壳；6—阀瓣；7—密封胶垫

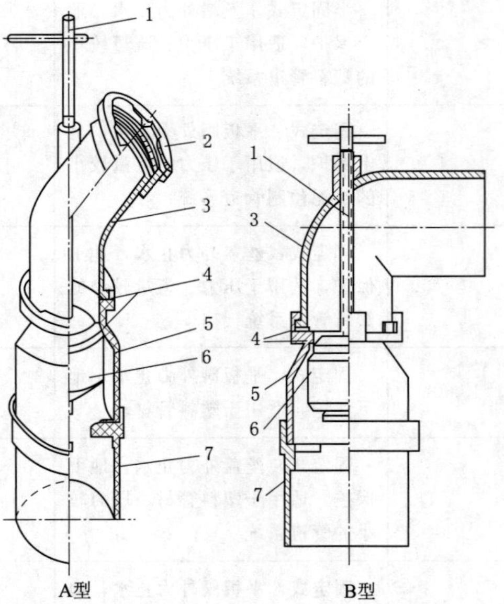

A型　B型

图 8-4　G1Y5-S 型球阀移动给水栓

1—操作杆；2—快速逐头；3—上栓壳；4—密封胶圈（扩建）；5—下栓壳；6—浮子；7—连接管

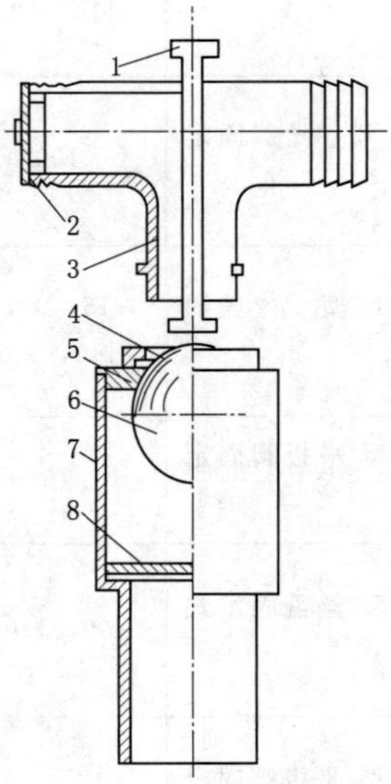

图 8-5　G2Y5-H 型球阀移动给水栓

1—推球杆；2—堵盖；3—取水三通；4—取水（进、排气）口；5—顶盖；6—球阀；7—栓壳；8—球栅

(2) 安全保护装置。主要类型：管道输水灌溉系统的安全保护装置主要有进（排）气阀、安全阀、调压阀、逆止阀、泄水阀等。

主要作用：分别是破坏管道真空，排除管内空气，减少输水阻力，超压保护，调节压力，防止管道内的水回流入水源而引起水泵高速反转。

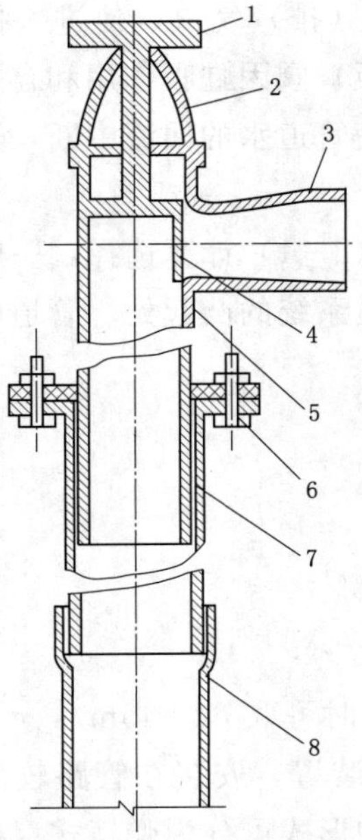

图 8－6　C2G1－S 型平板阀固定给水栓

1—开关手轮；2—冲土帽；3—出水嘴；4—阀门；5—升降管；6—双层橡胶圈；7—外套管；8—立管

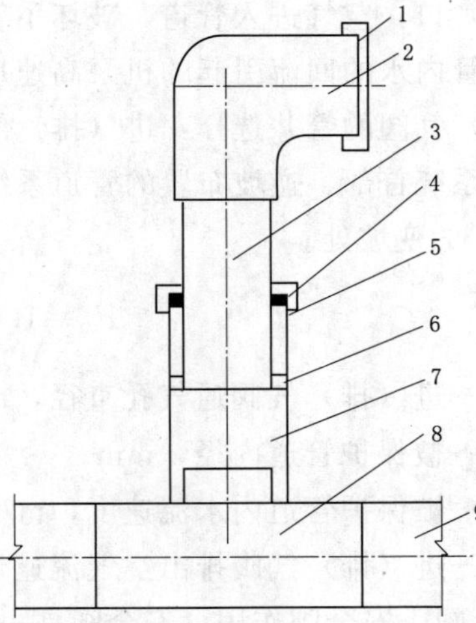

图 8－7　C2G5－S 丝盖型固定给水栓

1—出水口盖；2—出水弯头；3—升降立管；4—密封胶垫；5—管箍；6—限制环；7—固定套管；8—连接三通；9—地下管

1）进（排）气阀。进（排）气阀按阀瓣结构分为球阀式（图 8－8 和图 8－9）、平板式进（排）气阀两大类。其工作原理是管道充水时，管内气体从进（排）气口排出，球

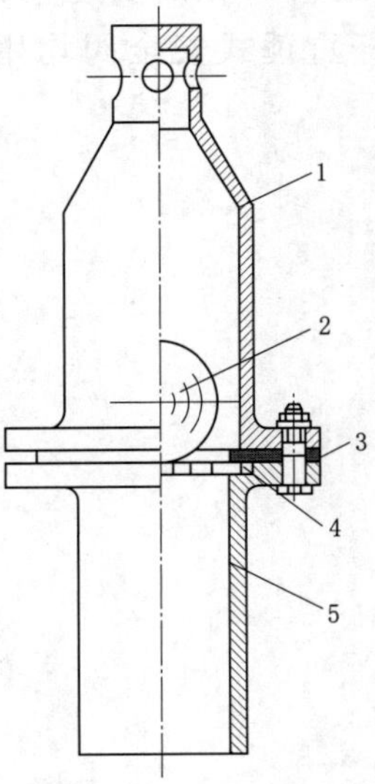

图 8－8　JP1Q－H/J 球阀式进（排）气阀

1—阀室；2—球阀；3—密封胶垫；4—球箅；5—阀座管

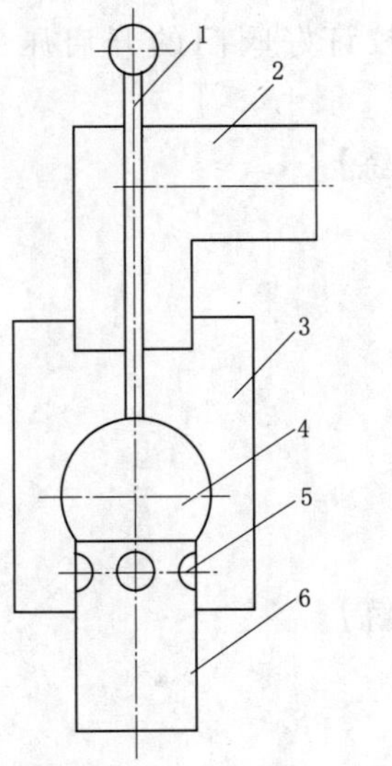

图 8－9　JP1Q－H 球阀式进（排）气阀

1—取水操作杆；2—进（排）气口，出水弯头；3—阀壳；4—球阀；5—进（排）气孔；6—连接管

（平板）阀靠水的浮力上升，在内水压力作用下封闭进（排）气口，使进（排）气阀密封而不渗漏，排气过程完毕。管道停止供水时，球（平板）阀因虹吸作用和自重而下落，离开球（平板）口，空气进入管道，破坏了管道真空或使管道水的回流中断，避免了管道真空破坏或因管内水的回流引起的机泵高速反转。

进（排）气阀的管井选择：进（排）气阀可按式（8－1）计算选择，一般安装在顺坡布置的管道系统首部、逆坡布置的管道系统尾部、管道系统的凸起处、管道朝水流方向下折及超过10°的变坡处。

$$d_0=1.05D_0\left(\frac{v}{v_0}\right)^{1/2} \tag{8-1}$$

式中　d_0——进（排）气阀通气孔直径，mm；

D_0——被保护管道内径，mm；

v——被保护管道内水流速度，m/s；

v_0——进（排）气阀排出空气流速，m/s，计算时可取 $v_0=45$m/s。

2）安全阀。安全阀作用：安全阀是一种压力释放装置，安装在管路较低处，起超压保护作用。低压管道灌溉系统中常用的安全阀按其结构形式可分为弹簧式、杠杆重锤式。

安全阀的工作原理是将弹簧力或重锤的重量加载于阀瓣上来控制、调节开启压力（即整定压力）。在管道系统压力小于整定压力时，安全阀密封可靠，无渗漏现象；当管道系统压力升高并超过整定压力时，阀门则立即自动开始排水，使压力下降；当管道系统压力降低到整定压力以下时，阀门及时关闭并密封如初。

安全阀在选用时，应根据所保护管路的设计工作压力确定安全阀的公称压力。由计算出的定压值决定其调压范围，根据管道最大流量计算出安全阀的排水口直径，并在安装前校订好阀门的开启压力。弹簧式、杠杆重锤式安全阀均用于低压管道灌溉系统。

【知识训练】

8.2　项目八
任务一
知识训练

【技能训练】

8.3　项目八
任务一
技能训练

任务二　低压管道灌溉工程设计

【任务目标】

1. 能够为低压管道输水系统选择水源并进行枢纽布置。
2. 能够进行低压管道输水灌溉系统管网的布置。
3. 能确定低压管道输水灌溉系统的灌溉制度。
4. 能够为低压管道输水灌溉系统进行管材选择、管径确定和水泵的选择。

一、低压管道输水灌溉的水源与首部枢纽

（一）水源

低压管道输水灌溉工程的水源有井、泉、沟、渠道、塘坝、河湖和水库等。与渠道灌溉水系统比较，低压管道输水灌溉系统更应注意水质，水质应符合《农田灌溉水质标准》（GB 5084—2021），且不含有大量杂草、泥沙等杂物。

8.4　低压管道输水灌溉工程布置

（二）首部枢纽

首部枢纽是指从水源取水并进行处理，以符合管网和灌溉在水量、水质和水压三方面的要求而布置设施的总称。它担负着整个系统的驱动、检测和调控任务，保证有足够的水压、水量供应和水质清洁，避免管网堵塞。是全系统的控制调度中心。

低压管道输水灌溉系统的水源及首部枢纽的布置与渠道灌溉系统基本上相似。

渠灌区的低压管道输水灌溉系统大都是从支渠、斗渠或农渠上引水，其渠、管的连接方式和各种设备的布置取决于地形条件和水流特性及水质情况。通常渠道与管道连接时应设置进水闸、其后布置沉沙池，闸门进口前需安装拦污栅，并在适当位置处设置量水设备。

井灌区的低压管道输水灌溉系统的水源与首部枢纽组合在一起进行布置，通常由水泵及动力设备、控制阀门、测量和保护装置等组成。井灌区的首部枢纽应根据用水量和扬程大小，选择适宜的水泵和配套动力机，压力表及水表，并建有管理房。自流灌区或大中型提水灌区的首部枢纽还应有进水闸、拦污栅及泵房等配套建筑物。

首部枢纽布置时要考虑水源的位置和管网布置方便，水源远离灌区时，先用输水管道（渠道）将水引至灌区内或边缘，再设首部枢纽。一般首部枢纽不宜放在远离灌区的水源附近，否则会使管理不方便，而且经过处理的水质，经远距离输送后可能再次被污染。当采用井水灌溉时，井和首部枢纽尽量布置在灌区的中心位置，以减少水头损失，降低运行费用，也便于管理。

二、低压管道输水灌溉的工程布置

管网规划与布置是管道系统规划中的关键部分。要求将水源与各给水栓（出水口）之间用管道连接起来形成管网，保证输送所需水量在输送过程中保持水质不发生变化，损耗的水量最少，使整个管网实现正常经济地运行。

1. 管网规划布置原则

(1) 井灌的管网常以单井控制灌溉面积作为一个完整系统。渠灌区应根据作物布局、地形条件，地块形状等分区布置，尽量将压力接近的地块划分在同一分区。

(2) 规划时首先确定给水栓的位置。给水栓的位置应当考虑到灌水均匀。若不采用连接软管灌溉，向一侧灌溉时，给水栓纵向间距可为40～50m；横向间距一般按80～100m布置。在山丘区梯田中，应考虑在每个台地中设置给水栓以便于灌溉管理。

(3) 在已确定给水栓位置的前提下，力求管道总长度最短。

(4) 管线尽量平顺，减少起伏和折点。

(5) 最末一级固定管道的走向应与作物种植方向一致，移动软管或田间垄沟垂直于作物种植行。在山丘区，干管应尽量平行于等高线、支管垂直于等高线布置。

(6) 管网布置尽量平行于沟、渠、路、林带，顺田间生活路和地边布置，以利耕作和管理。

(7) 充分利用已有的水利工程，如穿路倒虹吸和涵管等；充分考虑管路中量水、控制和保护等装置的适宜位置。

(8) 各级管道尽可能采用双向供水，尽量利用地形落差实施重力输水；避免干扰输油、输气管道及电信线路等。

2. 管网布置类型

管网布置之前，首先根据适宜的畦田长度和给水栓供水方式确定给水栓间距，然后根据经济分析结果将给水栓连接而形成管网。

(1) 井灌区典型管网布置形式。当给水栓位置确定时，不同的管道连接形式将形成管道总长度不同的管网。因此，工程投资也不同。在我国井灌区管道输水灌溉的发展过程中，许多研究和施工人员根据水源位置、控制范围、地面坡降、地块形状和作物种植方向等条件，总结出如图8-10～图8-12所示的几种常见布置形式。

如机井位于地块一侧，控制面积较大且地块近似成方形，可布置成如图8-10所示的形式。这些布置形式适合于井出水量60～100m^3/h，控制面积150～300亩，地块长宽比约等于1的情况。

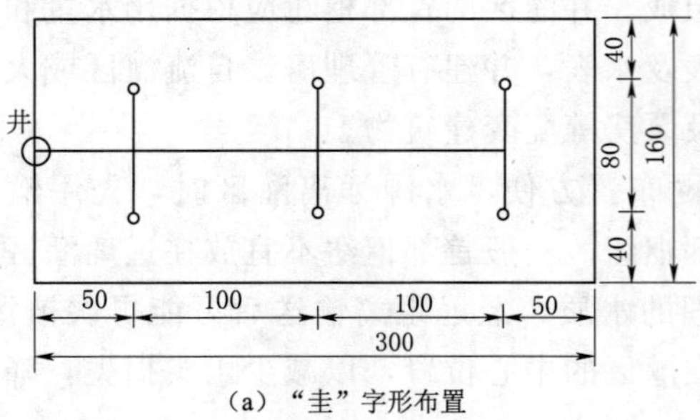

(a) “圭”字形布置

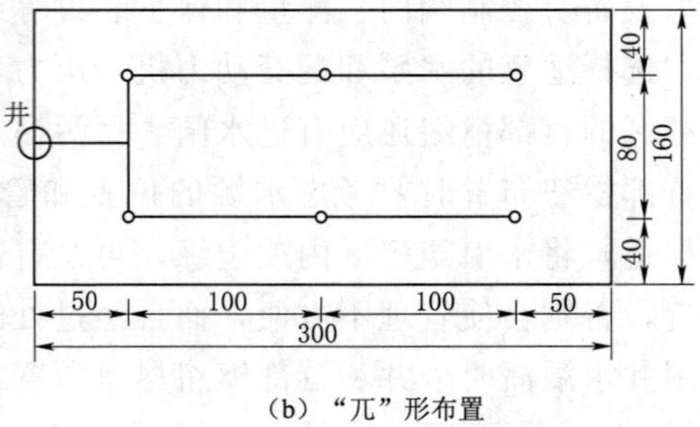

(b) “冂”形布置

图8-10　给水栓向两侧分水示意图（单位：m）

如机井位于地块一侧，地块呈长条形，可布置成“一”字形、“L”形、“T”形如图8-11和图8-12(a)所示。这些布置形式适合于井出水量20～40m^3/h，控制面积50～100亩，地块长宽比不大于3的情况。

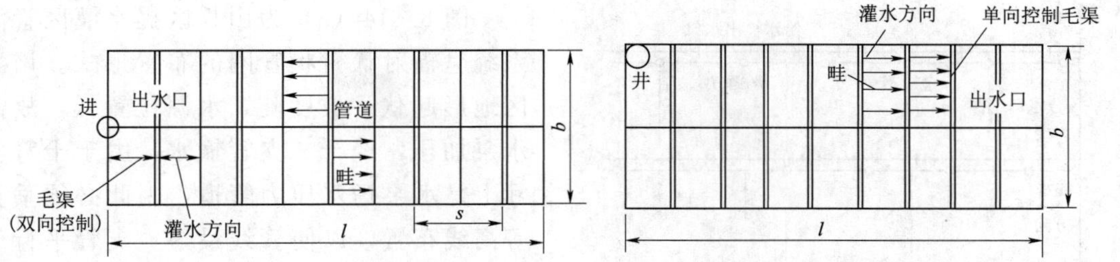

(a) “一”字形布置　　(b) “L”形布置

图 8-11　给水栓向一侧分水示意图（单位：m）

当机井位于地块中心时，常采用如图 8-12（b）所示的“H”形布置形式。这种布置形式适合于井出水量 40～60m³/h，控制面积 100～150 亩，地块长宽比不大于 2 的情况。当地块长宽比大于 2 时，宜采用图 8-12（c）所示的长“一”字形布置形式。

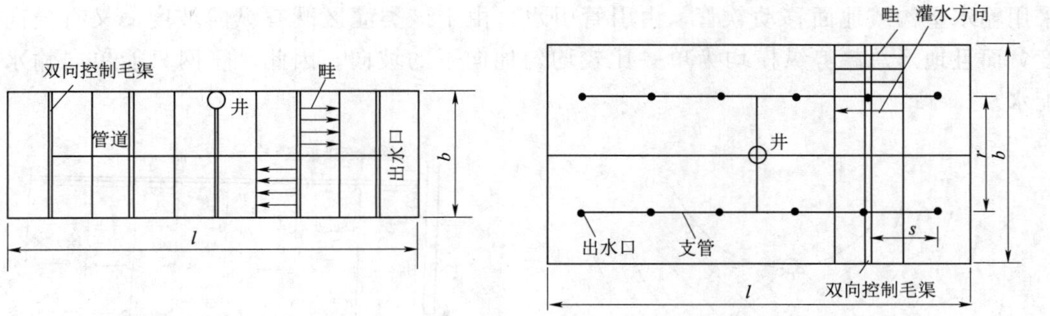

(a) “T”形布置　　(b) “H”形布置

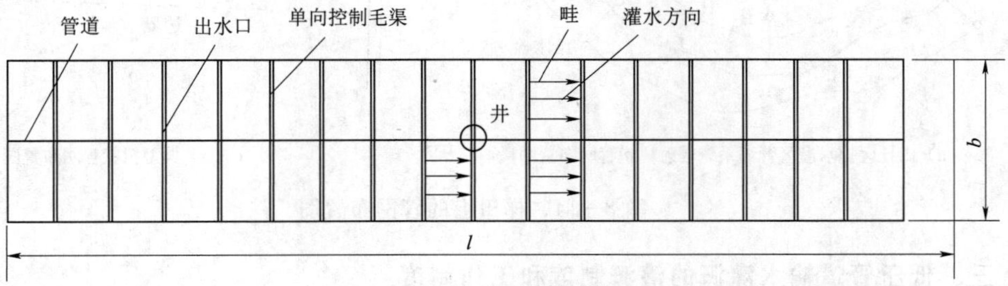

(c) 长“一”字形布置

图 8-12　给水栓向四周分水示意图

（2）渠灌区管网典型布置形式。渠灌区管网布置主要采用树状网，影响其具体布置的因素有：水源位置、灌区位置、控制范围和面积大小及其形状、作物种植方式、耕作方向和作物布局、地形坡度、起伏和地貌等条件。

根据地形特点，介绍三种典型渠灌区管灌系统树状管网的布置形式。

图 8-13 为梯田管灌区管灌系统管网布置形式。由于管灌区地形坡度陡，因此布置干管时沿地形坡度走向，即干管垂直等高线布置，干管可双向布置支管，支管均沿梯田地块，平行等高线布置。每块梯田布置一条支管，各自独立由干管引水。支管上的给水栓或出水口只能单向向输水垄沟输水，对沟、畦可双向进行灌溉。

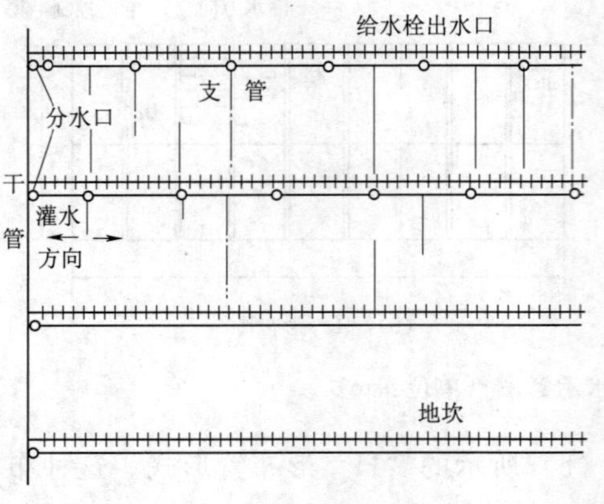

图 8-13　梯田管灌区管灌系统管网布置图

图 8-14（a）为山丘区提水灌区管灌系统呈辐射状树状管网的布置形式。该灌区地形起伏、坡度陡，水源位置低，故需水泵加压，经干、支管输水，由于干管实际上是水泵扬水压力管道，因此必须垂直等高线布置，以使管线最短。支管平行于等高线布置。斗管以辐射状由支管给水栓分水，并沿山脊线垂直。

图 8-14（b）为平坦地形，管灌区控制面积大，并有均一坡度情况下的典型树状管网布置形式，其管网由三级地埋暗管组成，即斗管、分管和引管。田间灌水可采用输水垄沟或地面移动软管，由引管引水。由于该类灌区既有纵向坡度，又有横向坡度，而且地形总趋势纵横均为单一比较均匀地向下的坡向。因此，管网只能单向输水和配水。

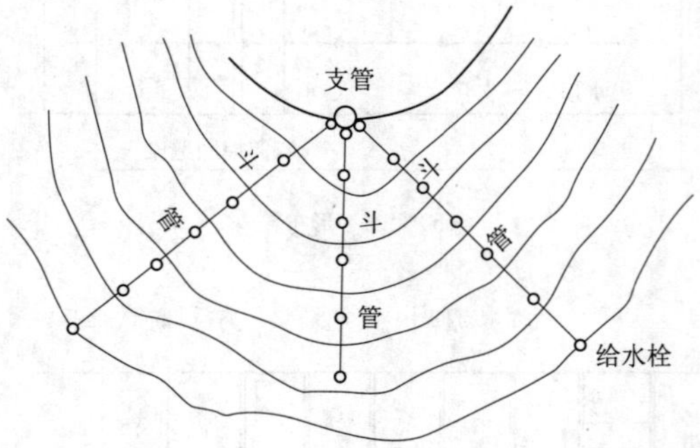

（a）山丘区提水灌区管灌系统辐射树状管网布置图

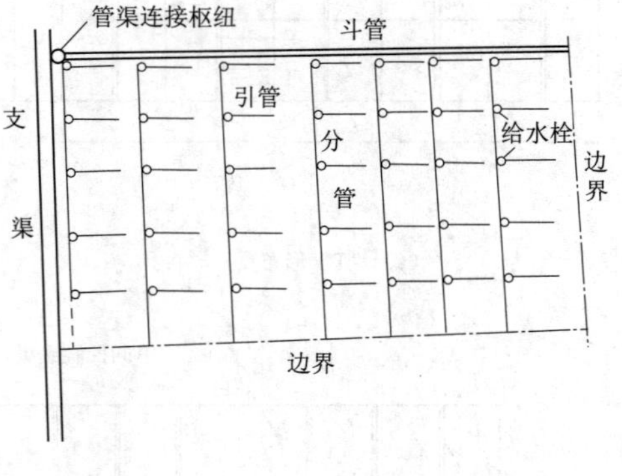

（b）典型树状管网布置图

图 8-14　梯田上的管网布置图

三、低压管道输水灌溉的灌溉制度和工作制度

（一）设计灌水定额

$$m=10\gamma_{d}H(\beta_{1}-\beta_{2}) \tag{8-2}$$

式中　m——设计灌溉定额，mm；

γ_d——土壤干容重，g/cm^3；

H——土壤湿润层深，cm；

β_1、β_2——以干土重百分率表示的适宜土壤含水量的上限和下限，%。

（二）设计灌水周期

$$T=m/E_{p} \tag{8-3}$$

式中　T——设计灌水周期，d；

E_p——作物耗水强度，mm。

（三）灌溉工作制度

灌溉工作制度是指管网输配水及田间灌水的运行方式和时间，是根据系统的引水流量、灌溉制度、畦田的形状及地块平整程度等因素制定的。有续灌和轮灌两种方式。

1. 续灌方式

灌水期间，整个管网系统的出水口同时出流的灌水方式称为续灌。在地形平坦且引水流量和系统容量足够大时，可采用续灌方式。

2. 轮灌方式

在灌水期间，灌溉系统内不是所有的管道同时通水，而是将输配水管分组，以轮灌组为单元轮流灌溉。系统轮灌组数目是根据管网系统灌溉设计引水流量、每个出水口的设计出水量以及整个系统的出水口个数按式（8-4）计算的。

$$N=\mathrm{INT}\left[\left(\sum_{i=1}^{n}q_i\right)/Q\right] \tag{8-4}$$

式中　N——系统轮灌组数目；

q_i——第 i 个出水口设计流量，m^3/h；

n——系统出水口总数；

Q——灌溉设计流量，m^3/h。

四、低压管道输水灌溉的水力计算

管道工程设计是依据水源供水条件、田间需水要求和管网规划布置等资料，进行管道设计流量、管径选择、水头损失计算和水源压力水位推算及管道变形与强度等力学指标验算等项工作，以寻求在确保管道安全运行条件下取得最大的经济效益。

（一）管道设计流量

管道设计流量是确定管道过水断面和各种管件规格尺寸的依据。通常是根据各级管道轮灌和续灌工作制度，管道输水损失和作物需水要求等条件进行计算。在比较小的灌区，通常根据主要作物需水高峰期的最大一次灌水量，按式（8-5）进行计算灌溉设计流量。

$$Q=\frac{mA}{Tt\eta} \tag{8-5}$$

式中　Q——灌溉设计流量，m^3/h；

m——设计的一次灌水定额，m^3/亩；

A——灌溉设计面积，亩；

T——一次灌水的连续时间，h；

t——每天灌水时间，h；

η——灌溉水利用系数。

这里的灌溉设计流量不一定就是管道的设计流量，更不一定就是管道的运行流量。在低压管网系统中，多数场合都是以水泵扬水作为水源。此时，进入管网的总流量即为水泵出水量。对于树状管网来说，当水泵流量 Q_0 大于灌溉设计流量 Q 时，应取 Q 为管道设计流量；当水泵流量 Q_0 小于灌溉设计流量 Q 时，应取 Q_0 为管道设计流量。对于环状管网来说，管道设计流量取入管网总流量的一半，可最大限度地满足供水可靠性和流量均匀分配的要求。

（二）经济管径的确定

由于低压管道系统的设计流量只有一个固定值，所以整个管网也仅有一个管径值。为此低压管网管径的确定实质上是单管管径的确定，有别于给水管网管径的计算，即根据设计流量确定的管径就是整个管网的管径。

由水力学公式推导出管网管径的基本计算公式如下：

$$d=\sqrt{\frac{4Q}{\pi v}}=1.13\sqrt{\frac{Q}{v}} \tag{8-6}$$

式中 d——管道直径，m；

Q——管道内通过的设计流量，m^3/s；

v——管道内水的流速，m/s。

对于管道内水的流速，一般在设计时取平均经济流速，即：管径为100～400mm时，$v=0.6$～0.9m/s。为了防止管道中产生水锤破坏管网，在技术上限制管道内最大流速在2.5～3.0m/s；为了避免在管道内沉积杂物，最小流速不得低于0.5m/s。

（三）沿程水头损失计算

确定管网中的水头损失也是设计管网的主要任务，知道了管道的设计流量和经济管径，便可以计算水头损失。常用的计算公式有以下几种。

1. 刚性管道水头损失计算

这种管材主要指混凝土管、水泥砂浆管、水泥石屑管、水泥炉渣管、水泥沙土管和水泥土管等。

刚性管材内表面比较粗糙，水流多呈紊流状态，沿程水头损失可用式（8-7）计算。

$$h_f=fL\frac{Q^m}{d^b} \tag{8-7}$$

式中 h_f——沿程水头损失，m；

Q——管道设计流量，m^3/h；

L——管道长度，m；

d——管道直径，m；

f、m、b——系数和指数，见微喷灌章节的相关表格。

2. 硬质塑料管水头损失计算

这种管材内壁光滑，粗糙度小，管内流速不宜大于2m/s，多呈紊流状态。沿程水头损失系数λ与管内壁粗糙度无关，可用舍维列夫公式计算：

$$h_f=0.000915\frac{Q^{1.774}L}{d^{4.774}} \tag{8-8}$$

3. 移动软管沿程水头损失计算

地面移动软管多用高密（低密）度聚乙烯、维纶塑料、尼龙和胶布等材料，在输水过程中由于内水压力不断变化，使得过水断面也在变化，再加上软管出现起伏、折曲，这些都增大了管道内壁的粗糙度。有关软管沿程水头损失计算介绍见式（8-9）、式（8-10）和式（8-11）。

地面软管沿程水头损失计算可参考如下公式：

$$h_f=0.442\times10^{-3}\frac{Q^{1.093}L}{d^{5.246}} \tag{8-9}$$

地埋软管外包混凝土或灰土等材料时，可参考使用如下公式：

$$h_f=2.28\times10^{-3}\frac{Q^{1.805}L}{d^{4.453}} \tag{8-10}$$

对塑料软管，也可以考虑使用哈-威公式，美国在低压管道输水灌溉工程中使用较多。

$$h_f=1.13\times10^{9}\frac{L}{d^{4.4874}}\left(\frac{Q}{C}\right)^{1.852} \tag{8-11}$$

式中　C——沿程摩擦阻力系数，对于PVC、PP、PE塑料管$C=150$。

根据实测值分析，哈-威公式计算值偏小3%～10%，对地面软管则偏小20%。所以应用式（8-11）时，应将计算值适当加大3%～20%。

（四）局部水头损失计算

在工程实践中，经常根据水流沿程水头损失和局部水头损失在总水头损失中的分配情形，将有压管道分为长管与短管两种。前者沿程水头损失起主要作用，局部水头损失和流速水头可以忽略不计；后者局部水头损失和流速水头与沿程水头损失相比不能忽略。习惯上将局部水头损失和流速水头占沿程水头损失的5%以下的管道称为长管。反之，局部损失和流速水头损失占沿程水头损失的5%以上的管道称为短管。一般的低压管道工程常取局部水头损失为沿程水头损失的5%～10%。

五、水泵扬程计算与水泵选择

（一）确定管网水力计算控制点

管网水力计算的控制点是指管网运行时所需最大扬程的出流点，即最不利灌水点。一般应选取离管网首端较远而地面高程较高的地点。在管网中这两个条件不可能同时具备时，应在符合以上条件的地点综合考虑，选出一个最不利灌水点为设计控制点。在轮灌方式中，不同轮灌组应选择各轮灌组的设计控制点。

（二）确定管网水力计算的线路

管网水力计算线路是自设计控制点到管网首端的一条管线。对于不同轮灌组，水力计算的线路长度和走向不同，应确定各轮灌组的水力计算线路，对于续灌方式则只需选择一条计算线路。

（三）各管段水头损失计算

1. 给水栓工作水头

在采用移动软管的系统中，一般采用管径为50～110mm的软管，长度一般不超过100m。给水栓工作水头计算如下：

$$H_g=h_{yf}+h_g+\Delta H_{gy}+(0.2-0.3) \tag{8-12}$$

式中　H_g——给水栓工作水头，m；

h_{yf}——移动软管沿程水头损失，m；

h_g——给水栓局部水头损失，m；

ΔH_{gy}——移动软管出口与给水栓出口高差，m。

当出水口直接配水入渠时，上式中$h_{yf}=0$，$\Delta H_{gy}=0$。

2. 不同管段水头损失计算

根据不同管材、管长和管径，计算各管段沿程水头损失和局部水头损失。不同轮灌组各管段水头损失应分别计算。控制线路各管段水头损失可采用表 8-2 的格式进行。

表 8-2　　控制线路管段水头损失计算表

管段	长度/m	流量/(m³/h)	管径/mm	h_f/m	h_i/m	h_w/m
1～2						
2～3						
…						
$(n-1)$～n						
合计						

注　表中 h_f 为沿程水头损失；h_i 为局部水头损失；h_w 为总水头损失。

3. 控制线路各节点水头推算

输水干管线路中，各节点水压是根据各管段水头损失和节点地面高程自下而上推算。

$$H_0 = H_2 + \sum h_i - H_1 \tag{8-13}$$

式中　H_0——上游节点自由水头，m；

H_2——下游节点高程，m；

H_1——上游节点高程，m；

$\sum h_i$——上、下游节点间总水头损失，m。

管网各节点及沿线不得出现负压，节点自由水头应满足支管配水要求，且不得大于管材的允许工作压力。管网入口节点的水压确定后，可根据净扬程计算水泵所需总扬程，以便选择适宜的机泵。

4. 管网入口设计压力计算

管网入口是指管网系统干管进口，管网入口设计可按式（8-14）计算，在采用潜水泵或深井泵的井灌区，管网入口在机井出口处，使用离心泵则管网入口在水泵出口处。

$$H_{in} = \sum h_f + \sum h_i + \Delta z + h_g \tag{8-14}$$

式中　H_{in}——管网入口设计压力，m；

$\sum h_f$——计算管线沿程水头损失之和，m；

$\sum h_i$——计算管线局部水头损失之和，m；

Δz——设计控制点与管网入口地面高程之差，m，逆坡取正值，顺坡取负值；

h_g——给水栓工作水头。

5. 水泵扬程计算

对于使用潜水泵和深井泵的井灌区，水泵扬程按式（8-15）计算：

$$H_p = H_{in} + H_m + h_p \tag{8-15}$$

式中　H_p——水泵扬程，m；

H_m——机井动水位与井台高差，m；

h_p——机井井台至动水位以下 3～5m 的总水头损失，m；

H_{in}——管网入口设计压力，m。

对于使用离心泵则采用式（8-16）计算：

$$H_p = H_{in} + H_s + h_p \tag{8-16}$$

式中　H_s——水泵吸程，m；

H_p——吸水管路水头损失之和，m。

6. 水泵选型

根据以上确定的水泵扬程和系统设计流量选取水泵，并校核水泵工况点，使水泵在高效区运行。若控制面积大且各轮灌组流量与扬程差别很大时，可采用变频调节，几台水泵并联或串联，以节省运行费用。

【知识训练】

8.5　项目八
任务二
知识训练

【技能训练】

8.6　项目八
任务二
技能训练

任务三　低压管道灌溉工程施工与管理

【任务目标】

1. 熟悉低压管道的施工流程。
2. 熟悉低压管道连接安装的方法。
3. 了解低压管道输水灌溉的管理要点。

一、低压管道输水灌溉系统的施工

管道输水灌溉工程主要包括低压管灌、喷灌、滴灌等灌溉工程。它们均具有隐蔽工程较多、设备安装复杂等特点，因此，对工程施工和设备安装应有严格的要求，以确保工程建成后能正常发挥效益。本节主要介绍低压管灌的管道工程安装。

8.7　低压管道输水灌溉工程施工与运行管理

（一）低压管道输水灌溉系统施工的基本要求

（1）低压管道输水灌溉工程施工必须严格按设计进行。修改设计应先征得设计部门同意，经协商取得一致意见后方可实施，必要时需经主管部门审批。

(2) 施工前应检查图纸、文件等是否齐全，并核对设计是否与灌区地形、水源、作物种植及首部枢纽位置等相符。

(3) 施工前应检查现场，制定必要的安全措施，严防发生各种事故。

(4) 施工前应严格按照工期要求制订计划，确保工程质量，并按期完成。

(5) 施工中应随时检查质量，发现不符合要求的应坚决返工，不留隐患。

(6) 施工中应注意防洪、排水、保护农田和林草植被，做好弃土处理。

(7) 在施工过程中应做好施工记录。

(二) 施工准备工作

低压管道输水灌溉系统的施工必须严格按照设计要求和施工程序精心施工，严格执行规范和相应的技术标准，做好设备安装和工程验收工作。

施工前的准备工作应包括下列内容：

(1) 编制施工计划，建立施工组织，对施工队伍进行必要的技术培训。

(2) 施工队伍应在施工前熟悉工程的设计图纸、设计说明书和施工技术要求、质量检验标准等技术文件，应认真阅读工程所用设备安装说明书，掌握其安装技术要求。

(3) 施工队伍应根据工程特点和施工要求编制劳力、工种、材料、设备、工程进度计划，制定质量检查方法和安全措施及施工管理方法。

(4) 按设计要求检查工程设备器材。购置原材料和设备必须严格控制进行质量检验，杜绝使用不合格产品和劣质材料，确保工程质量。

(5) 准备好施工工具，检查临时供水、供电等设施，使其能满足施工要求。

(三) 管道施工

低压管道输水灌溉系统的管道施工流程如图 8-15 所示。

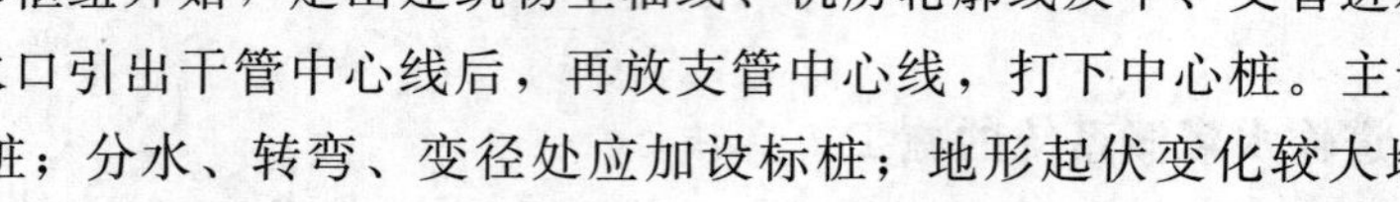

图 8-15　管道施工流程图

1. 测量放样

放线从首部枢纽开始，定出建筑物主轴线、机房轮廓线及干、支管进水口位置，用经纬仪从干管出水口引出干管中心线后，再放支管中心线，打下中心桩。主干管直线段宜每隔 30m 设一标桩；分水、转弯、变径处应加设标桩；地形起伏变化较大地段，宜根据地形条件适当增设标桩。

根据开挖宽度，用白灰画出开挖线，并标明各建筑物设计标高及出水口位置。

2. 管沟开挖与基底处理

开挖时必须保证基坑边坡稳定，若不能进行下道工序，应预留 15～30cm 土层不挖，待下道工序开始前再挖至设计标高；及时排走坑内积水。

管沟断面形式依土质、管材规格、冻土层深度及施工安装方法而定。一般采用矩形断面，其宽度可由式 (8-17) 计算：

$$B \geqslant D + 0.5 \tag{8-17}$$

式中　B——管沟宽度，m；

　　　D——管材外径，m。

管道的埋深，应根据设计计算确定，一般情况下，埋深不应小于70cm。为了减少土方工程量，在满足要求的前提下，管沟宽度、深度应尽量取最小值。为了施工安装和回填，开挖时弃土应堆放在基槽一侧，并应距边线0.3m远。在开挖过程中，不允许出现超挖，要经常进行挖深控制测量。遇到软基土层时，应将其清除后换土并夯实。

当选用的管材为水泥预制管材时，为避免管道出现不均匀沉陷，需要沿沟底中轴线开挖一弧形沟槽，变线接触为面接触，以改善地基应力状况。槽的弧度要与管身相吻合，其宽度依管径的不同而异。基槽和沟槽均应做到底部密实平直、无起伏。另外，还应在承插口连接处垂直沟轴线方向开挖一管口槽，其长宽和深度视管母口径大小而定。

一个合格的管沟应沟直底平，宽、深达到设计要求，严禁沟壁出现扭曲，沟底起伏产生"驼峰"，百米高差应控制在±3.0cm以内。

3. 管道铺设与安装

低压管道输水系统所用管材主要有塑料管、钢管、铸铁管、钢筋混凝土管、铝合金管等。管道铺设与安装必须在管沟开挖和管床处理验收合格后进行。

(1) 管道安装的一般要求。

1) 管道安装应检查管材、管件外观，检查管材的质量、规格、工作压力是否符合设计要求，是否具有材质检验合格证，管道是否有裂纹、扭折、接口是否有崩裂等损坏现象，禁止使用不合格的管道。

2) 管道安装宜按从首部到尾部、从低处到高处、先干管后支管的顺序安装；承插管材的插口在上游，承口在下游，依次施工。

3) 管道中心线应平直，管底与管基应紧密接触，不得用木、砖或其他垫块。

4) 安装带有法兰的阀门和管件时，法兰应保持同轴、平行，保证螺栓自由穿入，不得用强紧螺栓的方法消除歪斜。

5) 管道安装应随时进行质量检查，分期安装或因故中断应用堵头封堵，不得将杂物留在管内。

6) 管道穿越道路或其他建筑物时，应加套管或修涵洞加以保护。管道系统上的建筑物必须按设计要求施工，出地竖管的底部和顶部应采取加固措施。

(2) 硬塑料管道的安装。常用的塑料管材有硬聚氯乙烯管（UPVC）、聚乙烯管（PE）和聚丙烯管（PP），硬塑料管道连接形式主要有扩口承插式、胶接黏合式、热熔连接式等。

1) 扩口承插式连接。目前管道灌溉系统中应用最广的一种形式，其连接方法有热软化扩口承插连接和扩口加密封圈承插连接。

热软化扩口承插连接法是利用塑料管材对温度变化灵敏的热软化、冷硬缩特点，在一定温度的热介质里（或用喷灯）加热，将管子一端（承口）软化后与另一节管子的插口现场连接，使两节管子牢固地结合在一起。这种方法的特点是，承口不需要预先制作，人工现场操作，方法简单，连接速度快，接头费用低。

扩口加密封圈连接法主要适用于双壁波纹管和用弹性密封圈连接的光滑管材。每节管长一般5～6m，采用承插（子母口）连接。管材的承口是在工艺生产时直接形成或施工前用专用撑管工具软化管端加工而成。为承受一定的水压力，达到止水效果，插头处配有专用的密封橡胶圈。连接施工时，先在子口端装上专用橡胶密封圈，然后在要连接的母口内壁和子口外壁涂刷润滑剂（可采用肥皂液，禁止用黄油或其他油类作润滑剂），将子口和母口对齐，同心后，用力将子口端插入母口，直到子口端与母口内底端相接为止。管道与管件间的连接方法与管道连接相同。

2）胶接黏合式连接。是利用黏合剂将管子或其他被连接物胶接成整体的一种应用较广泛的连接方法。可在管子承口端内壁和插头端外壁涂抹黏合材料承插连接管段，或是用专用套管将两节（段）管子涂抹黏合剂后承插连接，其接头密封压力均较高。黏合剂选择必须根据被胶接管道的材料、系统设计压力、连接安装难易、固结时间长短等因素来确定。使用黏合剂连接管子时，应注意以下几点：被胶接管子的端部要清洁，不能有水分、油污、尘砾；黏合剂应用毛刷迅速均匀地涂刷在承口内壁和插口外壁；承插口涂刷黏合剂后，应立即找正方向将管端插入承口，用力挤压，并稳定一段时间；承插接口连接完毕后，应及时将挤出的黏合剂擦洗干净。黏合后，不得立即对接合部位强行加载。其静置固化时间不应低于45min，且24h内不能移动管道。

3）热熔连接。是在两节管子的端面之间用一块电热金属片加热，使管端呈发黏状态，抽出加热片，再在一定的压力下对挤，自然冷却后两节管子即牢固结合在一起。这种热熔对接方式需使用专门的工具，不便于野外施工，工程较大时不便采用，一般多用于管道的修复。

（3）软管连接。

1）揣袖法。揣袖法就是顺水流方向将前一节软管插入后一节软管内，插入长度视输水压力的大小而定，以不漏水为宜。该法多用于质地较软的聚乙烯软管的连接，特点是连接方便，不需要专用接头或其他材料，但不能拖拉。连接时，接头处应避开地形起伏较大的地段和管路拐弯处。

2）套管法。套管法一般用长15～20cm的硬塑料管作为连接管，将两节软管套接在硬塑料管上，用活动管箍固定，也可用铁丝或绳子绑扎。该法的特点是接头连接方便，承压能力高，拖拉时不易脱开。

3）快速接头法。软管的两端分别连接快速接头，用快速接头对接。该法连接速度快，接头密封压力高，使用寿命长，是目前地面移动软管灌溉系统应用最广泛的一种连接方法，但接头价格较高。

（4）水泥预制管的安装。水泥预制管道常作为固定管道，每节长1.0～1.5m，整个管道接头多，连接复杂，若接头漏水将影响整个系统的正常工作，所以管道接头连接便成为管道安装的关键工序。

1）钢筋混凝土管的安装。钢筋混凝土管承压能力较大，可采取承插式连接。连接方式有两种：一种可用橡胶密封圈做成柔性连接，一种用石棉水泥和油麻填塞接口。后一种接口施工方法同铸铁管安装。钢筋混凝土管的柔性连接应符合下列要求：①承口向上游，插口向下游；②套橡胶圈前，承口应刷干净，橡胶圈上不得粘有杂物，套在插口上的橡胶圈不得扭曲、偏斜；③插口应均匀进入承口，回弹就位后，应保持对口间隙10～17mm；④在沟槽土壤或地下水对橡胶圈有腐蚀性的地段，管道覆土前应将接口密封。

2）混凝土管的安装。混凝土管承压能力较低，应按下列方法连接：①平口（包括楔口）式接头宜采用纱布包裹水泥砂浆法连接，要求砂浆饱满，纱布和砂浆结合严密。严禁管道内残留砂浆；②承插式接头，承口内应抹1∶1水泥砂浆，插管后再用1∶3水泥砂浆封口，接管时应固定管身；③预制管连接后，接头部位应立即覆20～30cm的湿土。

（5）铸铁管的安装。铸铁管通常采用承插连接，其接头形式有刚性接头和柔性接头两种。安装前应首先检查管子有无裂纹、砂眼、结疤等缺陷，清除承口内部及插口外部的沥青块及飞刺、铸砂等其他杂质，检查承口和插口尺寸是否符合要求。安装时，应在插口上作插入深度的标记，以控制对口间隙在允许范围内。承插口的嵌缝材料为水泥类的接头称为刚性接头。

刚性接头的嵌缝材料主要为油麻、石棉水泥或膨胀水泥等。

1）采用油麻填塞时，油麻应拧成辫状，粗细应为接头缝隙的1.5倍，麻辫搭接长度为100～150mm，接头应分散，填塞时应打紧塞实。打紧后的麻辫填塞深度应为承插深度的1/3～1/2。

2）采用膨胀水泥填塞时，配合比一般为膨胀水泥∶沙∶水＝1∶1∶0.3，拌和膨胀水泥用的沙应为洁净的中沙，粒度为1.0～1mm，洗净晾干后再与膨胀水泥拌和。

3）采用石棉水泥填塞时，水泥一般选用425号硅酸盐水泥，石棉水泥材料的配合比为3∶7（质量比），水与水泥加石棉质量和之比为1∶10～1∶12，调匀后手捏成团，松手跌落后散开即为合适。填塞深度应为接口深度的1/2～2/3，填塞应分层捣实、压平，并及时养护。

使用橡胶圈作为止水的接头称为柔性接头，它能适应一定量的位移和振动。橡胶圈一般由管材生产厂家配套供应。柔性接头的施工程序为：①清除承接口工作面上的附着污物；②向承口斜形槽内放置橡胶圈；③在插口外侧和橡胶圈内侧涂抹肥皂液；④将插口引入承口，确认橡胶圈位置正常，承插口的间隙符合要求后，将管子插入到位，找正后即可在管身覆土以稳定管子。用柔性接头承插的管子，若沿直线铺设，承口和插口的安装间隙一般为4～6mm，曲线铺设时为7～14mm。

4. 管道附属设备施工

材质和管径均相同的管材、管件连接方法与管道连接方法相同；相同管径之间的连接一般不需要连接件，只是在分流、转弯、变径等情况下才使用管件。管径不同时由变径管来连接。材质不同的管材、管件连接需通过加工一段金属管来连接，接头方法与铸铁管连接方法相同。

（1）附属设备的安装。安装方法一般有螺纹连接、承插连接、法兰连接、管箍式连接、黏合连接等。其中，法兰连接、管箍连接、螺纹连接拆卸比较方便；承插连接、黏合连接拆卸比较困难或不能拆卸。在工程设计时，应根据附属设备维修、运行等情况来选择连接方法。公称直径小于50mm的阀门、水表、安全阀，进（排）气阀等多选用法兰连接；给水栓则可根据其结构形式，选用承插连接或法兰连接等方法；对于压力测量装置以及公称直径小于50mm的阀门、水表、安全阀，进（排）气阀等多选用螺纹连接。附属设备与不同材料管道连接时，通过一段钢法兰管或一段带丝头的钢管与之连接，并应根据不同的管材采用不同的方法。与塑料管道连接时，可直接将法兰管或钢管与管道承插连接后，再与附属设备连接。与混凝土管及其他材料管道连接时，可先将法兰管或常丝头的钢管与管道连接后，再将附属设备连接上。

(2) 出水口的安装。井灌区管灌工程所用的出水口直径一般均小于110mm，可直接将铸铁出水口与竖管承插，用14号铁丝把连接处捆扎牢固。在竖管周围用红砖砌成40cm×40cm的方墩，以保护出水口不致松动。方墩的基础，要认真夯实，防止产生不均匀沉陷。

河灌区管灌工程采用水泥预制管时，有可能使用较大的出水口。施工安装时，首先在出水竖管管口抹一层灰膏，座上下栓体并压紧，周围用混凝土浇筑使其连成一整体；然后再套一截0.2m高的混凝土预制管作为防护，最后填土至地表即可。

(3) 分水闸的施工。用于砌筑分水闸的砂浆标号不低于100号，砖砌缝砂浆要饱满，抹面厚度不小于2cm，闸门要启闭灵活，止水抗渗。

5. 管道试压

低压管道灌溉工程在施工安装期间应分段进行水压试验。施工安装结束后应对整个管网进行水压试验。水压试验的目的是检查管道安装的密封性是否符合规定，同时也对管材的耐压性能和抗渗性能进行全面复查。水压试验中发现的问题必须进行妥善处理，否则必将成为隐患。

水压试验是将待试管端上的排气阀和末端出水口处的闸阀打开，然后向管道内徐徐充水，当管道全部充满水后，关闭排气阀及出水阀，使其封闭，再用水泵等加压设备使管道水压逐渐增至规定数值，并保持一定时间。如管道没有渗漏和变形即为合格。

水压试验必须按以下规定进行。

(1) 压力表应选用0.35级或0.4级的标准压力表，加压设备应能缓慢调节压力。

(2) 水压试验前应检查整个管网的设备状况，阀门启闭应灵活，开度应符合要求，进、排气装置应畅通。

(3) 检查管道填土定位是否符合要求，管道应固定，接头处应显露并能观察清楚渗水情况。

(4) 冲洗管道应由上至下逐级进行，支、毛管应按轮灌组冲洗，直至排水清澈。

(5) 冲洗后应使管道保持注满水的状态，金属管道和塑料管必须经24h、水泥制品管必须经48h后方可进行耐水压试验，否则会因为空气析出影响试验结果，甚至影响管道的机械性能。

(6) 试验管段长度不宜大于1000m，试验压力不应低于系统设计压力的1.25倍，如管道系统按压力分区设计，则水压试验也应分区进行，试验压力不应小于各分区设计压力的1.25倍。压力操作必须边看压力表读数，边缓慢进行，压力接近试验压力时更应避免压力波动。水压试验时，保压时间应不小于1h，沿管路逐一进行检查，重点查看接头处是否有渗漏，然后对各渗漏处做好标记，根据具体情况分别进行修补处理。试水不合格的管段应及时修复，修复后可重新试水，直至合格。

6. 管沟回填

管道系统安装完毕，经水压试验符合设计要求后，方可进行管沟回填。管沟回填应严格按设计要求和施工程序进行。回填的方法一般有水浸密实法和分层夯实法等。

水浸密实法，是采用向沟槽充水、浸密回填土的方法。当回填土料至管沟深度的一半时，可用横埂将沟槽分段（10～20m），逐段充水。第一次充水1～2d后，可进行第二次回填、充水，使回填土密实度达到设计要求。

分层夯实法，是向管沟分层回填土料，分层夯实，分层厚度不宜大于30cm。一般分两步回填，第一步回填管身和管顶以上15cm；第二步分层回填其余部分，考虑到回填后的沉陷，回填土应略高于地面。回填土的密实度不能小于最大密实度的90%。

管沟回填前应清除石块、杂物，排净积水。回填必须在管道两侧同时进行，严禁单侧回填。所填土料含水量要适中，管壁周围不得含有$d>2.5$cm的砖瓦碎片、石块及$d>5$cm的干硬土块。塑料管道沟槽回填前，应先使管道充水承受一定的内水压力，以防管材变形过大。

回填应在地面和地下温度接近时进行，例如夏季，宜在早晨或傍晚回填，以防填土前后管道温差过大，对连接处产生不利影响。水泥预制管的土料回填应该先从管口槽开始，采用夯实法或水浸密实法，分层回填到略高出地表为止。对管道系统的关键部位，如镇墩、竖管周围及冲沙池周围等的回填应分层夯实，严格控制施工质量。

（四）管网首部枢纽施工安装

低压管道输水灌溉首部枢纽主要包括水泵、动力机、阀门、逆止阀、压力表、水表、安全保护装置等设备。泵房建成经验收合格后，即可在泵房内进行枢纽部分的组装，其组装顺序为：水泵→动力机→压力表→真空泵→逆止阀→水表→主阀门→接管网。枢纽部分连接一般为金属件，多采用法兰或螺纹连接，各管件与管道的连接，应保持同轴、平行、螺栓自由穿入。用法兰连接时，须安装止水胶垫。首部枢纽的各项设备应沿水泵出水管中心线安装，管道中心线距离地面高度以0.5m左右为宜。

井灌区水泵与干管间为防止机泵工作时产生振动，可采用软质胶管来连接。河灌区机泵与干管间的连接及各种控制件、安全件的安装，可参照图8-16进行。在管网首部及管道的各转弯、分叉处，均应砌筑镇墩，防止管道工作时产生位移。

（五）工程验收

工程验收是对工程设计、施工的全面审查。工程施工结束后，应由主管部门组织设计、施工、使用单位成立工程验收小组，对工程进行全面检查验收。工程未验收移交前，应由施工单位负责管理和维护，工程验收分为施工期间验收和竣工验收两步进行。

1. 施工期间验收

隐蔽工程必须在施工期间及时进行检查验收，检查合格后方可进行下道工序的施工。重点检查水源工程，泵站的基础尺寸和高程，预埋件和地脚螺丝的位置和深度，孔、洞、沟，沉陷缝、伸缩缝的位置和尺寸等是否符合设计要求；地埋管道的管槽深度、底宽、坡向以管床处理、施工安装质量等是否符合设计要求和有关规定；水压试验是否合格。施工期间验收合格的项目应有检查、检测报告和验收报告。

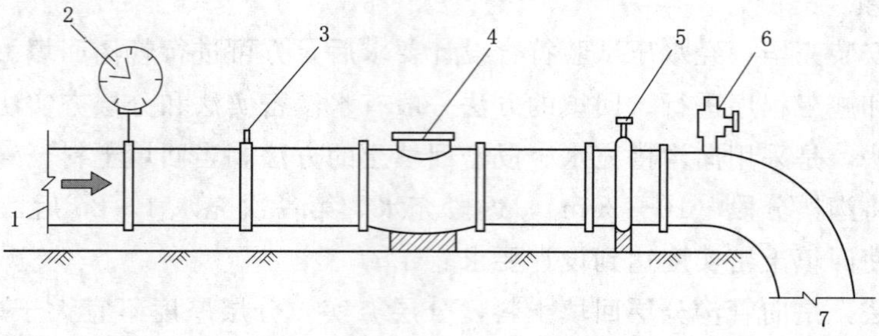

图8-16　管网首部枢纽安装示意图

1—接水泵出水管；2—压力表；3—真空泵接口；4—逆止阀；

5—闸阀；6—排气阀；7—接低压管网

2. 竣工验收

工程竣工验收前应提交下列文件资料。

(1) 全套设计文件。包括全套设计图纸、文字说明、方案变更记录及批复文件等。

(2) 施工期间的验收报告、水压试验报告和试运行报告。

(3) 工程预算和工程决算。

(4) 有关操作、管理规定和运行管理办法等。

(5) 竣工图及竣工报告。

对于较小的工程，验收前只需提交设计文件、竣工图纸和竣工报告以及管理要求。工程竣工验收应包括下列内容。

(1) 审查技术文件是否齐全，技术数据是否正确、可靠。

(2) 检查土建工程是否符合设计要求和有关规定。

(3) 审查管道铺设长度、管道系统布置及田间工程配套是否合理。

(4) 检查设备选择是否合理，安装质量是否达到技术规范的规定。

(5) 对系统进行全面的试运行，对主要技术参数和技术指标进行实测。

(6) 工程验收后，应编写竣工验收报告，对工程验收内容、验收结论、工程运用意见及建议等如实予以说明，形成文件后，由验收组成员共同签字，加盖设计、施工、监理、使用单位公章。

工程验收合格后，方可交付使用单位投入运行。

二、低压管道输水灌溉系统的运行管理

低压管道输水灌溉工程建成以后，为农业抗旱、促进作物增产提供了基础条件。要使工程充分发挥应有的作用和效益，就必须认真做好运行管理与维护工作，以保证工程设施处于良好的状态。以最低成本获得持续稳定的最好的经济效益。低压管道输水灌溉系统的管理主要包括组织管理、用水管理及工程管理等内容。

(一) 组织管理

实施工程的管理工作，首先应建立、健全相应的管理组织，配备专管人员，制定完善的管理制度，实行管理责任制，调动管理人员的积极性，提高他们的责任感，把工作管理工作落到实处。管理体制的具体形式，一般实行专业管理和群众管理相结合，统一管理和分级负责相结合的形式。对于较大的灌区，不论国家所有或集体所有，都应在上级（当地水利主管部门）的统一领导下，实行分级管理；对于小型或具有移动性的管灌工程系统，可在乡（村）统一领导下，实行专业承包。

1. 管理组织形式

低压管灌工程的管理组织形式要因地制宜，以有利于工程管理和提高经济效益为原则。

（1）对于村级管理工程，可成立村级管理组织。由村干部、2～3名管理人员组成灌溉专业队，应包括专业电工、业务素质较好的机手等，村干部和机手任正副队长。

（2）对于规模较小的工程，可实行专业户承包。水源、工程设施及机电设备归村所有，专业队看管、养护、使用。行政村或自然村应与专业队签订管理承包合同。

（3）农户建成的灌溉工程，一般面积较小，可由农户自行管理。农户虽然责任心强，但往往缺乏管理知识，可由专业技术人员帮助制定灌溉制度、传授管理维修知识。

（4）地县水利部门要对工程主管人员和专职管理人员进行管理知识的技术培训，提高专职人员的技术素质，并指导他们对工程进行科学管理，及时解决管理运用中存在的问题，总结成功的管理经验，并予以推广。

（5）建立基层水利服务体系，供应低压管灌设施所需的零配件、易损件，规格品种要符合当地需要，起到用户与生产厂家间的桥梁作用。

2. 管理规章制度

工程管理机构内部应建立和健全各项规章制度，明确管理范围和职责。如建立和健全工程管理制度，设备保管、使用、维修、养护制度，用水管理制度，水费征收办法，工程运行程序，机电设备的操作规程，考核与奖惩制度等。要把工程运行管理、维修、养护与工程管理人员的经济利益相联系，充分调动管理人员的积极性。

管理人员应做到“三懂”（懂机械性能、懂操作规程、懂机械管理）和“四会”（会操作、会保养、会维修、会消除故障），对管理人员实行“一专”（固定专人）、“五定”（定任务、定设备、定质量、定维修消耗费用、定报酬）的奖惩责任制。管理人员的主要任务如下：

（1）管理、使用灌溉系统及其设备和配套建筑物，保证完好能用。

（2）按编制好的用水计划及时开机，保证作物适时灌溉。

（3）按操作规程开机放水，保证安全运行。

（4）按时记录开停机时间、灌水流量、能耗及浇地亩数等。

（5）合理核算灌水定额、灌水总量、灌溉成本，按时计收水费。

（二）用水管理

灌溉用水管理的主要任务，是通过对管道灌溉系统中各种工程设施的控制、调度、运用，合理分配与使用水源的水量，并在田间推行科学的灌溉制度和灌水方法，以达到充分发挥工程作用，合理利用水资源，促进农业高产稳产和获得较高的经济效益的目的。

1. 科学编制用水计划

为了合理指导作物，实现供需水量平衡，提高水的利用效率，灌区应在灌溉季节前参考历年的灌水经验或试验成果，结合当年的天气预报情况、作物种植状况等，编制整个灌区的年用水计划。用水计划的主要内容包括灌区面积、种植比例、灌溉制度、计划供水时间、供水流量及灌溉用水总量等。特别是在水源紧张的情况下，年用水计划应能指导水资源的合理分配和高效利用。

2. 合理确定灌水计划

每次灌水前，应根据年用水计划并结合当时的实际情况，制定灌水计划（作业计划）。灌水计划的内容包括灌水定额、灌水周期、灌水持续时间、各轮灌组的灌水量、灌水时间及灌水次序等。轮灌组的划分一般维持原设计不应变更，但轮灌方式则可根据田间作业及管理要求合理确定，每次灌水时，可根据当时作物及土壤生长墒情的实际情况，对灌水计划加以修正。

3. 建立工程技术档案

为了评价低压管灌工程的运行状况，提高灌溉用水管理水平和进行经济核算，应建立工程技术档案和运行记录制度，及时填写机泵运行和田间灌水记录表。记录的内容应包括：灌水计划、灌水时间（开、停机时间）、种植作物、灌溉面积、灌溉水量、机泵型号、水泵流量、施肥时间、肥料用量、畦田规格、改水成数、水费征收、作物产量等。每次灌水结束后，应观测土壤含水率、灌水均匀度、计划湿润层深度等指标。根据记录进行有关技术指标的有关分析，以便积累经验，改进用水管理工作。

（三）工程管理

工程管理的基本任务是保证水源、机泵、输水管道及建筑物的正常运行，延长工程设备的使用年限，发挥最大的灌溉效益。工程管理的主要内容包括工程设施和设备的运行、维修养护，工程的观测、改建，设备设施的完善等。

1. 水源工程的使用与维护

对水源工程除正常性的养护外，每年灌溉季节前后，都应及时清淤除障或整修。若水源为机井，管理时注意井口保护设施的维护，加设井台、井盖，以防地面积水、杂物对井水的污染。在机井使用过程中，要注意观察水量和水质的变化。若发生异常现象，应查明原因，采取相应的洗井、维修改造等措施。若水源为蓄水池，应注意定期清理拦污栅、沉淀池；维修好各种设施，防止水质污染；应对防渗工程经常进行检查，对渗漏部位及时进行维修。

2. 机泵的运行与维修

在开机前应对机泵进行一次全面、细致的检查，检查各固定部分是否牢固、转动部分是否灵活，机电设备是否正常。开机应按操作程序进行，开机后应观察出水量、轴承温度、机泵运转声音及各种仪表是否正常，如不正常或出现了故障，应立即检修；停机后，要打开泵壳下面的放水塞，把水放净，防止水泵冻坏或锈蚀。停灌期间，应把地面可拆卸的设备收回，妥善保管和养护。

为了延长泵机的使用寿命，除正常操作外，还要定期对机泵进行检查维修，机泵运行一年，在冬闲季节要进行一次彻底检修，清洗、除锈去垢、修复或更换损坏的零部件。

3. 管道的运行与维修

（1）固定管道的运行与维修。固定管道在初次投入使用或每年灌溉季节开始前，应全面进行检查、试水，保证管道通畅；无渗水漏水现象，裸露在地面的管道部分应完整无损；闸阀及安全保护设备应启动自如；量测仪表盘面清晰，指示灵敏。每年灌溉季节结束，对管道应进行冲洗，排放余水，进行维修；闸门井加盖保护，在寒冷地区阀门井与干支管接头处应采取防冻措施。

在管道充水和停机时，由于水锤作用，管道压力会急剧上升或下降，易发生爆管。因此，应严格按照管道安全运行程序操作。具体应注意以下几点：

1）开机时，严禁先开机后打开出水口。应首先打开计划放水的出水口，必要时还应打开管道上的其他出水口排气，然后开机缓慢充水。当管道充满水后，应缓慢关闭作为排气用的其他出水口。

2）当同时开启的一组出水口灌水结束，需开启下一组出水口时，应先打开后一组出水口，再缓慢关闭前一组出水口。

3）管道运行时，严禁突然关闭闸阀、给水栓等出水口，以防爆管和毁泵。

4）管道停止运行时，应先停机或先缓慢关闭进水闸、闸阀，然后缓慢关闭出水口；有多个出水口停止运行时，应自下而上逐渐关闭；同时借助进气阀、安全阀或逆止阀向管内补气，防止产生水锤或负压破坏管道，后关出水口。

5）管道维修。埋设田间的管道，由于施工质量的缺陷、不均匀沉陷、农用机械碾压等原因，可能使管道损坏漏水，发现漏水应立即进行修补。

（2）移动塑料软管的使用与维修。田间使用的软管，由于管壁薄，经常移动，使用时应注意以下事项：

1）使用前，要认真检查管子的质量，并铺平整好管路线，以防尖状物扎破软管。

2）使用时，管子要铺放平整，严禁拖拉，以防破裂。

3）软管输水过沟时，应架托保护，跨路应挖沟或填土保护，转弯要缓慢，切忌拐直角弯。

4）用后清洗干净，卷好存放在空气干燥，温度适中的地方；软管应平放，防止重压和磨坏软管折边；不要将软管与化肥、农药等放在一起，以防软管黏结。

5）软管使用中发现损坏，应及时修补。若出现漏水，可用塑料薄膜补贴，也可用专用黏合剂修补。

4. 管路附件与附属设备的维护与修理

管路附件与附属设备主要有给水装置、分水池、控制闸阀、保护装置、测量仪表等。

（1）给水装置。多为金属结构，要防止锈蚀，每年要涂防锈漆两次。对螺杆和丝扣，要经常涂黄油，防止锈固，便于开关。

（2）分水池。起着防冲、分水和保护出水口的作用。发现损坏应及时修复；在出水池外壁涂上红、白色涂料，引人注目，防止损坏。

（3）控制闸阀。闸阀、蝶阀应定期补充填料，螺纹和齿轮处应定期加注润滑油以防止锈死。逆止阀应定期检查动作是否灵活。

（4）保护装置。如安全阀、进排气阀等要经常检查维修，保证其运行灵活，进排气阀畅通。阀门井应具有良好的排水或渗水条件，如有积水应及时查明原因并予以解决。阀门井应加盖保护，冬季应有防冻措施。

（5）测量仪表。灌溉季节结束后，压力表、水表应卸下排空积水后存放在室内，防止冻胀破坏。电气仪表应保持清洁干燥。

【知识训练】

8.8 项目八
任务三
知识训练

参 考 文 献

[1] 水利部. 灌溉与排水工程设计标准：GB 50288—2018 [S]. 北京：中国计划出版社，2018.
[2] 水利部. 节水灌溉工程技术标准：GB/T 50363—2018 [S]. 北京：中国计划出版社，2018.
[3] 水利部. 喷灌工程技术规范：GB/T 50085—2007 [S]. 北京：中国计划出版社，2007.
[4] 水利部. 微灌工程技术标准：GB/T 50485—2020 [S]. 北京：中国计划出版社，2020.
[5] 水利部. 渠道防渗工程技术规范：GB/T 50600—2010 [S]. 北京：中国计划出版社，2011.
[6] 生态环境部. 农田灌溉水质标准：GB 5084—2021 [S]. 北京：中华人民共和国生态环境部，2021.
[7] 郭旭新，樊惠芳，要永在. 灌溉排水工程技术 [M]. 郑州：黄河水利出版社，2010.
[8] 郭元裕. 农田水利学 [M]. 北京：中国水利水电出版社，1997.
[9] 水利部农水司. 节水灌溉工程实用手册 [M]. 北京：中国水利水电出版社，2005.
[10] 张展羽，俞双恩. 水土资源规划与管理 [M]. 北京：中国水利水电出版社，2017.
[11] 汪志农. 灌溉排水工程学 [M]. 北京：中国农业出版社，2013.
[12] 水利部农水司. 喷灌工程技术 [M]. 郑州：黄河水利出版社，2011.
[13] 水利部农水司. 管道输水工程技术 [M]. 北京：中国水利水电出版社，2002.
[14] 冯广志. 节水设备与材料 [M]. 北京：中国水利水电出版社，2002.
[15] 李远华. 节水灌溉理论与技术 [M]. 武汉：武汉大学出版社，2003.
[16] 山仑，黄占斌. 节水农业 [M]. 北京：清华大学出版社，2000.
[17] 奕永庆. 经济型喷微灌 [M]. 北京：中国水利水电出版社，2009.
[18] 周卫平，宋广程，邵思，等. 微灌工程技术 [M]. 北京：中国水利水电出版社，1999.
[19] 李富先. 滴灌系统安装与管理 [M]. 北京：中国劳动社会保障出版社，2008.
[20] 郑耀泉. 喷灌与微灌设备 [M]. 北京：中国水利水电出版社，2000.
[21] 张庆华，李天科. 农村水利与节水灌溉 [M]. 北京：中国建筑工业出版社，2010.
[22] 郭仲明. 渠道维护工 [M]. 郑州：黄河水利出版社，2001.
[23] 马文英，张红光. 渠道和渠系建筑物 [M]. 北京：中国水利水电出版社，2011.
[24] 颜宏亮. 水工建筑物 [M]. 北京：中国水利水电出版社，2012.
[25] 周长吉. 温室灌溉 [M]. 北京：化学工业出版社，2005.
[26] 周长吉. 温室灌溉原理与应用 [M]. 北京：中国农业出版社，2007.
[27] 郭彦彪，邓兰生，张承林. 设施灌溉技术 [M]. 北京：化学工业出版社，2007.